国家重点基础研究发展计划（973）
中国陆相致密油（页岩油）形成机理与富集规律（2014CB239000）系列丛书

致密储层储集空间结构精细表征

刘可禹　林　缅　杨玉双　安进才　王晓琦　刘　畅　著

地质出版社
·北　京·

内 容 提 要

本书系统回顾了致密储层储集空间表征方法，综合优选气体吸附、高压压汞、扫描电镜和微纳米X-射线CT等分辨率较高的实验手段，对泥页岩微纳米孔喉-裂缝系统进行精细表征，创新性地利用化学地层学和化学-沉积相分析进行跨尺度、分级成因表征，利用数据约束模型（DCM）表征方法在微米X-射线CT基础上实现纳米级孔-缝的表征，利用多尺度三维裂缝表征方法实现三维裂缝的精细描述，利用基于互相关仿真-三步删选（CCSIM-TSS）重构算法和后期重构优化算法有效地表征致密砂岩真实的孔隙结构，并有效地模拟流体渗流，最后以准噶尔盆地芦草沟组致密储层为实例进行了系统研究分析。本书内容丰富，具有代表性、科学性和实用性。

本书可供从事油气地质勘探、开发的研究人员及相关院校师生阅读参考。

图书在版编目（CIP）数据

致密储层储集空间结构精细表征 / 刘可禹等著. —北京：地质出版社，2022.3

ISBN 978-7-116-13032-6

Ⅰ.①致… Ⅱ.①刘… Ⅲ.①致密砂岩-砂岩储集层-空间结构-研究 Ⅳ.①P618.130.2

中国版本图书馆CIP数据核字（2022）第031162号

责任编辑：杨 艺 李 军
责任校对：张 冬
出版发行：地质出版社
社址邮编：北京海淀区学院路31号，100083
咨询电话：（010）66554528（邮购部）；（010）66554590（编辑室）
网　　址：http：//www.gph.com.cn
传　　真：（010）66554686
印　　刷：北京地大彩印有限公司
开　　本：787mm×1092mm 1/16
印　　张：13.5
字　　数：330千字
版　　次：2022年3月北京第1版
印　　次：2022年3月北京第1次印刷
定　　价：96.00元
书　　号：ISBN 978-7-116-13032-6

序

进入新世纪，随着油气勘探的不断深入，常规油气资源勘探已经逐渐转向非常规油气勘探，非常规油气获得战略性突破，正形成北美、中国两大非常规油气战略发展区。继页岩气之后，北美致密砂岩油、致密碳酸盐岩油、页岩凝析油获得重大突破；我国在鄂尔多斯、准噶尔等盆地致密砂岩、致密碳酸盐岩、致密混积岩等中获重大发现，致密油成为全球非常规油气发展新亮点。

致密油与页岩油是典型非常规石油资源。致密油是储集在覆压基质渗透率小于或等于$0.1\times10^{-3}\mu m^2$（空气渗透率小于$1\times10^{-3}\mu m^2$）的致密砂岩、致密碳酸盐岩、混积岩等储集层中的石油。页岩油是指富有机质页岩地层赋存的基本未经运移的石油，页岩既是生油岩，又是储集岩。

中国陆相致密油资源丰富、分布范围广、类型多、潜力大。主要分布在中新生代陆相含油气盆地中，发育与湖相生油岩共生、大面积分布的致密砂岩油、致密碳酸盐岩油和混积岩油，是我国非常规石油发展的重点领域。页岩油资源基础丰厚，主要分布在鄂尔多斯、松辽、准噶尔等陆相盆地，资源潜力很大。

我国石油对外依存度大幅攀升，迫切需要提高国内石油生产能力，加快致密油勘探开发，探索突破页岩油，保障国家能源安全。与北美海相致密油相比，我国陆相致密油与页岩油储层分布稳定性较差、非均质性较强、赋存和流动机制较复杂；与常规储层和圈闭成藏相比，致密油与页岩油储层物性差、评价难，传统成藏理论与评价方法遇到很大挑战，成为制约我国致密油与页岩油工业化发展的瓶颈。亟需发展中国陆相致密油与页岩油勘探地质理论和评价方法，推进我国致密油与页岩油规模有效勘探开发，丰富和完善相关地质理论和方法。

2013年10月，国家科学技术部批准设立国家重点基础研究发展计划（973计划）项目“中国陆相致密油（页岩油）形成机理与富集规律”（编号：2014CB239000），针对性进行科技攻关，对提高我国石油供给能力、保障国家能源安全具有重要战略意义。

中国石油集团科学技术研究院有限公司作为项目牵头单位，依托中国石油天然气集团有限公司，联合长庆油田分公司、新疆油田分公司、中国石油大学（华东）、西南石油大学、长江大学、中国科学院地质与地球物理研究所、中国科学院力学研究所等单位的专业研究人员，组成以邹才能教授为首的攻关团队，围绕致密油富集规律与资源潜力、湖相细粒沉积机理与分布模式、致密储层成因机制与储集能力、致密油层地球物理响应机理四个科学问题，立足鄂尔多斯、准噶尔两大盆地，以重点剖面、重点井精细研究为抓手，紧跟国际致密油发展前沿，创新“产学研一体化、科技成果同步应用”组织模式，在陆相湖盆细粒沉积模式与有机质富集机理、致密油储层形成机理与微米孔隙-纳米喉道评价方法、致密油“甜点区”分布规律与资源潜力评价、页岩油形成机理与富集模式等取得了理论认识的重大突破和技术方法的重大创新；牵头起草了相应国家标准，系统评价了中国陆相致密油与页岩油资源潜力，推动了鄂尔多斯、准噶尔盆地等8个致密油示范区建设，探明了中国第一个亿吨级陆相致密油田，发现鄂尔多斯、松辽、准噶尔3个5亿~10亿吨级致密油规模储量区；提出了地下原位水平井电加热系统是“陆相页岩油革命”的关键核心技术，积极推动在鄂尔多斯等盆地页岩油基础理论研究、工业化探索和试验；形成了一支国内外专家联合攻关、青年人才支撑、具有自主创新能力的致密油（页岩油）研究团队。

我国具备规模发育陆相页岩油资源的地质基础，资源丰富，有中高成熟度、中低成熟度页岩油两种主要类型，勘探开发实践已取得重要成果。优质烃源岩、规模储集空间、纹层缝网为页岩油大面积形成与富集奠定了基础；页岩层系生烃增压是主要聚集动力，纹层裂缝是主要运移通道和赋存空间，源内运移形成“甜点区/段”，水平井体积压裂等技术是中高成熟度页岩油勘探开发关键，原位电加热转化是中低成熟度页岩油开发的关键技术。页岩油是未来重要的战略性接替资源，需继续强化理论、技术、管理等自主创新，推动页岩油取得革命性突破，实现商业规模开发。

《中国陆相致密油（页岩油）形成机理与富集规律系列丛书》的出版，系统反映了该项目的原创性研究成果，对中国陆相致密油（页岩油）形成机理、富集规律和勘探方法进行了系统的阐述，对推动我国非常规油气地质理论的创新和实践，乃至能源领域的科技进步均具有重要指导意义。

中国科学院院士

2018年11月

前　　言

中国陆相致密油资源丰富、分布范围广、类型多，页岩油资源潜力巨大。致密储层主要发育在细粒沉积岩系，成分、结构复杂，具有极强的非均质性，对致密油“甜点”预测及勘探、开发造成了极大的挑战。我国陆相盆地主要发育砂岩、碳酸盐岩两类致密储层。致密砂岩储层成分成熟度和结构成熟度低、非均质性强，孔隙类型以粒间溶孔、粒内溶孔、粒间微孔、微裂缝等为主，原生孔隙少，压实和胶结作用是主要减孔因素（刘池阳，1982；贝丰，1986；贝丰等，1990；黄思静等，2001；朱如凯等，2009；Zou et al.，2012）。湖相碳酸盐岩储层具有层数多、单层薄、岩性复杂的特点。建设性成岩作用主要包括白云石化作用、压溶作用和构造裂缝作用等；破坏性成岩作用有压实作用、胶结作用和充填作用等（田景春等，1997；邹才能等，2013a，2013b）。页岩储层相对于常规油气储层而言，具有明显的特殊性，体现在富含有机质、富含黏土矿物、矿物粒度细小、孔隙度和渗透率极低、纳米级孔喉结构复杂、矿物表面积大、成岩改造强等方面（于炳松，2012），主要存在裂缝和基质孔隙两种类型：裂缝包括构造缝、成岩缝和有机质演化异常压力缝；基质孔隙包括有机质微孔隙、矿物质孔、有机质和矿物质间孔隙。矿物组成和显微组分是控制孔隙发育的基础，孔隙演化规律研究应采用模拟实验和真实剖面样品对比，并结合矿物组成分析等寻找主控因素（邹才能等，2013b）。

致密储层裂缝评价预测，目前主要根据露头、钻井岩心及薄片观察裂缝特征、切割关系和分布，利用包裹体均一温度、ESR 测年数据、古应力值分析等确定期次；结合岩石类型、裂缝期次、控制因素、数值模拟进行空间分布预测（白斌等，2013）。过去 10 年，致密储层表征已转向精细和定量描述，形成了系统的表征方法、技术系列和方法流程。通过建立致密储层多尺度微孔三维表征技术，精细评价微孔三维连通性及孔隙度；建立致密储层微孔评价参数及孔隙体积、孔喉结构与油气储量之间的关系模型，评价致密油气资源。

与常规储层相比，致密砂岩、碳酸盐岩与页岩等非常规储层，成岩作用强，储层物性差，一般渗透率小于 $1\times10^{-3}\mu m^2$，非均质性强。微-纳米级孔喉结构、强烈的非均质性决定了致密油（页岩油）储集能力、赋存机理与产出过程复杂。精细表征微-纳米孔喉系统、微裂缝分布是致密储层评价的难点。

与北美地区相比，我国陆相致密储层分布范围小，埋藏偏深，横向变化快，厚度变化大，孔隙度相对较低（4%～10%），矿物成分复杂，岩屑含量高，储层改造难度大。我国对致密储层形成机制、有利储层分布等缺乏系统研究，需要形成针对性评价技术系列。

我国以往采用薄片、扫描电子显微镜等分析手段，描述常规储层中的毫-微米级孔隙。近年来，应用场发射扫描电子显微镜、聚焦离子束电子扫描显微镜、纳米 CT 等，发现了致密储层与页岩中小于 1μm 的纳米级孔喉（邹才能等，2012，2013a，2013b）。但对致密储层三维空间结构、储集空间大小等还缺乏系统的物理模拟、数值模拟和评价技术（Zou et al.，2019）。目前亟须揭示致密储层致密化成因，建立微-纳米孔喉系统表征方法与评价标准，明确致密储层分布规模和有效勘探深度下限。

针对以上问题，本书系统介绍了致密储层储集空间结构表征行之有效的方法流程，总结了在致密储层表征方面的一些原创性研究成果，尤其是在基于化学地层学和化学-沉积相分析的储集空间多尺度融合、多组分数字岩心技术以及烃源岩热演化过程中微-纳米裂缝发育和表征等方面。本书的主要创新点是：通过测井、岩心分析和大量系统测试，基于化学地层学和古环境分析揭示致密储层微-纳米级孔喉系统形成机制，通过生烃热模拟实验揭示致密储层成因机制和天然裂缝发育机理；建立致密储层微-纳米级孔喉系统精细表征和多尺度融合方法及致密储层表征方法、标准图版和关键参数。结合数值模拟建立多尺度多矿物组分数字岩心和新型孔隙网络数字模型。以鄂尔多斯、准噶尔等盆地为主要对象，以致密砂岩、致密碳酸盐岩、页岩储层储集空间精细表征为核心，开展不同类型致密储层孔隙度、渗透率等参数与流体相关性研究。构建致密储层微-纳米级孔喉系统三维结构数值模型，应用于模拟地质条件下致密储层微-纳米级孔喉系统演化，预测致密储层有效储集空间的分布。

通过开展岩心实验、CT 扫描、聚焦离子束电子扫描显微镜等多尺度精细描述与表征实验，研究富有机质页岩及致密油储层孔隙类型、结构特征与形成机制，建立微-纳米级孔喉系统精细描述方法。开展微-纳米级孔喉系统连通性重构、数值模拟方法研究，建立微-纳米级孔喉系统连通性精细表征方法。开展页岩及致密储层成因机理研究，建立精细表征模型，提出评价标准。开展致密储层天然裂缝精细表征研究，确定致密储层天然裂缝类型、性质、主控因素及展布规律，建立天然裂缝综合描述方法。开展不同岩性岩相孔隙度、渗透率、流体饱和度、可动流体储集空间与流动能力等参数及其相关性研究，构建有利致密储层综合判识参数体系。开展致密储层建模方法研究，根据典型区块致密储层参数分布特征，建立储层模型。

本书是国家重点基础研究发展计划（973）项目“中国陆相致密油（页岩油）形成机理与富集规律”课题四（编号：2014CB239004）研究成果，共分7章，由来自中国石油大学（华东）、中国石油勘探开发研究院、中国科学院力学研究所和中国科学院地质与地球物理研究所兰州油气资源研究中心相关研究人员组成的“致密储层储集空间结构精细表征”研究团队完成。其中，第一章“致密储层储集空间表征方法研究现状”由刘可禹和王晓琦完成；第二章“多尺度、分级成因表征方法”由刘可禹、王晓琦和刘畅完成；第三章“数据约束模型（DCM）表征方法”由杨玉双完成；第四章“多尺度三维裂缝表征方法”由刘可禹和王晓琦完成；第五章“微尺度流动模型与数值模拟”由林缅完成；第六章“泥页岩生烃过程孔隙演化”由妥进才完成；第七章“综合应用实例：准噶尔盆地芦草沟组致密储层表征”由刘可禹、王晓琦和刘畅完成。

目　录

第一章　致密储层储集空间表征方法研究现状 …… 1
第一节　研究现状 …… 1
第二节　二维图像观测法 …… 1
一、光学显微镜分析技术 …… 1
二、场发射扫描电镜分析技术 …… 1
第三节　三维体积重构法 …… 2
一、微米/纳米 CT …… 2
二、聚焦离子束扫描电镜 …… 3
第四节　定量体积评价法 …… 4
一、气体吸附法 …… 4
二、高压压汞法 …… 4
第二章　多尺度、分级成因表征方法 …… 6
第一节　内涵 …… 6
第二节　方法流程 …… 9
一、多尺度沉积非均质性表征技术 …… 9
二、多尺度物性表征方法 …… 18
三、致密储层有效孔隙获取方法 …… 31
第三章　数据约束模型（DCM）表征方法 …… 41
第一节　DCM 的基本原理及假设 …… 41
一、DCM 基本原理 …… 41
二、基于 DCM 模型的 CT 能量选择 …… 43
第二节　DCM 软件 …… 45
一、数据输入及样品设置 …… 45
二、DCM 计算界面 …… 48
三、图像显示 …… 48
第三节　CT 投影像中样品位置随机偏移的检测与校正 …… 49
第四节　DCM 在非常规油气储层结构表征领域的应用 …… 52
一、碳酸盐岩 …… 52
二、泥页岩 …… 60
三、煤 …… 66
第四章　多尺度三维裂缝表征方法 …… 77
第一节　分析流程及方法 …… 77

第二节　分析结果 …… 80
第五章　微尺度流动模型与数值模拟 …… 86
第一节　研究背景 …… 86
第二节　三维数字岩心重构技术 …… 88
一、CCSIM-TSS 方法 …… 88
二、后期优化算法 …… 100
三、致密砂岩重构实例 …… 105
四、三维拓展重构 …… 107
第三节　高精度孔隙网络抽提 …… 111
一、高效、高精度孔隙网络抽提（AB）算法 …… 111
二、含矿物分布致密油微观流动孔隙网络 …… 124
三、AB 算法在致密砂岩中的应用 …… 128
第六章　泥页岩生烃过程孔隙演化 …… 133
第一节　富有机质泥页岩生排烃动力学及主控因素研究 …… 133
第二节　不同温度、压力条件下孔隙演化特征 …… 134
第三节　初步建立热演化过程中孔隙演化模式 …… 139
第七章　综合应用实例：准噶尔盆地芦草沟组致密储层表征 …… 141
第一节　芦草沟组化学地层学分析 …… 144
一、古环境特征 …… 144
二、古环境单元划分 …… 148
第二节　芦草沟组化学-沉积相分析 …… 157
一、滨浅湖亚相 …… 157
二、三角洲前缘亚相 …… 158
第三节　芦草沟组微观非均质性 …… 160
一、储层微观孔隙类型 …… 160
二、储层分类 …… 162
三、储层微观孔隙结构微米 CT 分析 …… 167
四、储层微观孔隙结构高压压汞分析 …… 172
第四节　非均质性尺度跨越 …… 186
一、地层尺度向岩心尺度跨越 …… 186
二、岩心尺度向微观尺度跨越 …… 189
参考文献 …… 196

第一章　致密储层储集空间表征方法研究现状

第一节　研 究 现 状

本次研究中采用的非常规储层微观储集空间表征方法包括 3 类（表 1-1）：①二维图像观测法，包括光学显微镜、场发射扫描电镜分析等，实现对孔隙结构的二维精细表征；②三维体积重构法，包括微米 CT、纳米 CT 及聚焦离子束扫描电镜分析等，进行孔隙结构及连通性三维刻画与评价；③定量体积评价法，包括气体吸附法与高压压汞法，实现对孔隙结构与储集空间的定量评价。

表 1-1　非常规储层微观储集空间表征方法

类型	技术方法	测量范围	观测内容
二维图像观测法	光学显微镜	n×10μm ~ n×1mm	2D 微米-毫米级孔隙结构
	场发射扫描电镜	1nm ~ n×1μm	2D 纳米-微米级孔隙结构
三维体积重构法	微米 CT	1μm ~ n×1mm	3D 纳米-微米级微观孔隙结构与连通性
	纳米 CT	50nm ~ 65μm	
	聚焦离子束扫描电镜	6nm ~ 30μm	
定量体积评价法	气体吸附法	0.35nm ~ 200nm	定量评价孔隙结构与空间大小
	高压压汞法	100nm ~ 950μm	

第二节　二维图像观测法

一、光学显微镜分析技术

光学显微镜是传统储层孔隙结构与岩石结构研究中非常重要的研究手段，基本原理是：利用光学透镜产生影像放大效应，由物体入射的光被至少两个光学系统（物镜和目镜）放大。在储层研究中，通过光学显微镜观察铸体薄片是孔隙研究中非常重要的方法。如图 1-1 所示，在透射光下，可见孔隙（蓝色铸体部分）在岩石样品中的分布、形态及尺寸，为评价储层奠定良好的基础。

二、场发射扫描电镜分析技术

场发射扫描电子显微镜通过一束精细聚焦的电子扫描样品表面，得到不同类型电子信

图 1-1 光学显微镜观测孔隙，铸体薄片，视域宽度 500μm

号进而成像，具有纳米级超高分辨率。最重要两种成像模式是二次电子成像与背散射电子成像，前者主要反映样品表面形貌特征，后者主要反映物质本身属性。因此，二者结合可得到样品孔隙大小、形态、分布及与矿物关系等重要信息（图 1-2）。

为了获取高质量图像，除注重电镜实验条件外，还需注意样品预处理、样品镀膜材料、离子抛光等关键实验参数。相对常规储层，致密储层场发射扫描电镜分析在样品预处理方面，要求样品表面平整度极高。利用常规岩石薄片处理的机械抛光方式，仅能达到微米级表面平整度，可满足光学显微镜研究需要，但无法达到泥页岩电镜孔隙精细表征要求。目前，多采用氩离子截面抛光技术对样品进行前期处理，以实现纳米-微米级表面平整度，达到清晰识别孔隙特征与矿物接触关系（图 1-2b）。

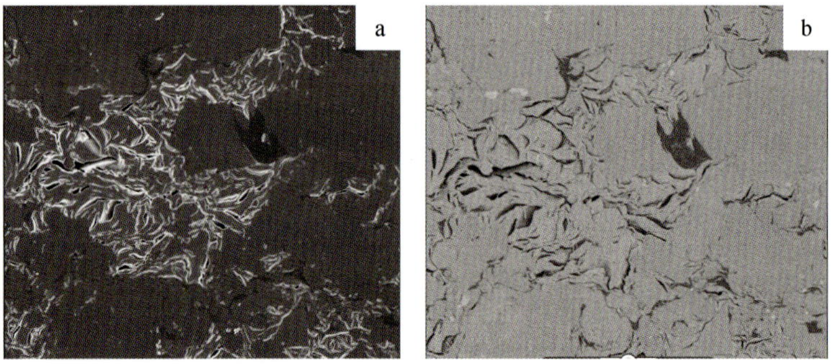

图 1-2 场发射扫描电镜不同成像模式效果图，视域宽度 23μm

a—二次电子成像；b—背散射电子成像

第三节 三维体积重构法

一、微米/纳米 CT

微米/纳米 CT 是利用 X 射线断层成像扫描技术对试样全方位、快速无损扫描成像，将扫描图像数值重构，表征样品三维结构特征，国内外已在材料学、医学、生物学等方面取得重要进展。近年将该技术用于致密储层孔喉空间分布与连通性方面，建立真实岩心样品孔喉三维结构模型。根据 X 射线源不同，可分为同步辐射光源断层三维扫描与实验室光源断层三维扫描两类，光源强度、样品大小、形状、扫描参数等因素均影响图像清晰程度。

目前微米 CT 主要针对砂岩类样品，研究微米级以上孔隙，样品尺寸从毫米级到厘米级；纳米 CT 主要针对泥页岩、致密碳酸盐岩类样品，研究纳米-微米级孔隙，样品尺寸为 100μm 左右。图 1-3 是针对准噶尔盆地芦草沟组泥页岩开展的纳米 CT 扫描结果。

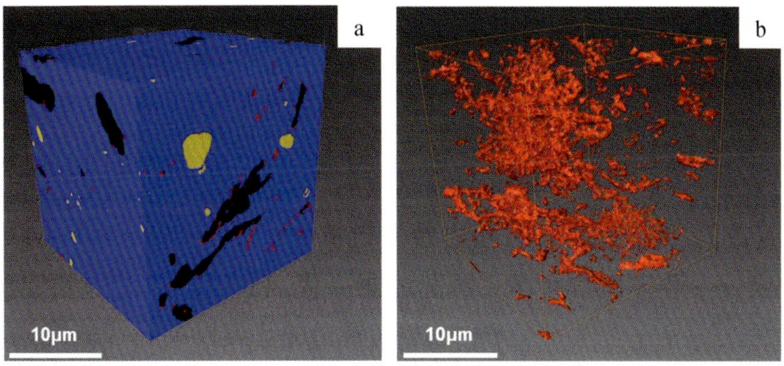

图 1-3　纳米 CT 分析，样品大小 65μm 圆柱，扫描分辨率 60nm

a—三维岩石重构模型；b—三维孔隙结构重构模型。红色为孔喉系统；黑色为有机质；蓝色为基质；黄色为高亮物质。计算孔隙度为 3.6%

二、聚焦离子束扫描电镜

聚焦离子束成像技术是利用入射离子束与试片撞击产生的二次电子或二次离子来成像，并施加大电流快速切割试片而挖出所需的洞或剖面，结合场发射扫描电镜对切割二维图像扫描，最终利用高分辨率二维图像数值重建三维微结构。该方法分辨率可达 5nm，适用于泥页岩中有机质孔隙或其他单个孔隙类型的刻画研究（图 1-4）。

图 1-4　聚焦离子束电子扫描显微镜分析，分析视域 30μm×20μm，扫描分辨率 10nm

a—三维岩石重构模型；b—三维孔隙结构重构模型。计算孔隙度为 2.3%

第四节 定量体积评价法

一、气体吸附法

气体吸附法是假设被测孔喉中充满的液氮体系等效为孔喉体积，按充注气体分为氮气吸附和二氧化碳吸附。由于吸附理论将孔形状假设为圆柱体，在不同的被吸附气体分压与饱和蒸汽压的比值（p/p_0），产生毛细凝聚的孔径范围存在差异，p/p_0与凝聚的孔径大小呈正相关。特定的p/p_0值，存在临界孔隙半径（R_k）。所有半径小于R_k的孔隙皆发生毛细凝聚，填充液氮；半径大于R_k的孔隙皆不会发生毛细凝聚，不填充液氮。临界孔隙半径由凯尔文方程计算：

$$R_k = -0.414/\lg(p/p_0) \tag{1-1}$$

式中：p 为被吸附气体分压；p_0为发生吸附的固体材料饱和蒸汽压；R_k 为临界孔隙半径。

测定致密储层不同p/p_0下凝聚氮气量，绘制出其等温吸-脱附曲线，通过不同的理论方法（常用 BJH 理论）计算其孔容积和孔径分布曲线（图 1-5）。

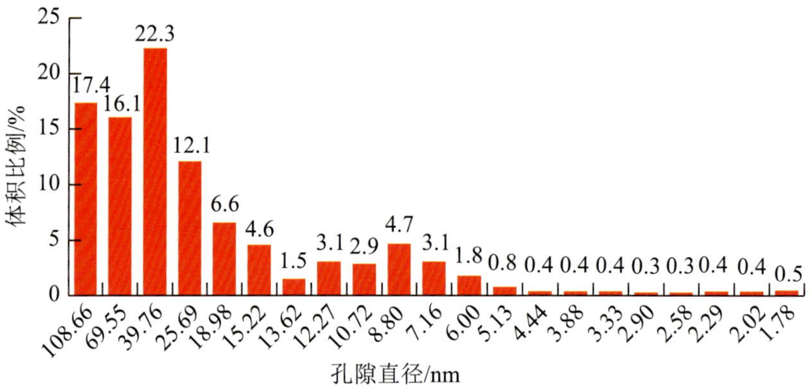

图 1-5 致密储层氮气吸附孔隙分布直方图

二、高压压汞法

致密储层压汞法是利用汞注入被抽空的岩石孔隙系统内时所克服的毛管阻力来计算喉道半径，其中汞相对岩石为非润湿相流体，毛管阻力受喉道半径控制。当某一注汞压力与岩样孔隙喉道的毛管阻力达到平衡时，便可测得该注汞压力及在该压力条件下进入岩样内的汞体积，绘制不同压力与注汞量之间的曲线（压汞曲线）。再假定注汞压力与岩石孔隙喉道毛管压力数值相等，根据毛管压力与孔隙喉道半径 R 呈反比，依据注入汞的毛管压力推算对应孔隙喉道半径，测试范围受控于注汞压力，测试孔喉半径为 $n\times1\text{nm}\sim950\mu\text{m}$（图 1-6）。注汞压力过大时，易引起岩石内部微裂缝的产生。由于泥页岩本身易碎，在应用高压压汞分析时应特别小心。

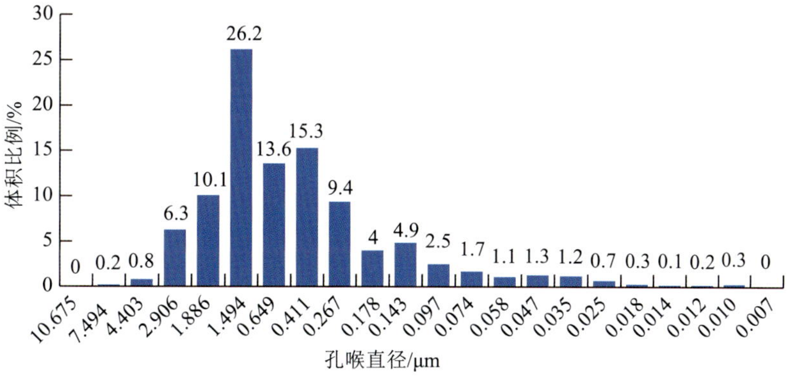

图 1-6　致密储层高压压汞孔喉分布直方图

第二章　多尺度、分级成因表征方法

第一节　内　　涵

油气藏储层非均质性是油气储集层经前期沉积作用、后期成岩作用和构造作用等因素综合影响而形成的非均一性变化，主要表现为储层的岩性、物性、含油气性和微观孔隙结构在空间上的不均一分布。针对河流相沉积储层，Pettijohn 等（1973）将储层非均质性分级为层系规模、砂体规模、层理系规模、纹层规模和孔隙规模 5 个层次，目前国内常采用裘亦楠（1992）所建立的微观非均质性、层内非均质性、层间非均质性和平面非均质性 4 类划分方案。以上主要是针对常规碎屑岩储层的非均质性划分方案，对于以细粒沉积岩为主的非常规油气储层，其岩性看似均一，但在实际研究工作中从微纳米尺度到千米尺度均体现出强烈的非均质性，参考常规储层的非均质性划分方案，从尺度和沉积单元级别两个角度进行非均质性划分，在尺度上从大到小划分为微观尺度（0～1000μm）、中观尺度（1～100mm）、宏观尺度（0.1～10m）和宇观尺度（10～100m），分别对应于孔隙级别、纹层级别、沉积微相级别和沉积相级别（图 2-1）。

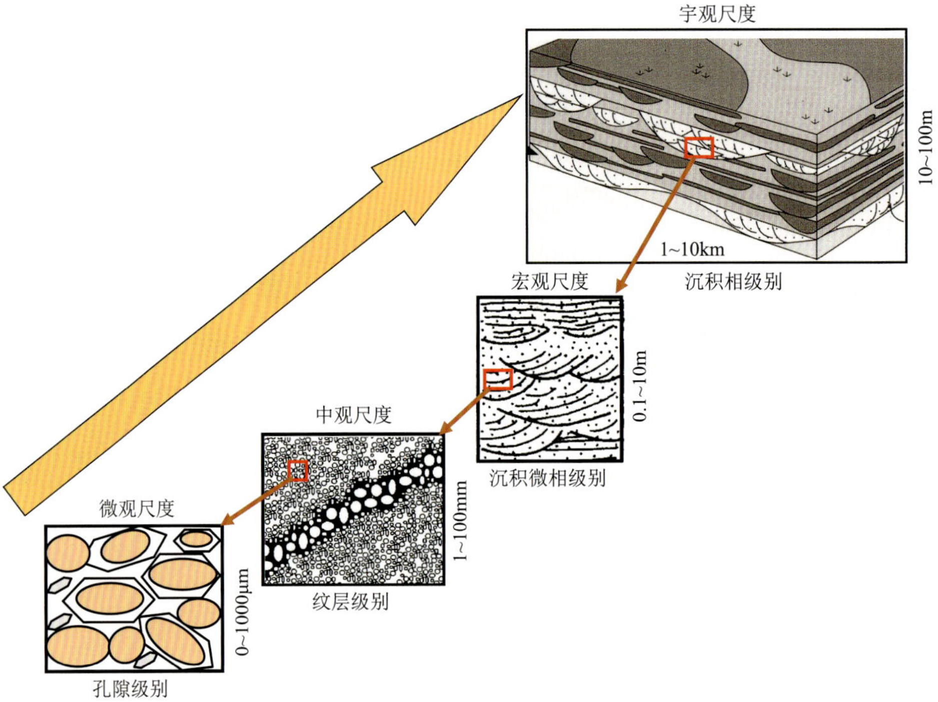

图 2-1　储层非均质性划分

以吉木萨尔凹陷芦草沟组一富有机质泥页岩样品为例，在2.5cm×1.5cm的视域范围内显示出强烈的非均质性，可以划分出A、B、C 3个相带，不同相带发育不同的孔隙类型，但在相同相带内随着视域的减小，均质性逐渐增强，非均质性逐渐减弱（图2-2）。由此可以认识到，随着样品尺寸的变小、实验观察手段分辨率的增加，其非均质性逐渐减弱、均质性逐渐增强，因此如何选取具有代表性的尺度级别成为关键科学问题。朱如凯等（2016）在总结中国致密储层结构表征需要注意的问题中提到，代表性样品尺寸不应小于岩样粒度与孔隙尺寸的10倍，对于泥页岩样品尺寸一般应大于200μm，对于粉砂岩类样

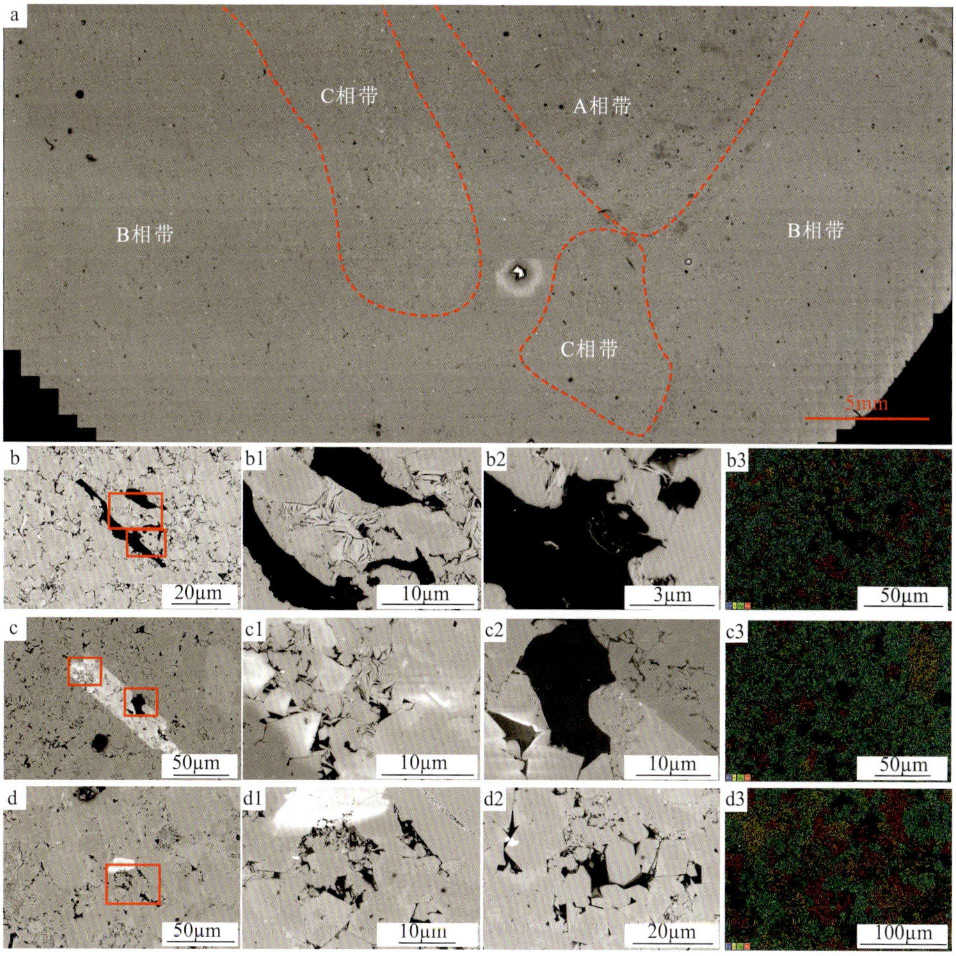

图2-2 吉木萨尔凹陷芦草沟组富有机质泥页岩扫描电镜和能谱图像

（据朱如凯等，2016）

a—吉木萨尔凹陷芦草组富有机质泥页岩大面积扫描电镜图像。b—A相带局部放大图：b1—发育绿泥石粒间孔，为A相带主要孔隙类型，视域见图b；b2—有机质孔，发育程度中等，视域见图b；b3—A相带对应的扫描电镜能谱面分析图像。c—B相带局部放大图：c1—发育绿泥石粒间孔与方解石、白云石等粒间孔，视域见图c；c2—疑似有机质孔，也可能为有机质原始结构孔，视域见图c；c3—B相带对应的扫描电镜能谱面分析图像。d—C相带局部放大图：d1—钠长石、白云石、方解石粒间孔发育，具溶蚀特征，是C相带主要的孔隙类型，视域见图d；d2—发育钠长石、方解石粒间孔，可见绿泥石粒内孔，视域见图d；d3—C相带对应的扫描电镜能谱面分析图像。扫描电镜能谱面分析图像（b3、c3、d3）中，Ca为蓝色，K为黄色，Mg为绿色，Na为红色

品尺寸一般应大于1mm。细粒沉积岩沉积物粒度普遍小于62μm，外观相似，沉积速率慢，但其沉积环境多样。Health在2011年对陆相和海相不同沉积环境中沉积埋深相近的泥岩进行孔隙结构研究时认识到，虽然均为泥岩，但二者孔隙结构存在显著差别：海相页岩孔隙度更小，含有较多有机质，三维空间上孔隙连通性极差，压汞实验的排驱压力可达100MPa；而海岸平原泥岩的孔隙度相对较大，有机质含量较低，三维空间上孔隙连通性明显优于海相页岩，压汞实验的排驱压力最小，仅为1MPa。以上结果显示，形成于不同沉积环境中的泥岩虽然岩性相近，但孔隙度和孔隙结构存在明显差异（图2-3），由此可见沉积环境在很大程度上控制了细粒沉积岩的非均质性，可以以沉积环境为指标对整套地层进行宏观尺度的非均质性划分，划分出不同的沉积环境单元。细粒沉积岩发育纹层等细

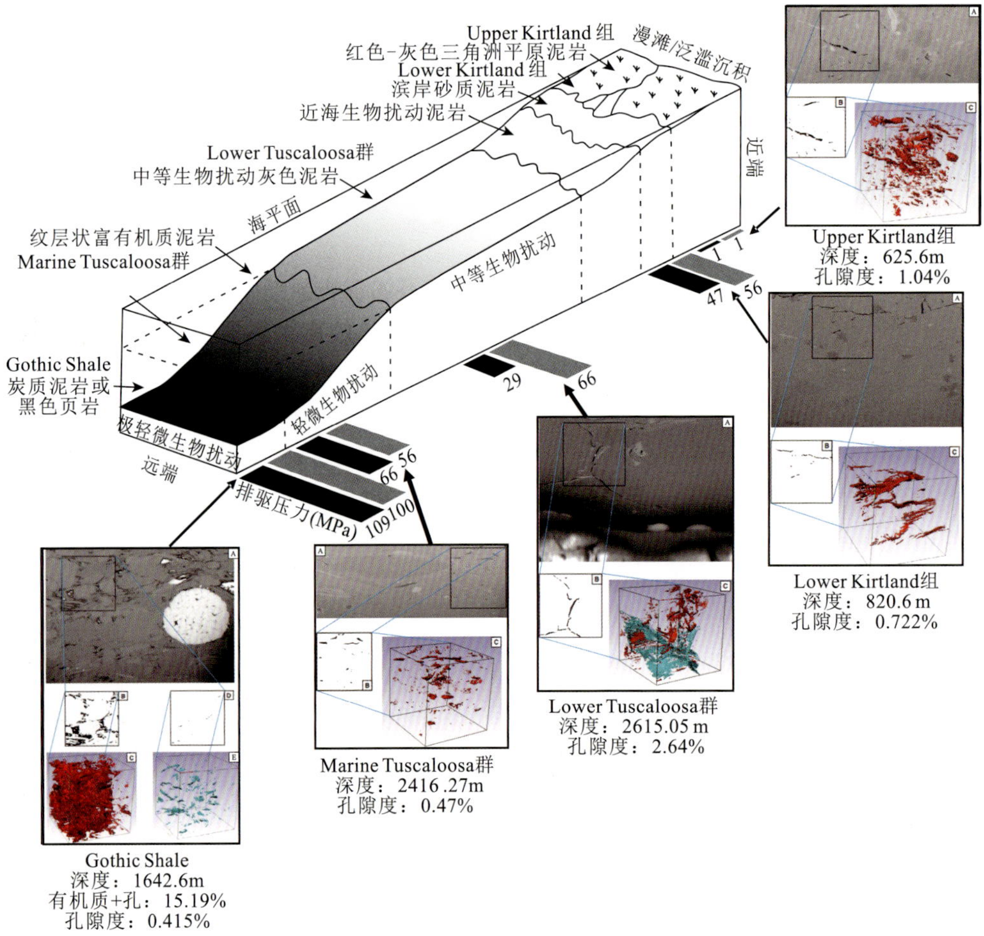

图2-3 泥页岩相连续分布模式

（据Schieber，1999，修改）

显示了不同相泥岩样品的孔隙度、扫描电镜图像和孔隙三维结构分布及不同相泥岩中的压汞突破压力。Schieber（1999）的泥岩微相划分：红色-灰色三角洲平原泥岩（Kirtland组）；滨岸砂质泥岩；近海生物扰动泥岩；中等生物扰动灰色泥岩（可能相当于下Tuscaloosa群）；纹层状富有机质泥岩（Marine Tuscaloosa群）；炭质泥岩或黑色页岩（Gothic Shale）。灰色和黑色的平行四边形显示相近深度品的压汞测试突破压力（据Heath et al.，2011）

小难辨的沉积构造，在同一古环境单元中，细粒沉积岩的岩心也存在显著的非均质性，在岩心尺度上也存在厘米甚至毫米级别的非均质性。因此选取具有代表性尺寸的样品进行分析后如何实现从孔隙级别向沉积相级别尺度的粗化也成为关键科学问题。对典型吉木萨尔凹陷芦草沟组富有机质泥页岩样品进行大面积扫描电镜图像拼接（MAPS）和能谱分析，可以将样品分为 3 个相带，不同相带中矿物类型和含量存在明显差别，相应的孔隙结构也存在差异。A 相带主要矿物为方解石和白云石，含少量钾长石、钠长石，粒度较小，大孔隙普遍被黏土矿物充填，孔隙以绿泥石、伊/蒙混层等黏土粒间孔为主，孔径较小；B 相带主要矿物是方解石和白云石，但钾长石和钠长石含量明显增加，粒径增大，黏土矿物相对减少，以粒间孔为主要孔隙类型，少量被黏土矿物充填，孔径相对大于 A 相带；C 相带主要矿物为方解石、白云石和钠长石，钠长石粒径明显增大，黏土矿物含量最小，孔隙以粒间孔为主，溶蚀扩大明显（图 2-2）。在不同的沉积环境中形成的相同岩性也会存在无机地球化学元素的差异，特别是一系列指示环境变化的指标。依据以上分析，可以利用无机地球化学元素的变化作为桥梁实现从孔隙级别尺度向沉积相级别尺度的粗化，逐级表征储层非均质性，形成一套多尺度、分级成因表征致密储层的方法。

第二节　方法流程

多尺度、分级成因表征致密储层的主要流程分为 3 步（图 2-4）：①利用以无机地球化学元素为划分地层依据的化学地层学方法对整套地层进行宇观尺度（10～100m）和宏观尺度（0.1～10m）的精细划分，对应于沉积相和沉积微相尺度的精细划分；②对同一沉积微相单元进行医用 CT 和大面积元素扫描，进一步划分中观尺度（1～100mm）非均质性，对应于整块岩心尺寸；③在同一中观尺度（1～10mm）单元中选取柱塞样，进行 He 孔渗测定、高压压汞、恒速压汞、扫描电镜、微米 CT、纳米 CT、扫描电镜矿物定量评价 QEMSCAN 和聚焦离子束 FIB 等高分辨率、高精度分析。

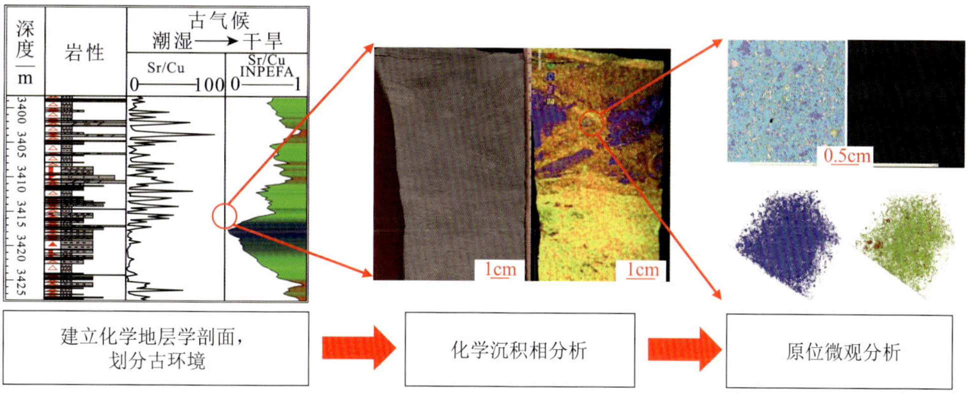

图 2-4　细粒沉积岩尺度跨越方法流程

一、多尺度沉积非均质性表征技术

1. 化学地层学

化学地层学是通过提取地层中记录的无机地球化学信息和有机地球化学信息等进行地

层划分对比、沉积环境和后期演化等研究的科学（吴瑞棠等，1994；吴智勇，1999；Pearce et al.，1999；刘疆等，2008）。其中，无机地球化学信息主要包括主量元素、微量元素、稀土元素和同位素等，有机地球化学信息主要包括有机碳和生物标志化合物等。这些地球化学信息在地层沉积和后期成岩过程中会在时空上发生迁移和富集，从而造成地层中地球化学信息类型和含量的差异变化，不但可以为地层的划分对比提供可靠依据，而且记录了地层在沉积过程中的环境变化。特别是对于以泥岩、页岩、泥质粉砂岩等为主的细粒沉积岩，由于其具有岩性较细、沉积速率慢的特点，单纯通过岩性难以有效划分地层，而古生物划分方法在古生物匮乏地区难以有效应用。化学地层学的方法相对某些生物地层、地震地层和测井分层框架所能提供的地层划分方案分辨率要高（吴智勇，1999）。

目前，无机地球化学元素中的主量元素和微量元素含量已成为常用和有效的划分地层指标，并在常规碎屑岩储层、细粒沉积岩地层和碳酸盐岩地层划分、对比中均有良好的应用效果（Schieber，1999；Scopelliti et al.，2006，2013；Weibel et al.，2010；Ingram et al.，2013；Sabatino et al.，2015；Craigie et al.，2016；郭来源等，2015；马坤元等，2016），因此获得地层高分辨率的无机地球化学信息具有重要意义。随着仪器设备的不断发展和改进，手持式 X 射线荧光光谱（Handheld Energy-Dispersive X-Ray Fluorescence，ED-XRF）分析仪可以准确、快速、低成本地对地层进行相对高分辨率（依据地层实际情况分辨率可达 1cm/点）的原位单点扫描，获得原子序数大于 11 的主量元素和微量元素的均一化含量值，数据可靠（Rowe et al.，2012；Mauriohoohoa et al.，2016；马晓潇等，2016；张广玉等，2017；曹海洋等，2017），因此可以利用手持 XRF 分析仪获取地层高分辨率的无机地球化学元素信息。

由于地层中会出现矿物异常分布区而使测试数据出现部分异常点，或数据纵向分布规律不明显，因此需要对数据进行频谱分析和滤波等处理，获得更加显著和可靠的变化趋势，进而进行化学地层学的划分。在此主要利用频谱属性趋势分析技术（Integrated Prediction Error Filter Analysis，INPEFA）技术进行数据的处理。首先，利用最大熵谱分析（Maximum Entropy Spectral Analysis，MESA）按信息熵最大准则外推得到自相关函数。然后，在 MESA 基础上，利用预测误差滤波分析（Prediction Error Filter Analysis，PEFA）计算每一个深度点的 MESA 预测值，与对应的曲线真实值进行相减得到数据差值（误差=实际数据-滤波数据）。PEFA 曲线为一条不规则的沿着地层垂向变化的锯齿状曲线，大小不同的尖峰代表了不同级别的界面。最后，对 PEFA 曲线进行特定的积分处理，获得 INPEFA 曲线，其变化趋势更加明显，不同的趋势拐点代表了不同的地层分界面（图 2-5）（Nio et al.，2005）。

古环境在一定程度上控制了储层的发育。利用 U/Th 古氧化还原指标、Ca/(Ca+Fe) 古盐度指标、(Al+Fe)/(Ca+Mg) 和 GR 曲线古水深指标、Sr/Cu 古气候指标可恢复沉积物沉积时的古环境条件，而不同的古环境条件对孔隙度的控制程度具有差异性。在上“甜点”段，泥质粉砂岩的孔隙度与（Al+Fe)/(Ca+Mg) 指标呈较好的正相关关系（$R^2=0.62$）（图 2-6a），与 Sr/Cu 指标呈较好的负相关关系（$R^2=0.67$）（图 2-6b），与 Ca/(Ca+Fe) 指标呈较好的负相关关系（$R^2=0.67$）（图 2-6c），表明气候相对潮湿，陆源碎屑供给量增加，盐度降低，水体加深，不利于白云石沉积，原生粒间孔隙更加发育。在下“甜点”段，泥质粉砂岩与各指标的关系和上“甜点”段具有相似的变化规律，但相关性

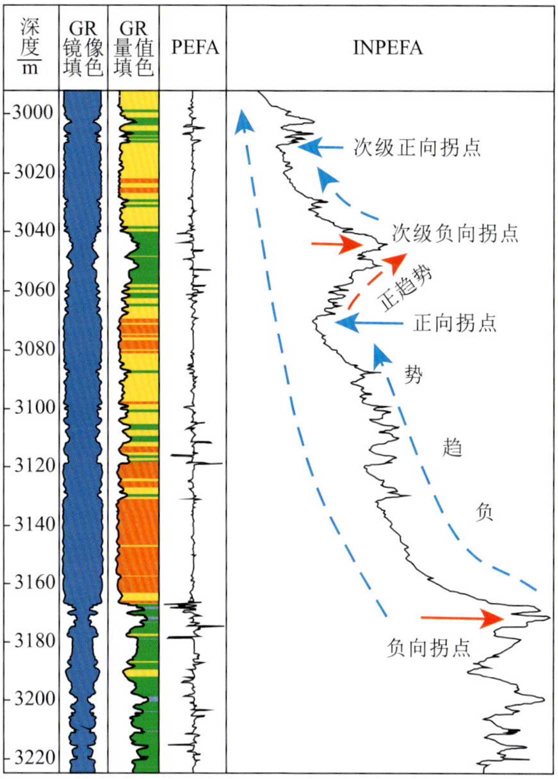

图 2-5　PEFA 与 INPEFA 特征意义

（据路顺行等，2007）

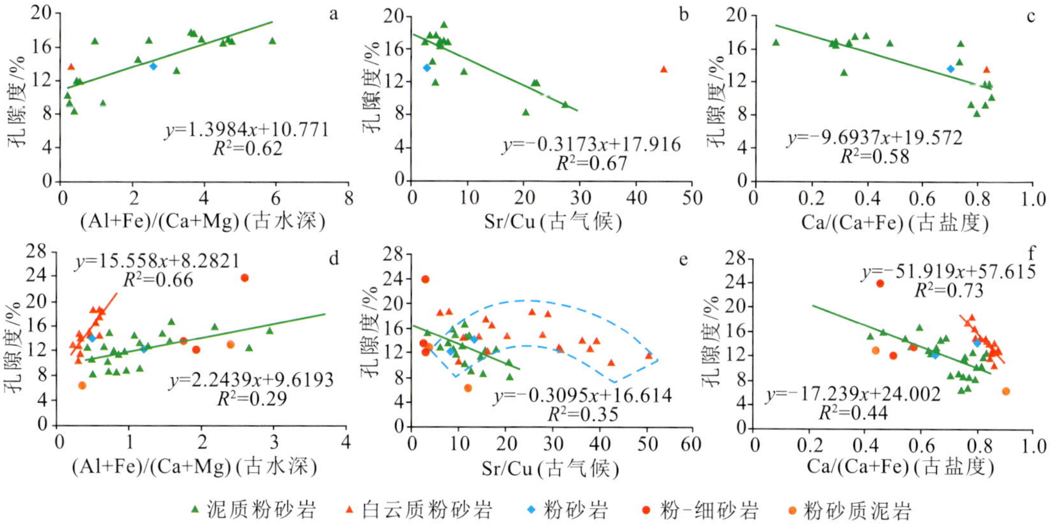

图 2-6　上、下“甜点”段古环境指标与孔隙度关系

a—上“甜点”段古水深指标与孔隙度关系散点图；b—上“甜点”段古气候指标与孔隙度关系散点图；c—上“甜点”段古盐度指标与孔隙度关系散点图；d—下“甜点”段古水深指标与孔隙度关系散点图；e—下“甜点”段古气候指标与孔隙度关系散点图；f—下“甜点”段古盐度指标与孔隙度关系散点图

变差，与（Al+Fe）/（Ca+Mg）指标（图2-6d）、Sr/Cu指标（图2-6e）和Ca/（Ca+Fe）指标（图2-6f）的R^2分别为0.29、0.35和0.44。白云质粉砂岩与（Al+Fe）/（Ca+Mg）指标呈较好的正相关关系（R^2=0.66），与Ca/（Ca+Fe）指标呈较好的负相关关系（R^2=0.73），但与Sr/Cu指标呈拱形的关系（图2-6）；同时在相近的古环境条件下，白云质粉砂岩的孔隙度相对泥质粉砂岩较大。结合白云石含量的变化规律，表明古气候在从潮湿变为干旱的过程中，白云石含量的增加会降低压实作用对原生孔隙的破坏，同时原生孔隙的保存利于原油充注，其中的有机酸会对长石颗粒和白云石进行溶蚀。但随着白云石含量的进一步增加，原生孔隙又会被过量的白云石充填而造成孔隙度的减小。

2. 化学-沉积相（XRF二维元素扫描）

细粒沉积岩主要由细粒沉积物沉积成岩而成。细粒沉积物粒径小于62μm（Schieber et al.，1998），根据沉积物来源可分为陆源碎屑颗粒和内源自生矿物。其中，陆源碎屑颗粒主要包括黏土矿物和粉砂等，其中黏土粒径小于4μm，粉砂粒径介于4~62μm之间；内源自生矿物主要包括盆地内生碳酸盐、生物硅质、胶结成因硅和磷酸盐等颗粒。

细粒沉积岩主要形成于相对低能环境（Schieber et al.，1998；姜在兴等，2013）。在海相环境中，细粒沉积岩主要发育在滞流海盆、陆棚区局限盆地、边缘海斜坡等正常浪基面以下部位，受控于物源和水动力条件（Picard，1971）。在湖相环境中，细粒沉积岩主要发育在前三角洲-半深湖-深湖、滨浅湖部位中（袁选俊等，2015；赵贤正等，2017），受控于湖平面变化、构造作用、沉积物源和盆地底形等因素（Lemons et al.，1999）。以上环境虽然都是相对低能环境，但细粒沉积岩的沉积构造、沉积物来源和成因、地球化学特征等具有明显差异。细粒沉积岩的沉积构造组合可以在一定程度上指示沉积部位。在海相沉积中深海、半深海部位沉积的细粒沉积岩发育水平和块状层理，浅海部位发育沙纹、波状和交错层理等。在湖相沉积中，深湖部位沉积的细粒沉积岩发育平直纹层、似块状层理，半深湖部位发育波状、透镜状、粒序和块状等层理，深湖-半深湖重力流发育递变和块状层理，前三角洲-浅湖沉积发育块状层理、生物扰动构造、平行层理。沉积部位影响了细粒沉积岩有机质的类型和富集以及孔隙结构，因此研究沉积构造具有重要意义；同时由于细粒沉积岩颜色相对均一，不利于肉眼直接识别沉积构造。但沉积构造的变化会引起无机地球化学元素的变化，因此可以利用化学-沉积相方法获得的无机地球化学元素强度平面分布图来识别沉积构造。

不同的沉积物来源和成因不但影响细粒沉积岩中原油的流动，也影响后期的压裂效果。油气在储层中流动时不但受到孔喉大小的影响，还受到孔隙壁部矿物润湿性的影响（Barclay et al.，2000；Buckley，2001）。在以石英和长石等水润湿的矿物围成的孔喉中，原油易于流动，利于开发；而在方解石和白云石等油润湿的矿物围成的孔喉中，原油不易流动，不利于开发。在对细粒沉积岩中的油气进行开发时普遍需要进行压裂，因此评价细粒沉积岩的可压裂性具有重要的意义（Chong et al.，2010）。目前一般利用矿物组成或岩石力学参数来表征可压裂性、脆性（Jarvie et al.，2007；唐颖等，2012），其中矿物可分为脆性矿物和非脆性矿物，国内外学者普遍将石英、长石、白云石和方解石作为脆性矿物（Nelson，1985；Sondergeld et al.，2010；Slatt et al.，2011；杜金虎等，2011；康玉柱，2012）。一般情况下，脆性矿物含量越高，岩石脆性越高，越易于形成天然或诱导裂缝。但岩石的脆性也受到脆性矿物分布的影响，当陆源碎屑石英在岩石中呈弥散状分布时，会造成岩石压裂过程中的应力分散，不利于网状裂缝的形成，因此岩石虽然具有较高的脆性矿物含量，却具有较低的脆性（郝运轻等，2016）。生物成因的硅质，不但指示了细粒沉积岩沉积过程中较高的初级生产力，而且具有更高的资源量（Angel，2010；Dennett et al.，2002），其分布也相对集中，可压性更好。成岩演化形成的自生石英主要由胶结作用和黏土矿物转化而成，不仅可以增加石英的含量，也可以使页岩的结构硬化而进一步增加岩石的脆性（赵建华等，2016）。因此，有效识别脆性矿物的来源和成因具有重要意义。由于不同来源和成因的矿物具有不同的无机地球化学元素组成，因此可以利用无机地球化学元素指标来识别脆性矿物的来源和成因。常规识别沉积物来源和成因的方法中，薄片鉴定和扫描电镜观察仅能观察体积样品，容易造成取样不具代表性；传统XRF和XRD等需要将样品粉碎均一化，容易造成无用信息掩盖有效信息，均不能有效判别细粒沉积岩沉积物的来源和成因。因此，可以利用化学-沉积相方法获得大尺度手标本表面的元素地球化学信息，对各像素点进行无机地球化学分析，弥补选样不具代表性和均一化后无用信息掩盖有效信息的不足，最大限度地实现脆性矿物来源和成因的有效识别。

不同的古环境条件不仅影响细粒沉积岩中有机质的类型和富集，同时影响沉积物的来源和成因。在海相环境中，十分高的表层水体浮游生物生产力和有利于有机质保存、聚积与转化的沉积条件是形成富有机质黑色页岩的必要条件（Stow et al.，2001）。在陆相湖泊环境中，潮湿气候下的淡水湖泊环境以腐泥型干酪根为主，陆源碎屑注入较多。咸水湖泊在相对潮湿气候、盐度较低时，利于生物繁育，为腐泥型干酪根，陆源碎屑注入量较高；在相对干旱气候、盐度较高时，不利于生物繁育，主要为腐殖型干酪根，陆源碎屑注入量较低，碳酸盐岩含量较高（薛叔浩等，2002；冯增昭，2013）。水体的深浅在一定程度上影响生物的繁盛和后期的保存。一般情况下，浅水区生物繁盛，具有较高的生产力；深水区以还原条件为主，利于有机质的保存。但由于古环境的频繁变化和细粒沉积岩厚度小的原因，在极小的厚度内会出现多种古环境特征，因此同样需要利用化学-沉积相方法获得大尺度手标本表面的元素地球化学信息，实现最大尺度和精度的对古环境变化的研究和表征。

以芦草沟组细粒沉积岩为例，颜色相对均匀，且存在明显的陆源碎屑和碳酸盐岩的混积现象，使得芦草沟组岩性鉴别和沉积构造识别难度明显增加，不利于对沉积相的研究。常规的薄片鉴定和扫描电镜观察样品尺寸小，易造成样品不具有代表性；常规的XRF和XRD等元素矿物分析手段需要对样品进行粉碎均一化的处理，不但耗时，而且无法原位分析细粒沉积岩的特征，易使得无用信息过多而覆盖有效信息。由于矿物成分的变化直接影响了无机地球化学元素的变化，因此可以利用无机地球化学元素在岩心表面的变化来表征细粒沉积岩平面非均质性，实现沉积构造识别、沉积物来源和成因研究、古环境精细研究等方面的工作，为沉积相的研究提供一个高效方法。因为此方法是以无机地球化学元素为手段研究沉积相，因此本书称之为“化学-沉积相”（刘可禹等，2019）。

化学-沉积相的分析方法流程主要为：①获得大体积手标本样品表面的光学照片；②利用大面积XRF扫描技术对样品表面进行高分辨率元素扫描（>30μm/点），获得二维平面元素分布信息；③原位提取元素定量数据，精细研究古环境参数，判断形成的古环境（图2-7）。

目前，本书主要使用Bruker微区M4 Tornado进行样品平面的元素扫描。在扫描前，

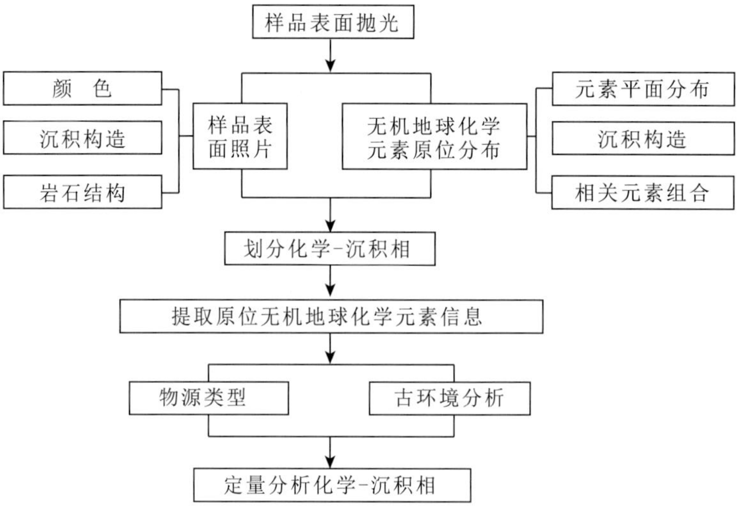

图 2-7 化学-沉积相分析流程

（据刘可禹等，2019）

为了最大限度地减小误差，首先对样品进行表面抛光处理，使样品表面平整光滑；然后将样品放入测试仓，利用水平仪进行水平校准。仪器中 X 射线光管靶材为铑（Rh），电压为 50kV，电流为 800μA，光斑小于 30μm，探测器为 Flash@ 硅漂移探测器，能量分辨率在计数率 250000cps 时分别优于 125eV 和 135eV，扫描速度最快可达 3ms/点，提供钠以上元素的分布（Na—U），分辨率可达 30~100μm。

以吉木萨尔凹陷吉 305 井 3415.65~3415.78m 井段处的芦草沟组粉砂质泥岩为例（图 2-8），可见复杂的元素分布，分析 Ca 和 Mg 富集的碎块的来源和形成古环境可以对芦草沟组储层的沉积相具有更深的认识。根据化学-沉积相的方法流程，首先根据指向性元素的强度分布图可以定性分析古环境的平面变化。其中，Al、K 和 Si 指示陆源碎屑沉积，其含量高指示半潮湿气候，发育地表径流，向盆地中搬运较多陆源碎屑。Ca 和 Mg 指示盆地内部碳酸盐岩沉积，其含量高指示干旱气候，不发育地表径流，极少有陆源碎屑被搬运进入盆地。Sr 的高值指示气候干旱、水体盐度高，低值指示气候潮湿、水体盐度低。Cu 为喜湿元素，其高值一般指示潮湿气候。Ti 主要来自陆源碎屑物质，高值指示高陆源碎屑注入量，半潮湿气候，而且相对稳定，随着搬运距离的增加会相对富集，也指示相对深水环境。V、U 和 Mo 的富集指示还原条件。

针对 3415.65~3415.78m 深度处的粉砂质泥岩，如图 2-8 所示，样品底部 Al、K 和 Si 含量相对较高，与 Ti 的含量变化趋势一致，指示物源以外源陆源碎屑为主；Sr 含量相对较低，Cu 含量相对较高，指示潮湿气候。同时，U 和 V 含量相对较高，可定为还原环境。由此判断，样品底部沉积时期古环境为潮湿气候、水体较深、盐度较低和强还原环境。样品顶部元素分布复杂，在高 Al、K 和 Si 含量中夹杂杂乱堆积、分选磨圆极差的高 Ca 和 Mg 含量碎块，高 Al、K 和 Si 含量区域元素分布特征与底部基本一致，而碎块中的 Ca、Mg 和 Sr 值高，Ti、Cu、U 和 V 值低，表明碎块最原始的形成古环境为干旱、高盐度、浅水弱还原环境。基于以上分析，可以通过单一指向性元素的平面分布图定性划分样品的化学-沉积相带，只是目前技术还不可以实现整个平面上的定量计算。此方法的意义在于，

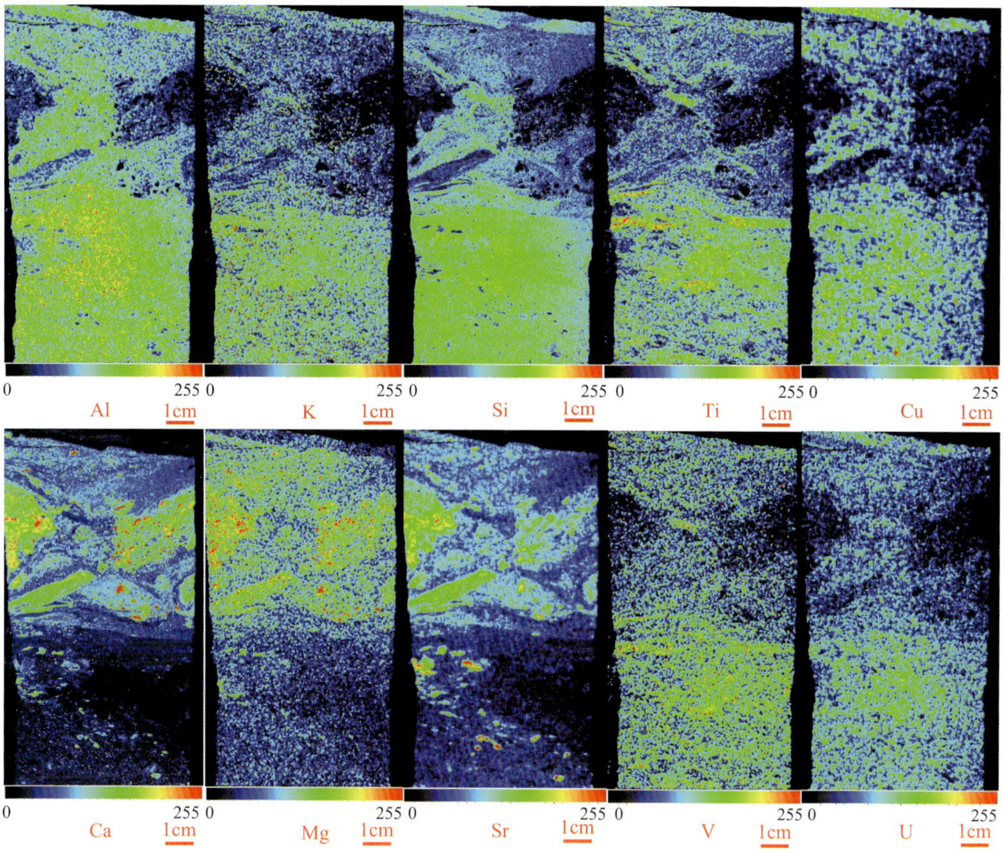

图 2-8　吉 305 井埋深 3415.65~3415.78m 粉砂质泥岩各元素强度平面分布

可以有效指导下样品精细分析，而常规实验手段会将样品均一化粉碎，可能只取到 1 个古环境区域或将 3 个古环境区域混合到 起，造成数据出现明显偏差。在化学-沉积相方法中，可以在不同相带原位提取元素数据，结合古环境计算参数即可明确化学-沉积相间的明显差异。如图 2-9 所示，Object-1 和 Object-2 属于同一相带，Object-3 和 Object-4 属于同一相带，Object-5 和 Object-6 属于同一相带，原位提取无机地球化学元素数据，在相同的相带，元素的谱图基本一致，近乎重叠，而在不同的相带其元素谱图信息具有明显差异。如表 2-1 所示，各元素定量信息在相同相带基本一致，在不同相带间差异较大。

表 2-1　吉 305 井埋深 3415.65~3415.78m 粉砂质泥岩样品各测点地球化学元素分析结果

测点号		Object-1	Object-2	Object-3	Object-4	Object-5	Object-6
主量元素含量/%	Na	1.18	1.09	3.84	2.74	3.64	3.22
	Mg	5.96	6.26	2.83	3.21	1.49	1.40
	Al	3.60	3.93	5.75	5.17	6.53	5.96
	Si	17.76	18.91	27.10	25.33	32.19	31.09
	K	0.01	0.01	0.02	0.02	0.19	0.11
	Ca	19.31	20.38	8.22	8.81	4.33	4.27
	Ti	0.19	0.22	0.26	0.32	0.37	0.29
	Mn	0.18	0.20	0.08	0.08	0.05	0.04
	Fe	4.72	5.08	2.31	2.29	1.50	1.55

续表

测点号		Object-1	Object-2	Object-3	Object-4	Object-5	Object-6
微量元素含量/10^{-6}	V	184.84	178.24	178.93	162.71	131.56	118.84
	Cr	13.84	12.78	13.14	12.27	4.94	7.02
	Ni	2.02	0	3.65	22.74	9.45	5.45
	Cu	4.04	3.59	9.21	7.62	6.13	7.92
	Zn	45.98	49.79	56.28	51.58	55.83	43.88
	Rb	9.55	7.54	33.99	59.61	45.21	52.34
	Sr	1843.27	1881.58	1012.58	849.83	431.81	488.23
	Zr	60.72	106.99	169.51	191.21	260.13	217.95
	Ba	33.42	50.19	25.85	26.49	56.30	65.50

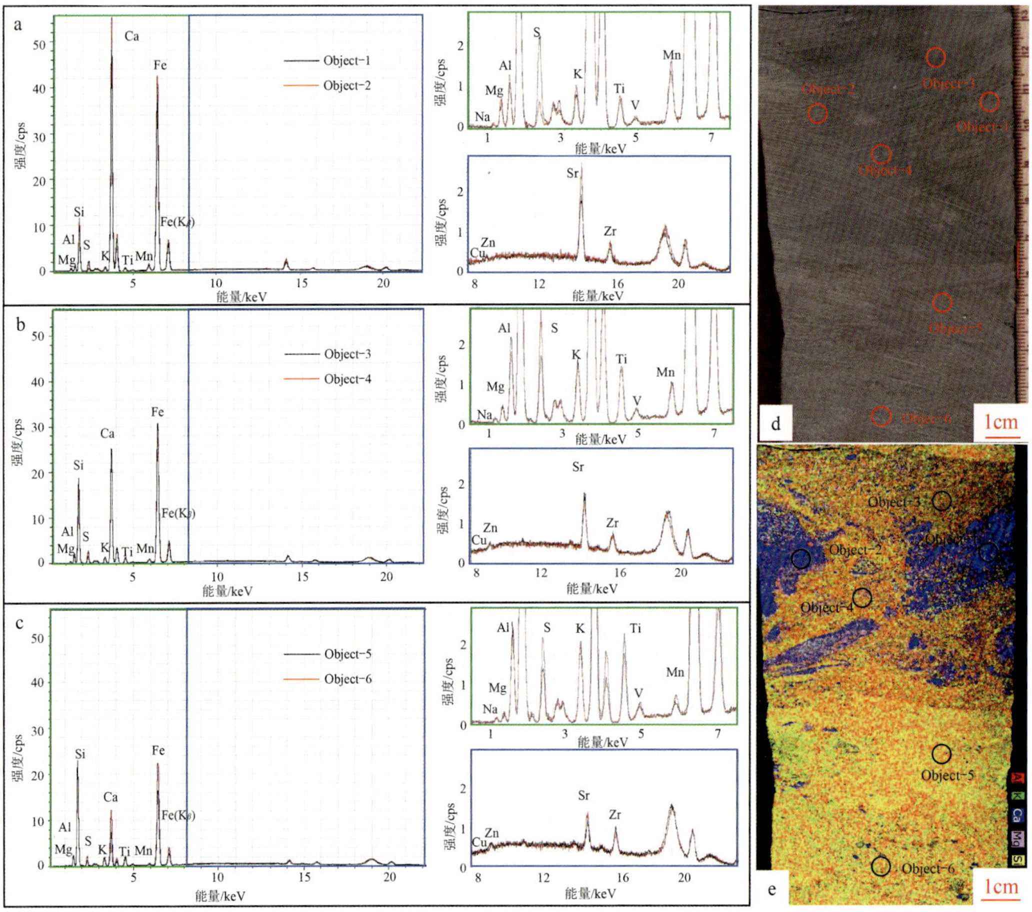

图 2-9　吉 305 井埋深 3415.65~3415.78m 粉砂质泥岩各点能谱

a—Object-1 和 Object-2 的元素强度谱图；b—Object-3 和 Object-4 的元素强度谱图；c—Object-5 和 Object-6 的元素强度谱图；d—岩心照片；e—Al（红色）、K（绿色）、Ca（蓝色）、Mg（粉色）、Si（黄色）元素强度综合平面分布

利用以上古环境定量指示参数，建立雷达图，如图 2-10 所示，Object-1 的各古环境参数中，Sr/Cu=456.24，指示干旱气候，V/Cr=13.36，指示强还原环境，Sr/Ba=5.38，指示咸水，(Al+Fe)/(Ca+Mg) = 0.33，指示相对浅水环境；Object-2 的各古环境参数中，Sr/Cu=524，指示干旱气候，V/Cr=13.95，指示强还原环境，Sr/Ba=3.75，指示咸水，(Al+Fe)/(Ca+Mg) = 0.34，指示相对浅水环境。虽然 Object-1 和 Object-2 在平面上相距较远，但古环境条件基本一致，雷达图形态基本一致且近乎重合。Object-3 的各古环境参数中，Sr/Cu=108.7，指示干旱气候，V/Cr=13.62，指示强还原环境，Sr/Ba=3.92，指示咸水，(Al+Fe)/(Ca+Mg) = 0.73，指示相对深水环境；Object-4 的各古环境参数中，Sr/Cu=111.45，指示干旱气候，V/Cr=13.26，指示强还原环境，Sr/Ba=3.21，指示咸水，(Al+Fe)/(Ca+Mg) = 0.62，指示相对深水环境。Object-3 和 Object-4 古环境条件基本一致，雷达图形态基本一致。虽然 Object-3 和 Object-1、Object-4 和 Object-2 在平面上相距较近，但古环境条件相差明显。Object-5 的各古环境参数中，Sr/Cu=70.45，指示干旱气候，V/Cr=26.63，指示强还原环境，Sr/Ba=0.77，指示淡水，(Al+Fe)/(Ca+Mg) = 1.38，指示相对深水环境；Object-6 的古环境参数中，Sr/Cu=61.67，指示干旱气候，V/Cr=16.93，指示强还原环境，Sr/Ba=0.75，指示淡水，(Al+Fe)/(Ca+Mg) = 1.32，指示相对深水环境。Object-5 和 Object-6 雷达图形态基本一致。以上结果表明，碎块主要来自干旱条件下形成的未固结白云质沉积物，在某次较强水体波动中破碎搬运进入湖盆与陆源碎屑同时沉积，其形态具有明显的撕裂特征。分析结果表明，此碎块古环境总体为干旱条件，由于气候波动造成短期降水量突然增大引起水动力突然增强，破坏了早期未固结沉积物。

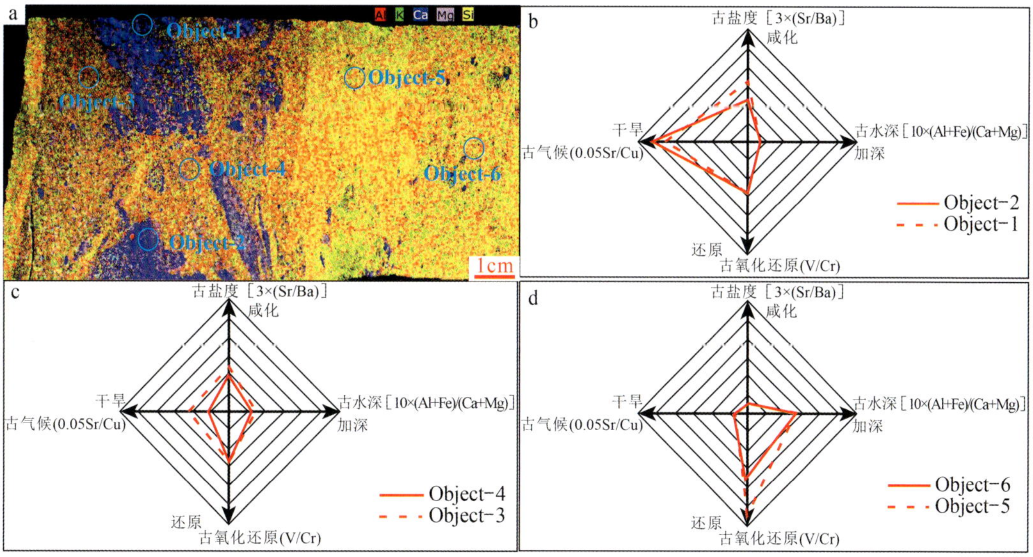

图 2-10　吉 305 井埋深 3415.65~3415.78m 粉砂质泥岩各点古环境参数

a—Al（红色）、K（绿色）、Ca（蓝色）、Mg（粉色）、Si（黄色）元素强度综合平面分布；b—Object-1 和 Object-2 的古环境指数雷达图；c—Object-3 和 Object-4 的古环境指数雷达图；d—Object-5 和 Object-6 的古环境指数雷达图

二、多尺度物性表征方法

由于与常规砂岩相比，致密储层以微纳米级孔隙为主，具有特殊的孔隙结构、复杂的岩石组成和超低的渗透性等（Curtis，2002；Al-Hinai et al.，2014），因此适用于常规砂岩的常规测试手段在对致密储层进行分析测试时会出现效率低、误差大、实用性差等缺点（于荣泽等，2012），因此对致密储层的微观孔隙进行分析时需要采用精度更高的分析测试手段。目前储层微观表征的方法很多，大致可以分为两类。一类是直接观察法（或图像法），常用手段包括高分辨率扫描电镜（Golab et al.，2010；Sondergeld et al.，2010）、原子力显微镜、微米 CT 和纳米 CT（Schnaar et al.，2005；Sakdinawa et al.，2010；白斌等，2013）、聚焦离子束电子扫描显微镜（贾志宏等，2013）等。直接观察法的优点是直观、准确、影响因素少，不足之处包括表征尺度小、受分辨率限制等。另一类表征方法是借助孔隙的某些特性间接表征，主要包括恒速或高压压汞（高辉等，2011；李卫成等，2012）、气体吸附（侯宇光等，2014；杨峰等，2013；杨海龙等，2013；Keller et al.，2005）、核磁共振技术（周科平等，2012；朱广社等，2013；Coates et al.，1999）、超低渗透率测试技术（孙军昌等，2013）等。其优点是试样尺度大、结果容易量化，缺点是不够直观、结果不容易验证、受非均质性影响大等。

1.3D 成像（工业 CT、微-纳米 CT、FIB）

油气在致密储层中的赋存形式和活动性与孔隙的尺寸、形态、连通性等属性具有密切关系，而三维重构技术（3D 成像）可以实现孔隙以上属性在三维空间上的可视化，达到对孔隙进行更为直观研究的目的，同时结合统计学方法还可以获取孔隙度、孔径分布等定量信息（Fredrich et al.，1995）。目前计算机断层扫描技术（CT）和聚焦离子束电子扫描显微镜（FIB-SEM）等技术可以实现对致密储层孔隙的观察并采集图像，利用获得的一系列图像进行三维重构，获得孔隙在三维空间内的展布图像。

CT 扫描技术通过放射源以不同角度向样品发射 X 射线，不同的非金属材料对相同波长的 X 射线具有不同的吸收能力，一般物质密度越大、原子序数越高的物质具有越强的 X 射线吸收能力，X 射线穿过物质后的衰减系数越高。因此当 X 射线以不同方向和位置穿透被测物体时，可以据此求出对应路径上的衰减系数线积分值，获得一个线积分集合。因物质的衰减系数与物质的质量密度、原子系数等相关，故可利用衰减系数的二维分布表征密度的二维分布，由此转换成可以展现其结构关系和物质组成的断面图像。但实际的射线束总会具有一定的截面，只能与具有一定厚度的切片或断层物质相互作用，故所确定的衰减系数或密度的二维分布及图像展示，是一定体积的积分效应（杨更社等，1998）。扫描过程为无损检测过程，不会对样品造成任何改造和损伤。

其衰减过程符合衰减公式（Mayo et al.，2015）：

$$I = I_0 e^{-\sum_i \mu_i x_i} \tag{2-1}$$

式中：I 为衰减后的强度；I_0为原始强度；μ_i为第 i 组分对射线的衰减系数；x_i为射线通过第 i 组分的长度。

CT 成像的核心为重建样品灰度图像。重建算法中最基本的有解析法和迭代法，其中 FDK 重建算法较为常用，其计算公式为（Grass et al.，2000）：

$$p'(\beta, a, b) = \frac{R}{\sqrt{RR + aa + bb}} p(\beta, a, b) g^n(a) \tag{2-2}$$

$$F_{FDK}(x, y, z) = \int_0^{2\pi} \frac{R^2}{U(x, y, \beta)} p'(\beta, a, b) d\beta \tag{2-3}$$

其中

$$a = R\tan\gamma, \ b = \frac{q}{\cos\gamma} \tag{2-4}$$

$$k = \arctan \frac{q}{R} = \arctan \frac{b}{\sqrt{RR + aa}} \tag{2-5}$$

$$U(x, y, \beta) = R + x\cos\beta + y\sin\beta \tag{2-6}$$

式中：$U(x, y, \beta)$ 为总的衰减系数；q 为投影数据某一方向上的长度；$p(\beta, a, b)$ 为采集到的投影数据；$p'(\beta, a, b)$ 为对投影数据的加权滤波；$F_{FDK}(x, y, z)$ 为对加权滤波投影数据的反投影重建；$g^n(a)$ 为一维滤波器；R 为轨道半径；γ 为锥束的扇角；β 为锥束的锥角；a 和 b 为在探测器上的位置。

在扫描过程中，将样品的某一扫描层面划分为若干立方体块，称为体素。当 X 射线穿透样品时可以测得每一体素的密度，利用灰度来反映其密度变化，这些体素为 CT 图像中的基本单位，也被称为像素，排列成行、列方阵成为图像矩阵。当 X 射线穿过样品时，接收器所测得的 X 射线衰减量为入射方向上所有体素的衰减值之和，因此在多个方向向样品发射 X 射线就可获得各方向的衰减值总和，进而得到联立方程组，求出每个单一体素的 X 射线衰减值，利用灰度表征不同的衰减值，使得具有不同灰度的像素形成一幅矩阵数字图像，成为该扫描层面具有不同结构密度的 CT 图像（刘义坤等，2010；刘慧，2013）。像素点的大小控制了 CT 图像的分辨率。

根据 CT 分辨率与发展阶段可以划分为工业 CT、微米 CT 和纳米 CT，其分辨率分别为次毫米级、微米级和纳米级。其中，工业 CT 的分辨率一般为次毫米级，GEOTEK 公司的 MSCL-XCT 可以对最大长度 155cm、直径 15cm 的全直径岩心进行扫描分析，分辨率相对较低，分辨率可达 100~150μm，可以获得岩心样品毫米尺度的非均质性变化。微米 CT 扫描电压跨度较大，从几十千伏到几百千伏，样品尺寸从几毫米到全直径岩心，样品尺寸越小，分辨率越高，最高可达 0.7μm，可识别的孔隙直径最小只能达到 2μm。纳米 CT 的样品尺寸极小，对直径为 65μm 的岩心柱进行扫描，其分辨率为 150nm。

不同分辨率的 CT 表征的主要对象不同，其中工业 CT 主要表征全直径岩心中观（1~100mm）到宏观（0.1~10m）尺度的非均质性，微米 CT 和纳米 CT 主要表征微观（0~1000μm）尺度的非均质性。利用此 3 种分辨率的 CT 对岩心进行综合分析，利用低分辨率 CT 图像对样品进行非均质性相带划分，在不同相带中选取小尺寸样品依次进行高分辨率 CT 分析，可以实现不同尺度非均质性的跨越（图 2-11）。

聚焦离子束电子扫描显微镜（FIB-SEM）是将聚焦离子束（FIB）技术和扫描电子显微镜（SEM）集成在一起，具有三维成像功能的仪器。在低束流下，FIB 与 SEM 具有类似的微观成像功能，高束流下 FIB 将离子束斑聚焦到亚微米甚至纳米级尺寸，通过偏远系统实现显微加工。以 FEI Helios NanoLab 650 的聚焦离子束电子扫描显微镜为例，在 1kV

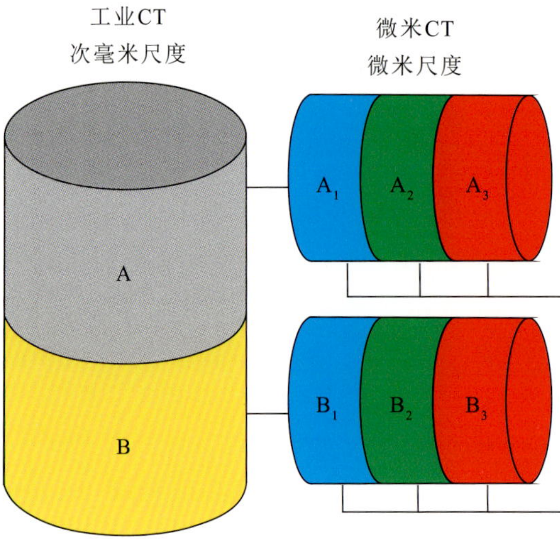

图 2-11　不同分辨率 CT 多尺度三维结构模型

的加速电压之下，分辨率可达 0.9nm。在具有超高分辨率的微观成像能力之外，还可以对致密储层进行纳米级剥蚀，并进行逐层扫描，通过重构获得具有纳米级分辨率的三维图像，实现对三维孔喉结构的精细刻画（图 2-12）。基本步骤如下：①取小块岩石样品，表面抛光，利用导电胶将其固定，表面镀碳；②旋转工作台使其位于离子枪工作平面，使用离子枪在表面进行标记（定位标记 1），然后镀铂保护目标区；③利用离子枪对目标区 3 个方向的外围区域进行刻蚀，形成深 10～20μm、宽约 2 倍目标区宽度的观察坑，并对观察面进行精修；④旋转工作台回到电子枪工作平面，使用离子枪在电子枪成像平面内进行标记（定位标记 2），以便使序列成像具有同一参考点；⑤旋转工作台至离子枪工作平面，选定电子枪成像范围，设定成像分辨率、成像时间、序列成像进尺及步数等，反复校正之后开始自动剥蚀成像，通常每百张图像耗时 6～20h。

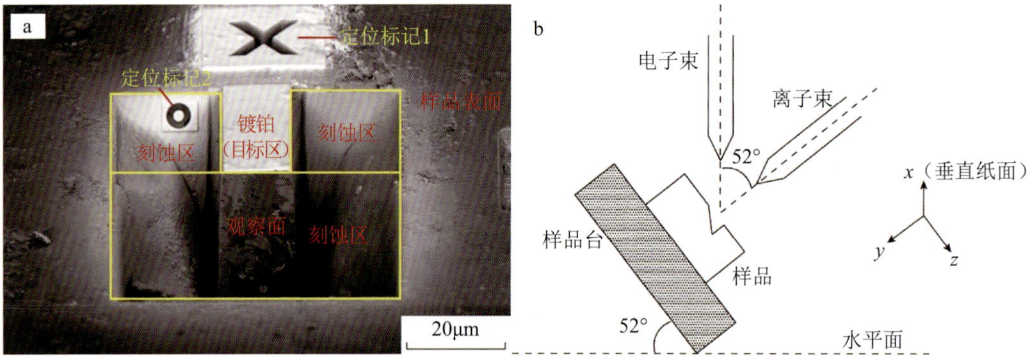

图 2-12　FIB-SEM 三维成像工作示意图

（据孙亮等，2016）

a—FIB-SEM 样品准备工作示意图；b—电子束、离子束和样品角度关系示意图

FIB-SEM 相较纳米 CT 具有更高的分辨率，但由于其工作过程是将样品表面逐层剥蚀，因此是有损测量，同时样品尺寸更小。

2. 高压压汞（MICP）

致密储层孔喉系统极其复杂，可近似将孔喉系统看成相互连通的粗细差异明显的毛细管组成的网络，基于以上模型，高压压汞法就是将非润湿相的汞注入孔喉系统之中。根据拉普拉斯（Laplace）公式，接触角 θ 大于 90°的汞在进入微孔隙中时，需要利用外力克服汞的表面张力，利用汞注入时所需要的压力变化获取具有相应毛细管压力的孔喉半径，此压力下的进汞量即为相应孔喉半径所连通的孔喉体积。所获得的孔喉半径主要为喉道半径，无法获得孔喉所连通的孔隙半径。利用此原理可以获得微观孔喉结构、孔喉半径分布规律和不同孔喉半径对渗透率的贡献率等参数（赵继勇等，2014；操应长等，2015）。

高压压汞进汞压力高，在压力大于 180MPa 时，对应的孔喉半径为 5nm，能够测量的孔喉半径范围大，主要可以表征尺度较小的孔喉，但对半径大于 63μm 的孔喉测量效果不佳，所测数据主要反映的是喉道大小和其所连通的孔隙的总体积，因此其结果明显小于铸体薄片、扫描电镜和微米 CT（Pittman，1992；Yao et al.，2012；Clarkson et al.，2013；朱如凯等，2016）。压汞的孔喉半径主要是基于 Laplace 公式表征的（Good et al.，1981；Winslow，1984）：

$$r=-\frac{2\sigma\cos\theta}{p} \tag{2-7}$$

式中：p 为毛细管压力，MPa；r 为毛细管半径，μm；σ 为汞的界面张力，N/m；θ 为润湿角，（°）。

因为汞与空气的界面张力 $\sigma=480\times10^{-5}$N/cm，与岩石的润湿角 $\theta=140°$，$\cos\theta=0.765$，因此可得毛细管压力 p 与孔隙半径 r 的关系式：

$$r=-\frac{0.735}{p} \tag{2-8}$$

由式（2-8）可得不同毛细管压力 p 时对应的孔径 r。将压汞实验所测汞压入孔隙内的体积增量 ΔV 和 r、p 等进一步处理：

令半径介于 r 和 $r+\mathrm{d}r$ 之间的总孔容为 $\mathrm{d}V$（ΔV），设 D（r）为孔径大小的分布函数，则

$$\mathrm{d}V=D(r)\,\mathrm{d}r \tag{2-9}$$

因为 $pr=-2\sigma\cos\theta$，求导得 $p\mathrm{d}r+r\mathrm{d}p=0$，所以

$$\mathrm{d}r=-r\frac{\mathrm{d}p}{p} \tag{2-10}$$

将式（2-10）带入式（2-9）可得

$$\mathrm{d}V=-D(r)\frac{r}{p}\mathrm{d}p \tag{2-11}$$

压汞实验原理决定了实际上压汞所测得的孔容不是半径为 r 时所对应的孔容，而是包含大于等于半径 r 时的所有孔容，因此基于此原理，经过相应计算可得不同孔径分布曲线，首先计算其压汞曲线斜率：

$$\frac{\mathrm{d}(V_0-V_i)}{\mathrm{d}p}=\frac{\mathrm{d}V}{\mathrm{d}p} \tag{2-12}$$

式中：V_0为总体积；V_i为半径小于 r 的孔隙的体积。将式（2-12）推导变为

$$D(r)=\frac{p}{r}\frac{\mathrm{d}(V_0-V_i)}{\mathrm{d}p} \tag{2-13}$$

孔隙分布曲线和规律可通过对式（2-13）中 r 作图得到，进而确定孔径大小分布函数以及孔容等参数。

对于样品比表面积需要利用 Young-Duper 方程进行换算，即使 dV 量的汞进入到孔中所做的功等于形成汞-样品界面面积 dA 所做的功，因此公式可以表述为

$$\sigma\cos\theta\mathrm{d}A=-p A\mathrm{d}V \tag{2-14}$$

另外，假设孔的横截面固定不变，则积分可得到汞进入样品孔中的比表面积：

$$A=-\frac{1}{\sigma\cos\theta}\int_0^{p_{\max}}p\mathrm{d}V \tag{2-15}$$

利用汞饱和度和毛细管压力绘制曲线图可以获得进汞曲线和退汞曲线（图 2-13），在曲线图中可以清晰地认识到不同压力条件下样品中汞饱和度的变化。进汞曲线是随着压力升高，非润湿相的汞注入岩石样品孔隙之中，饱和度逐渐升高，润湿相被排驱。退汞曲线是减压过程中非润湿相的汞逐渐从样品孔隙中退出时，样品内汞的饱和度随压力下降逐渐降低。通过曲线图像可以获得一系列针对样品孔隙结构的参数。排驱压力（p_{d}）是指汞开始进入样品中最大连通孔喉的毛细管压力，是沿进汞曲线平坦段做切线与纵轴的交点。与 p_{d} 值相对应的是最大连通孔喉半径 r_{d}。平坦段的起始汞饱和度为 S_{HgB}，终止汞饱和度为 S_{HgA}，$S_{\mathrm{HgA}}-S_{\mathrm{HgB}}$ 为平坦段所对应的汞饱和度 S_{HgAB}。平坦段的切线与纵轴的交角为 α，平坦段越长，即 S_{HgAB} 越大，α 越小，表示最大连通孔喉的集中程度越高，即岩石孔隙的分选性越好，岩石的孔隙结构越均匀；反之，则岩石孔隙的分选性越差，孔隙结构越不均匀。

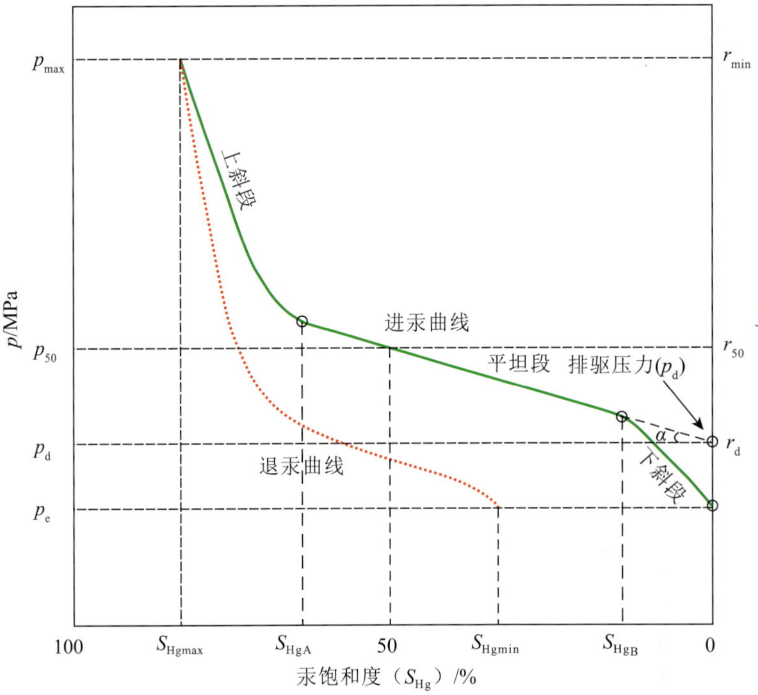

图 2-13　毛细管压力与汞饱和度曲线

饱和度中值压力（p_{50}）是指在饱和度为50%时相应的进汞曲线的毛细管压力。对应的孔喉半径为饱和度中值孔喉半径（r_{50}）。当缺乏油水相渗透率曲线时，可以用来衡量产纯油的能力，p_{50}越大，储油岩石的孔渗越差，产油能力越低；反之，p_{50}越小，储油岩石孔渗越好，产油能力越高。孔喉半径中值（r_{avg}）是表示岩石平均孔喉半径大小的参数，采用半径对汞饱和度的权衡求出。最大汞饱和度（S_{Hgmax}）为实验最高压力（p_{max}）时的累积汞饱和度，是被汞侵入的最大孔隙体积百分数，对应的孔喉半径为仪器所能测到的最小孔喉半径（r_{min}），S_{Hgmax}越小表示小孔喉越多。残留汞饱和度（S_{Hgmin}）为退汞曲线到起始压力时残留在孔隙中的汞饱和度，而退出孔隙的汞占总进汞量的比例为退汞效率（We），可表征非润湿相毛管效应的采收率，退汞效率越大，岩心中孔隙和喉道的尺寸大小越均匀。

通过压汞曲线也可计算一系列反映孔喉分布特征的参数，首先需要计算孔喉半径的ψ值：

$$\psi = -\log_2 D_i = \frac{\ln 500/R_i}{\ln 2} \tag{2-16}$$

式中：D_i为第i点的孔喉直径，μm；R_i为第i点的孔喉半径，μm。

分选系数（S_p）为岩石样品中孔隙喉道大小标准差的量度，直接反映了孔隙喉道分布的集中程度。在总孔隙中，具有某一等级的孔隙喉道占绝对优势时，表明其孔隙分选程度好，S_p值越小，孔隙分布越均匀，$S_p \geqslant 0$：

$$S_p = \frac{\psi_{84} - \psi_{16}}{4} + \frac{\psi_{95} - \psi_5}{6.6} \tag{2-17}$$

式中：ψ_i表示在正态概率曲线上累计水银饱和度为i%时所对应的ψ值。

歪度（Sk_p）为岩石样品中孔隙喉道大小分布不对称性的量度，在-1和1之间变化，即$-1 \leqslant Sk_p \leqslant 1$；$Sk_p = 0$时表明孔喉半径分布曲线对称，$Sk_p > 0$为粗歪度，$Sk_p < 0$为细歪度。$Sk_p$的统计式为

$$Sk_p = \frac{\psi_{84} + \psi_{16} - 2\psi_{50}}{\psi_{84} - \psi_{16}} + \frac{\psi_{95} + \psi_5 - 2\psi_{50}}{\psi_{95} - \psi_5} \tag{2-18}$$

峰态（K_p）为岩石样品孔喉半径频率曲线陡峭程度的量度，也就是量度孔喉半径频率分布两个尾部（前、后尾部）的展幅与中央部分展幅的比值。$K_p = 1$，孔喉半径曲线为正态分布，$K_p > 1$为有峰曲线，$K_p < 1$为平缓或多峰曲线。峰态的统计式为

$$K_p = \frac{\psi_{95} - 2\psi_5}{2.44(\psi_{75} - \psi_{25})} \tag{2-19}$$

半径均值（D_M）为岩石样品中孔喉半径分布的平均位置，或称均值。均值越大，总的孔喉半径的平均值越小，越偏于细歪度毛细管压力曲线的形态，窄喉道在整个孔喉半径中占优势，对储集及渗滤极为不利：

$$D_M = \frac{\psi_{16} + \psi_{50} + \psi_{84}}{3} \tag{2-20}$$

结构系数（φ）表征真实岩心样品与假想的等长和等截面积平行管柱状毛管束模型之间的差别，其数值是影响这种差别的各种因素的量度，表示流体在孔隙中渗流迂回程度，结构系数越大，孔隙迂回的程度越强烈：

$$\varphi = \frac{r_{avg}{}^{2} m}{8k} \tag{2-21}$$

式中：φ 为孔道的弯曲程度与连通状况；r_{avg}为孔喉半径平均值，μm；m 为孔隙度，小数；k 为渗透率，$10^{-3}\mu m^2$。

相对分选系数（D）表征孔喉半径分布的均匀程度，定义为分选系数 S_p 与均值 D_M 的比值，其物理意义相当于数理统计中的变异系数。

针对页岩储层，高压压汞主要分析宏孔范围的孔隙，是由于页岩表面具有不均匀性，易引起液-固作用而影响表面张力和扩散系数，造成孔分布曲线的误差，同时高压压汞也会造成人工裂隙，影响测定结果（Curtis et al.，2010；Sondergeld et al.，2010）。

20 世纪 70 年代，法国数学家 Mandelbrot 提出的分形（Fractal）理论可以对自然界中不规则、不稳定以及高度复杂的现象进行有利解释（Mandelbrot，1983；金以文等，1998），目前分形理论在研究致密储层内部复杂的孔隙结构中已经得到了广泛而有效的应用（陈程等，1996；李云省等，2002；解德录等，2014；Lai et al.，2015；吴浩等，2017）。依据分形理论，当致密储层孔喉空间的分形维数为 2~3 时，储层内部孔隙结构局部与整体较为相似，具有分形特征。分形维数越接近 2，反映孔喉形状越规则，表面越光滑；反之，孔喉结构越复杂，岩石的非均质性越强；分形维数大于 3 后，分形特征极差。因此，分形维数可以反映储层岩石的孔喉结构微观非均质性，为储层孔喉分布、非均质性及复杂程度的定量表征提供有效的途径（马新仿等，2005；文慧俭等，2007；张婷等，2010；马立民等，2012；吴浩等，2017）。

目前主要通过二维计盒法和三维压汞法对孔喉结构分形维数进行求取。二维计盒法是通过对二维薄片或扫描电镜图像进行分析求取分形维数（Katz et al.，1985；Krohn，1988）。三维压汞法通过将非润湿相的汞注入岩石孔隙之中可以获得不同大小孔喉中汞的数量，能够有效反映三维空间内孔隙结构的分形维数。本书采用分形特征压汞曲线分析法（MIFA 方法）进行分形维数的求取。

根据分形几何原理，如果储层孔径分布规律符合分形结构，那么储层中孔喉半径大于 r 的孔喉数目 $N(>r)$ 与孔喉半径 r 有如下幂函数关系（Mandelbrot，1983）：

$$N(>r) \propto r^{-D} \tag{2-22}$$

式中：$N(>r)$ 为储层岩石中孔喉半径大于 r 的数量；r 为孔喉半径；D 为孔喉分维数。

对于毛细管压力模型，$N(>r)$ 也可以表示为

$$N(>r) = V_{Hg}/(\pi r^2 l) \tag{2-23}$$

式中：l 为毛细管的长度；V_{Hg}为孔喉半径为 r 时所对应的累积进汞体积。

由拉普拉斯方程式，结合式（2-22）和式（2-23），可得

$$S_{Hg} = a p_c^{-(2-D)} \tag{2-24}$$

式中：S_{Hg}为进汞饱和度；p_c为毛细管压力；a 为常数。

对式（2-24）两侧求取对数，得

$$\lg S_{Hg} = (D-2)\lg p_c + \lg a \tag{2-25}$$

由式（2-25）可知，孔喉分形维数可以根据 $\lg S_{Hg}$与 $\lg p_c$进行做图，若图形中存在线性关系，则通过拟合曲线计算出斜率 λ，则分形维数 $D-2=\lambda$，即

$$D = \lambda + 2 \tag{2-26}$$

根据分形理论，储层孔喉的分形特征一般分为整体分形和分段分形。整体分形是指在 $\lg p_c$ 和 $\lg S_{Hg}$ 双对数坐标图上曲线完全或接近于一条直线，表明不同尺度的孔喉结构差异不大，分形维数相同。分段分形是指在 $\lg p_c$ 和 $\lg S_{Hg}$ 双对数坐标图上曲线不是一条直线，而是有明显的转折，即不同孔径的孔喉具有不同的分形维数（文慧俭等，2007），这种曲线形态需要用分段回归的方法求出分形维数。这样既能保证数据的完整性，又能真实反映孔喉分布及孔喉结构的分形特征（马新仿等，2005；赖锦等，2013；白瑞婷等，2016）。通过分析发现，吉木萨尔凹陷芦草沟组致密油储层微观孔喉结构多数表现为两段分形特征，少量表现为单段分形特征（图2-14），主要是由于沉积和成岩等作用造成储层发育不同尺度和类型的孔隙及喉道，而不同尺度和类型的喉道表现出不同的自相似性，是多尺度、多成因孔喉类型所造成的结果。对于双段分形特征曲线，为了保证数据的完整性、可以有效反映样品的整体特征，主要利用式（2-27）进行综合分形维数的求取：

$$D = S_{Hg1} \times D_1 + S_{Hg2} \times D_2 \quad (2-27)$$

式中：D 为综合分形维数；S_{Hg1} 为第一段分形曲线所对应的进汞量占总进汞量的比例；D_1 为第一段分形曲线的分形维数；S_{Hg2} 为第二段分形曲线所对应的进汞量占总进汞量的比例；D_2 为第二段分形曲线的分形维数。

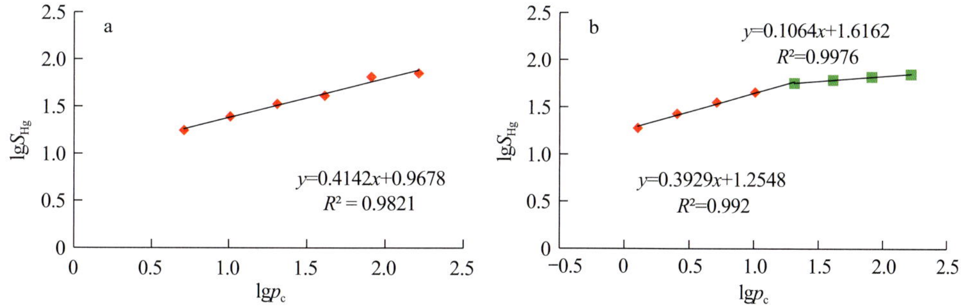

图 2-14　吉木萨尔凹陷芦草沟组致密储层孔喉分形维数特征曲线

a—吉 305 井，埋深 3561.89m，泥质粉砂岩，单段型；b—吉 305 井，埋深 3415.18m，泥岩，双段型

3. 氦气孔隙度测定

孔隙度定义为物质的孔隙空间体积在总体积中所占的比例，将氦气注入岩石样品孔隙内部，依据玻意耳定律来测定孔隙体积（Ross et al.，2009），可以较好地测定岩石中连通的有效孔隙。根据玻意耳定律，当温度为常数时，一定质量理想气体的体积与其绝对压力呈反比（罗蛰谭等，1985；沈平平等，1995）：

$$V_0/V_k = p_k/p_0 \text{ 或 } p_0V_0 = p_kV_k \quad (2-28)$$

式中：p_0 为初始绝对压力；p_k 为平衡后的绝对压力；V_0 为初始体积；V_k 为平衡后的体积。

用玻意耳定律双室法对规则的圆柱体岩石样品进行孔隙度测量的具体步骤（图2-15）如下：

1）首先利用游标卡尺等精密仪器测量圆柱体岩石样品的直径 D 和长度 L，计算获得样品的总体积（V_y）为

$$V_y = \pi D^2 L/4 \quad (2-29)$$

2）将参考室、样品室和管线的气体排空，在样品室中放满标准块，测量参考室体积 V_1 和样品室体积 V_2；

3）将样品放入样品室，记录去除标准块的体积 V_{b0}，关闭进气阀门 1、样品室阀门 2、排空阀门 3；

4）为了准确测定颗粒体积，考虑温度的变化和非理想气体特征，扩展的公式为

$$p_0 V_0/(Z_0 T_0) = p_k V_k/(Z_k T_k) \tag{2-30}$$

式中：T_0 为初始绝对温度；T_k 为平衡后的绝对温度；Z_0 为 p_0 和 T_0 时的气体偏差因子；Z_k 为 p_k 和 T_k 时的气体偏差因子。

用玻意耳定律双室法测定颗粒体积，在参考室输入一定的压力 p_c，打开参考室和样品室的阀门，参考室气体向处于装有已知体积岩样的样品室膨胀，测定平衡前后的压力分别为 p_y 和 p_{cy}，根据压力变化测得进入样品孔隙的气体体积，据此可计算颗粒体积，总体积减去颗粒体积，即为孔隙体积，进而计算孔隙度。

碎样页岩孔隙度测定避免了泥页岩钻取岩心的不便。为消除有机质对测量气体的吸附作用和对孔隙喉道的堵塞，在测定孔隙度之前需对样品进行蒸馏抽提。粉碎样品可以测定致密储层中原始状态下非连通的孔隙。

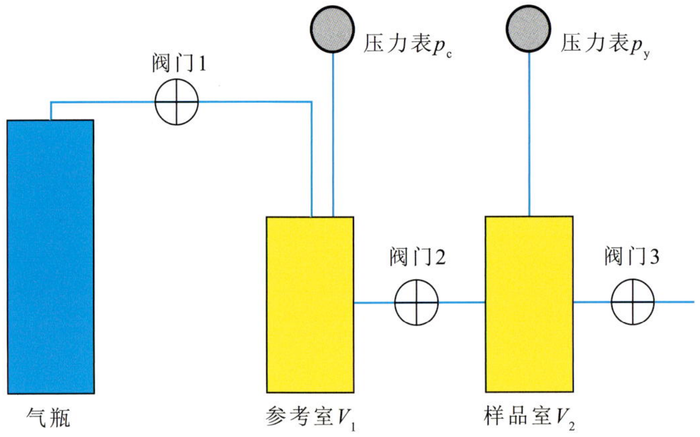

图 2-15　氦气注入法孔隙度测量示意图

4. 电子束荷电效应

非导电样品在扫描电镜成像过程中会出现荷电效应，荷电效应会干扰入射电子束、二次电子和背散射电子的发射、采集，造成图像畸形、亮度与对比度异常、图像漂移等，目前已将其应用于半导体和陶瓷材料研究（Liu，2000；Robertson et al.，2004；Ji et al.，2005；Drobne et al.，2005；Jbara et al.，2008；Josa et al.，2013；周维列等，2007；张大同，2009）。在对储集层样品进行电镜分析时，往往采用镀碳、镀金等导电处理方法人为消除荷电效应。在样品不镀导电层时，多采用超低加速电压背散射模式来降低荷电效应的干扰，因此往往忽视了对荷电效应的应用。基于以上认识，可以基于电子束荷电效应的背散射截面二次成像法，研究致密储集层微-纳米级孔隙中残留油的分布，并结合荷电显影剂注入法定量评价储集层孔隙连通性和储集空间有效性。

具体实验步骤为：①样品制备与低倍成像，样品经机械切割、磨平、粗抛后进行氩离

子抛光，抛光后镀碳导电层制成电镜样品，利用背散射电子探头及TLD-BSE探头（镜筒内背散射电子探头）进行扫描电镜成像。②截面成像，调整样品与激发电子束和离子束位置关系（图2-16a），在目标区域表面镀铂保护层，挖除镀层区邻区下缘，用小束流离子束对截面精细抛光，获得待测截面（图2-16b）。截面区尺寸视实验需求设定。本实验截面长度为100~200μm，宽度为50~100μm，最终图像由多张SEM照片拼接完成，图像处理采用Avizo-Fire软件和Photoshop软件。③背散射截面二次成像，采用TLD-BSE探头、选用浸入模式、设置低加速电压进行截面成像。先用短驻留时间获得无荷电效应图像，观察孔隙、原生有机质分布；再延长驻留时间获得有残留油荷电效应的图像；对两次获得的图像进行总孔隙、荷电孔隙（存在荷电现象的孔隙）提取，并进行图像面孔率和残留油分布分析与定量计算。④荷电显影剂注入与观察，样品加温除掉孔隙中残余有机物。为避免破坏孔隙空间，将以α-氰基丙烯酸乙酯为主体的荷电显影剂滴在抛光样品表面，其在重力及毛管力作用下自由填充孔隙（图2-17）。30min后用刀片刮掉上层流体，并在表面镀碳导电层制成扫描电镜样品，再按上述截面成像及荷电观察步骤进行实验。

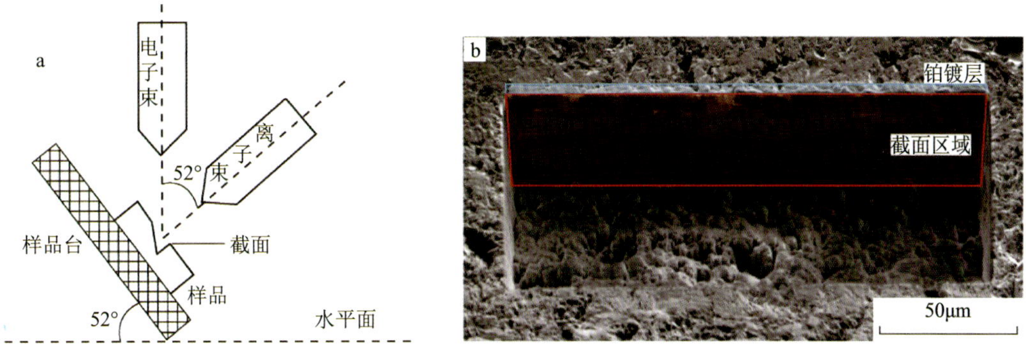

图2-16　样品截面成像示意图

a—样品与聚焦离子束电子扫描显微镜双束位置关系；b—截面示意图

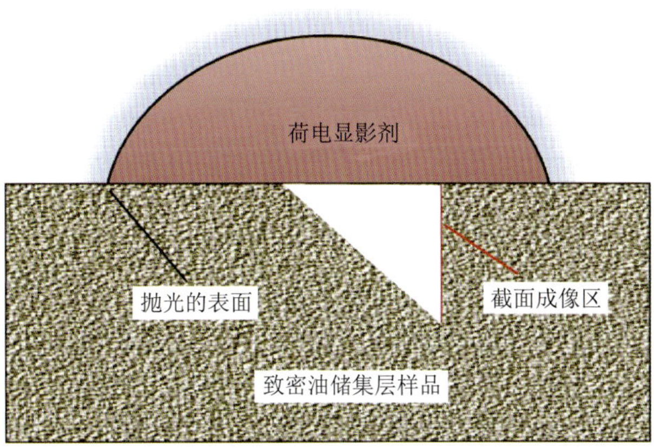

图2-17　荷电显影剂注入示意图

利用背散射截面成像观察荷电效应时，固定加速电压为2kV，束流为0.8nA。当电子束驻留时间为3μs时，获得的图像因背散射信号采集量欠缺而有噪点，无荷电现象出现（图2-18a）；当电子束驻留时间为100μs时，背散射信号采集量充足，图像无噪点，图像质量明显提高，此时出现荷电现象（图2-18b）。常规背散射图像中一些似乎无有机质填充的孔隙（图2-18a中A区）在长驻留时间图像中出现了零星的荷电现象（图2-18b中A区），表明借助局部荷电可获得一些在常规背散射成像中丢失的信息。另外，在有机质大量占据的孔隙中有明显的荷电现象（图2-18b中B区）。大量荷电观察实验表明，低加速电压背散射成像时的荷电现象有以下规律：①矿物颗粒表面一般不会出现荷电现象，荷电现象大多出现在有机质填充的孔隙中，在无可视有机质填充的孔隙内也偶有出现；②并非所有有机质区域都会出现荷电现象（图2-18c），这与成熟度较高的泥页岩（如四川盆地志留系龙马溪组海相页岩）有机质表现一致；③固定其他成像参数，改变电子束驻留时间可直接控制荷电现象，不同的样品具有不同的驻留时间区间。未达到驻留时间下限，不出现荷电现象；超过驻留时间上限，荷电区域不会再增加。适当延长驻留时间会使荷电现象变得明显，过长的驻留时间（单个像素点电子束轰击时间100~250μs）会严重扭曲图像，产生高亮度拖尾等假象（图2-18d）。

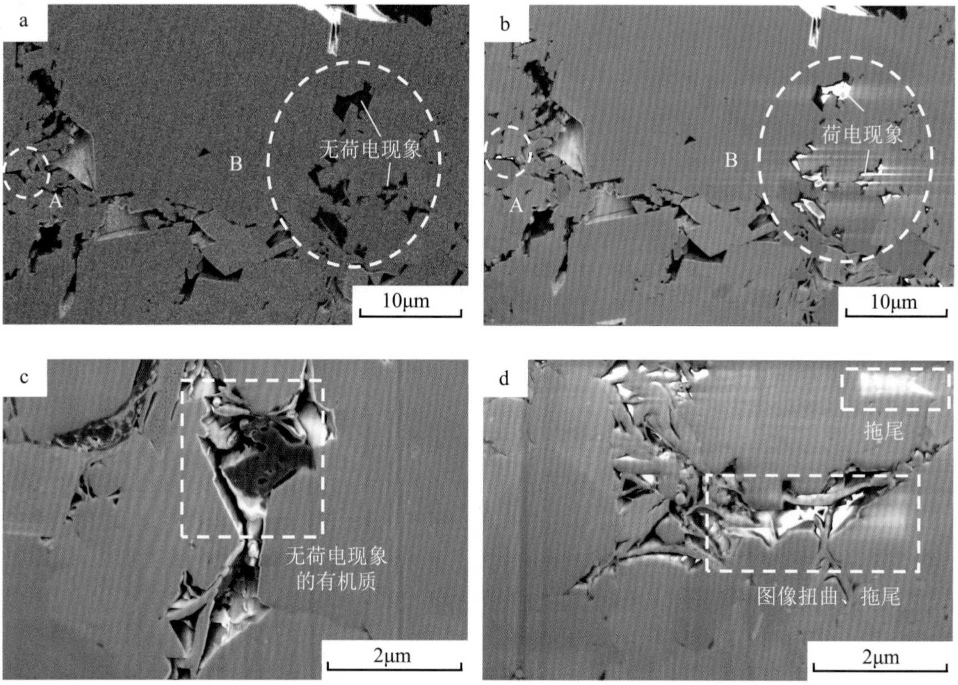

图2-18　芦草沟组致密储集层背散射电子图像

a—电子束驻留时间3μs，无荷电现象；b—电子束驻留时间100μs，有荷电现象；c—电子束驻留时间30μs，粒间孔大部分被有机质填充，有机质内发育孔隙，无荷电现象；d—粒间孔被有机质部分填充，电子束驻留时间过长，产生高亮度拖尾等假象

相同成像条件下矿物、有机质表现出不同的荷电现象，分析其原因如下：矿物及有机质电阻率均极高，可近似看作为非导电材料，任何材料在电子束作用下均有电子发射特性

曲线（图 2-19），横坐标为入射电子束能量（E_0），纵坐标为材料的电子产率，即二次电子产率（δ）与背散射电子产率（η）之和。当加速电压为 $E_{\mathrm{I}} \sim E_{\mathrm{II}}$ 时，$\delta+\eta>1$，表示样品出射电子数量大于入射电子数量，样品带正电，这种状态不稳定，样品表面的正电位会限制二次电子的发射，迫使 $\delta+\eta$ 迅速接近 1，此时不会出现荷电现象；当加速电压小于 E_{I} 或大于 E_{II} 时，$\delta+\eta<1$，表示样品表面会大量积聚负电荷，从而导致荷电现象产生。不同物质在相同入射电子束能量作用下，电子产率不同。对于本次实验储集层样品矿物，入射电子束能量为 2keV 时，$\delta+\eta>1$，无荷电现象；对于样品中存在荷电现象的有机质，入射电子束能量为 2keV 时，$\delta+\eta<1$，表面大量荷电形成局部荷电电场，导致扫描电子束发射的部分电子反转，且具有较高能量，并被 TLD-BSE 探头接收，背散射电子图像中出现荷电现象。

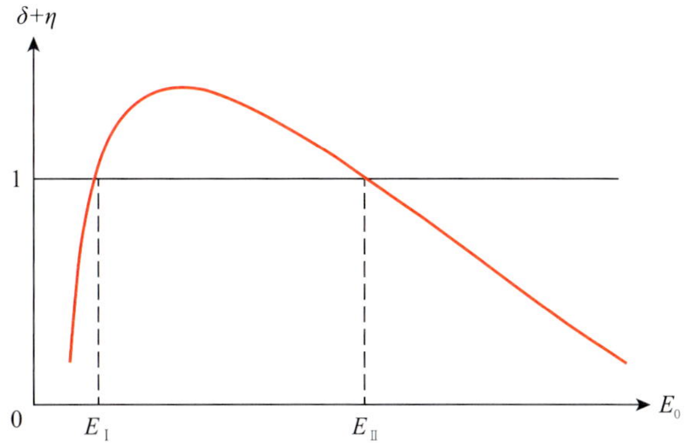

图 2-19　电子发射特征曲线

显然，存在荷电现象与无荷电现象的有机质在其电子发射特性上有差异，明确荷电来源对该现象的研究与应用有重要意义。实验结果表明，是否产生荷电效应并非有机质本身决定，而由有机质孔隙中填充物决定（图 2-19）。电子束长时间轰击（单个像素点电子束累积轰击时间超过 1625μs），荷电现象会逐渐消失。不产生荷电现象的有机质无论电子束轰击时间长短，始终无荷电现象（图 2-19）。实验所用芦草沟组样品处于生油窗，干酪根大量生、排烃，并填充孔隙。由于整个成像过程在高真空电镜腔室内完成，样品中易挥发的轻质油和水会因蒸汽压远大于外压而变为气态，被真空泵抽走。因此推断易产生荷电现象的孔隙填充物为生油过程中干酪根裂解产生的黏稠沥青质；不产生荷电现象的有机质为未发生生烃、排烃的干酪根。

为验证该推断，提取芦草沟组致密储集层样品中的氯仿沥青“A”，并涂覆于不导电的多孔陶瓷表面，进行实验。在不镀导电层、相同电镜参数下，观察到氯仿沥青“A”存在强烈的荷电现象（图 2-20），与在截面成像过程中观察到的现象一致，证明氯仿沥青“A”是导致荷电的主要物质。氯仿沥青“A”代表致密储集层中的可动烃类，其成分复杂，由饱和烃、芳香烃、胶质、沥青质等组成，但烃类含量较高，在成分上接近石油，因此本书将其视为致密储集层中的残留油。

上述实验结果证明致密储集层中残留油是导致荷电效应的主要原因，因此通过上述长、短电子束驻留时间的背散射二次成像法获得图像，比对两次得到的图像，即可得到致

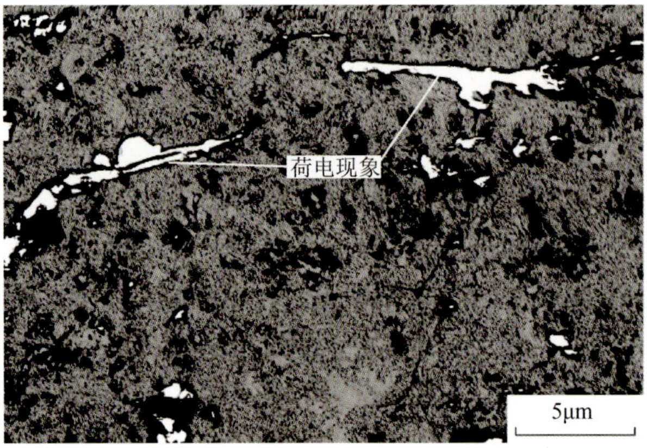

图 2-20　氯仿沥青“A”背散射电子图像

密储集层孔隙中残留油的分布。

基于上述背散射二次成像法对芦草沟组样品进行残留油分布研究。在富有机质区，荷电现象主要出现在有机质边缘和有机质表面（图 2-21a），表明有机质正处于生油窗内，

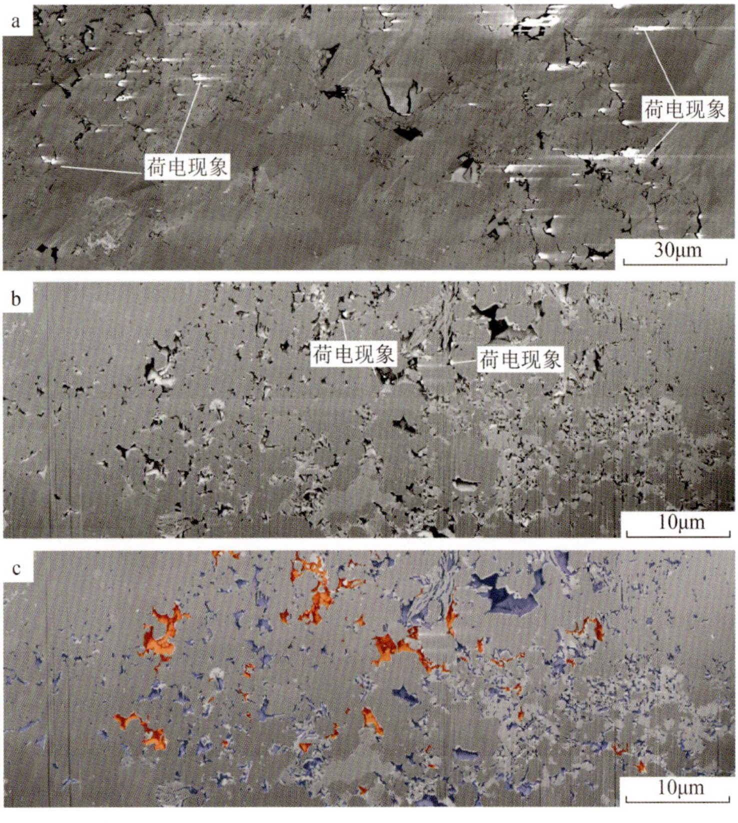

图 2-21　芦草沟组致密储集层中残留油分布图像

a—富有机质区背散射电子图像，有机质边缘和表面有荷电现象；b—贫有机质区背散射电子图像，部分连片粒间孔中有荷电现象，表示有残留油存在；c—孔隙提取与分类，红色表示有残留油的孔隙，蓝色表示无残留油的孔隙

残留油未完全排出，从而导致有机质表面和周围有强烈的荷电效应。粒间孔隙中较少出现荷电现象，表明该孔隙与生油有机质所在孔隙不连通或与其连通但原油未进入该孔隙；粒内溶孔中几乎无荷电，说明孔隙孤立，原油未进入。实验表明，储集层样品中的泥质区有机质生油能力较强，经定量计算，有机质填充区占总面积的 3.14%，其中产生荷电现象的有机质占总有机质面积的 72.14%。在贫有机质区，不同类型的微米-纳米级孔隙清晰可见，荷电现象主要出现在部分连片粒间孔中（图 2-21b），表明残留油仅进入部分储集空间，这些储集空间对于致密油来说是有效储集空间。利用 Avizo Fire 图像处理软件，将残留油填充孔隙与无残留油填充孔隙进行区分（图 2-21c）。红色部分为有残留油填充孔隙，主要为尺寸较大的粒间孔，蓝色部分为无残留油填充孔隙，包括大量小尺寸溶蚀孔、黏土矿物粒间孔及少量大尺寸粒间孔。通过定量计算，该分析区总面孔率为 11.83%，残留油填充面孔率为 2.79%，无残留油填充面孔率为 9.04%，残留油填充孔隙占总孔隙的 23.58%。

可见，该方法能清晰刻画微米-纳米孔隙空间，并有效识别残留油精确位置，并且可与聚焦离子束电子扫描显微镜三维切片分析技术结合，得到三维残留油空间分布，并获得矿物、孔隙、残留油的空间分布关系。但是该方法目前也存在一定缺陷，主要是聚焦离子束切割过程及扫描电镜抽真空过程中残留油轻质组分会散失。因此，截面获取过程中需要尽量选用低能量离子束来减小其影响。对含油致密碳酸盐岩、富有机质烃源岩等样品，可应用该残留油分析方法，而对致密砂岩不适用。随着大面积氩离子抛光等技术的引入，该方法也将能用于致密砂岩残留油研究。

三、致密储层有效孔隙获取方法

有效孔隙空间主要为在一定压力条件下可动流体所占据的储集空间，其发育受控于储层孔隙类型、孔隙壁部的矿物类型和孔隙中的流体类型三者之间的综合作用。对于页岩气储层，其储层岩性主要为高成熟度的富有机质泥页岩，孔隙中的流体以甲烷气为主，具有较高的含气饱和度，甲烷气主要以游离气和吸附气形式存在于泥页岩微-纳米级孔隙中（邹才能等，2013a，2013b），其中存在于封闭的孤立孔隙中和被黏土及有机质吸附的甲烷气无法流动，这一部分甲烷气及束缚水占据的孔隙空间为无效孔隙，而存在于连通孔隙中的游离气或可以解吸附的吸附气所占据的孔隙空间为有效孔隙。对于页岩油储层，其储层岩性主要为成熟或低熟的泥页岩，孔隙中的流体以原油为主（邹才能等，2013a，2013b；姜在兴等，2014），具有较高的含油饱和度，原油主要以游离和吸附的形式存在于泥页岩的微-纳米级孔隙和裂缝中，其中存在于封闭的孤立孔隙中、被黏土及有机质吸附和黏附于油润湿矿物表面的原油难以流动，这一部分原油及束缚水占据的孔隙空间为无效孔隙，而存在于连通孔隙中游离状态的原油所占据的孔隙空间为有效孔隙。对于致密油储层，其储层岩性主要为覆压基质渗透率小于或等于 $0.1\times10^{-3}\mu m^2$（孔隙渗透率小于 $1\times10^{-3}\mu m^2$）的致密砂岩、致密碳酸盐岩等，孔隙中的流体以原油为主（邹才能等，2013a，2013b），原油主要以游离状态存在于致密砂岩或致密碳酸盐岩的微-纳米级孔隙中，其中存在于封闭的孤立孔隙中和黏附于油润湿矿物表面的原油难以流动，这一部分原油及束缚水占据的孔隙空间为无效孔隙，而存在于连通孔隙中未被黏附的原油所占据的孔隙空间为有效孔隙。

综合以上不同类型致密储层有效孔隙的特征，认识到连通孔隙是有效孔隙的基础，而在连通孔隙中孔隙壁部矿物的润湿性和对原油的吸附作用成为对有效孔隙的次级影响因素，因此针对不同类型的致密储层需要采用不同的实验方法来获取有效孔隙。

1. 3D 成像获取连通孔隙

对于页岩气储层，获得其内部相互连通孔隙的分布则基本实现了有效孔隙的获取，通过直接观察法中的微米 CT、纳米 CT 和 FIB 可以获得不同尺寸连通孔隙的三维分布和体积比例，主要为针对连通域的分析。首先，进行连通域的检测，采用种子填充法（Heckbert，1990）对孔隙像素进行连通域检测，即将每个像素与其他像素之间的连通关系检测出来，并将互相连通但又与其他像素不连通的一组像素标定为一个连通域。然后，对这些连通域进行一定几何分析及归类。种子填充法源于计算机图形学，顾名思义，其广泛应用于图案的填充（如画图工具的油漆桶功能）。以二维图形为例，其基本思路是：从多边形区域的一点开始，由内向外用给定的颜色画点直到边界为止。种子填充法不仅可以用于染色，也可以用来标记其他像素属性，其通用的步骤如下：

1）以一个未被标记的像素点为种子，并标记该种子，并新建一个空栈；

2）按“相邻”的定义来检索该种子的所有相邻像素，若相邻像素未被标记，则标记并压入栈中；

3）从栈顶取出一个像素点，作为新的种子，重复步骤 2）。

不断重复步骤 2）和步骤 3），直到堆栈再次为空，则上述步骤中进过栈的像素和初始种子都被标记为一组，被赋予某种属性（如颜色等）。

其中“相邻”像素可按照一定的规则自定义。由于位图一般以规则排列的像素来表达图像，二维图像中某像素的相邻像素可以有两种定义方式，即 4 相邻和 8 相邻两种方式，如图 2-22 所示。三维的 6、18、26 相邻规则可依照二维情况推出。

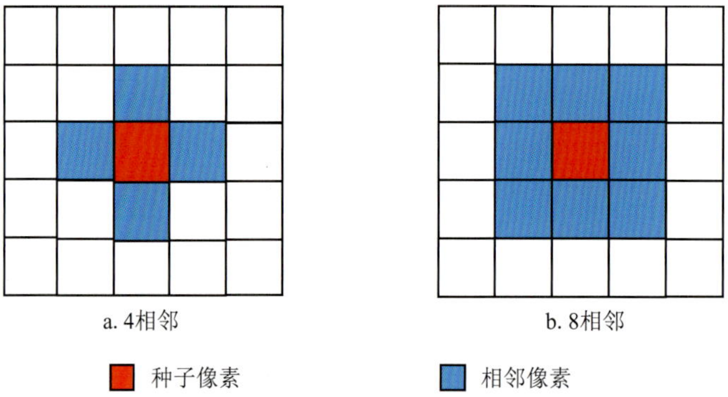

图 2-22　种子填充法示意图

利用上述的种子填充法可以检测出数字模型中所有的孔隙连通域。首先将上述的相邻规则定义为连通性参数，三维情况下有 6、18、26 共 3 种连通性参数作为选择。然后以任意一个孔隙像素为种子，使用种子填充法，检测出所有与其相连通的像素，标记为一组，作为一个连通域。接着，在剩余未被标记的孔隙像素中任选一个像素作为种子，重复上述步骤，直到所有孔隙像素都被标记。这时，所有的孔隙像素都被分组，这些组被称为孔隙连通域。孔隙连通域对于分析岩石的微观孔隙结构具有非常重要的作用。对孔隙连通域的参数分析有助于对孔隙大小、形状、分布等特性的了解。

为更好地反映微观孔隙连通性的特点，将检测到的连通域分为活连通域和死连通域两类（孙亮等，2016）。通常来说，三维数字模型只能表征有限体积范围内的岩石孔隙信息（后简称“有限表征范围”），死连通域便是那些没有任何像素落在模型边界上的连通域。死连通域的形成因素多种多样，如随机分布的有机质孔或者被成岩胶结作用所封闭的孔隙等。由于未能与其他孔隙相连通，这些死连通域即使对有限表征范围，但其对有效孔隙度、渗透性没有任何贡献，因此需要加以区分。

相对于死连通域，活连通域是指含有落在模型边界上的像素的连通域。为方便起见，常常选取正六面体作为有限表征范围。针对这样的有限表征范围，将活连通域分为 3 级，如图 2-23 所示。一级连通域指有孔隙像素落在且仅落在一个模型边界上的连通域；二级连通域是指有孔隙像素落在相邻模型边界上，且不为三级连通的连通域；三级连通域是指有孔隙像素落在相对的模型边界上的连通域。对于有限表征范围来说，三级连通域的相对连通性最好，其对某特定方向的渗透性贡献最大；二级连通域的相对连通性仅次于三级连通域，虽然在有限表征范围内其不能实现单方向上的连通，但可能在更大的尺度上实现连通；一级连通域尽管对有限表征范围的渗透性没有贡献，但其也有潜力在更大的表征范围内与其他连通域实现连通，成为更大连通域的一部分。

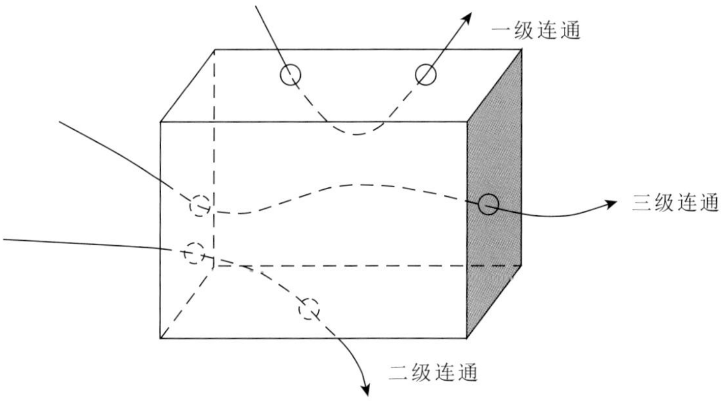

图 2-23　连通性分级

对这 3 级连通域的区分有助于更加直观表征微观孔隙的连通特性，通常利用以下几个参数来表现这些特性：

总孔隙度（%）= 总孔隙体积/总体积；

有效孔隙度（%）= 活连通域体积/总体积；

总连通率（%）= 活连通域体积/总孔隙体积；

一级连通率（%）= 一级连通域体积/总孔隙体积；

二级连通率（%）= 二级连通域体积/总孔隙体积；

三级连通率（%）= 三级连通域体积/总孔隙体积。

上述公式中的体积可通过三维图像的分辨率及单个像素（体素）所表征的体积求得，后者往往由成像时的硬件参数设置所决定。通常情况下，数字模型中所有像素（体素）

所表征的体积是相同的，因此上述公式中所有“体积”可以用“像素个数”来替换。后面将通过实例来介绍这些参数所能反映的孔隙连通特性。

孔隙连通域检测和分析不仅能了解孔隙特性，也为数字建模和数值模拟提供重要的参考。数值建模中常常需要使用孔隙的数字信息，然而未经连通域检测和筛选的信息存在很多冗余。例如，死连通域并不需要参与计算；又如，对于特定方向的流动模拟只需选取该方向上的三级连通域即可。连通域的筛选让数字建模更有针对性，模拟不同的物理现象适合选取不同类型、大小和形状的连通域。因此，通过连通域筛选，为数字建模提取有针对性的连通域是非常必要的。其几个基本步骤包括：①删除死连通域，即将死连通域的孔隙像素点变为骨架像素。②选择连通率类型。③设定限定条件。例如，只选取三级连通域，将不满足条件的孔隙像素变为骨架像素（图 2-24）；又如，删除体积小于特定值的连通域，即将满足该条件的连通域的孔隙像素变为骨架像素。

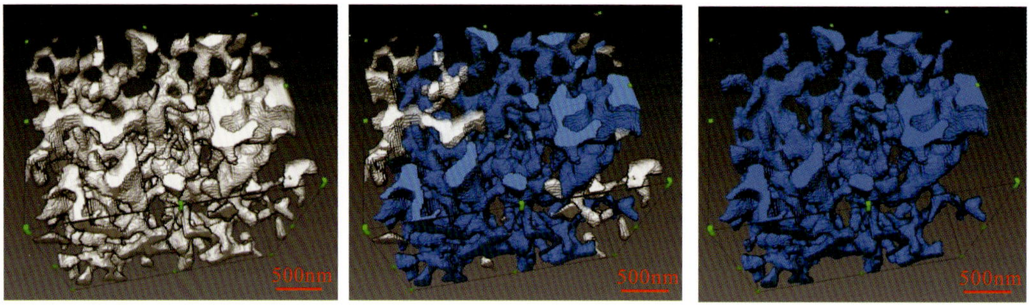

a. 所有活连通域　　b. 连通域分级　　c. 三级连通域提取

图 2-24　连通域提取

2. 显影剂获取连通孔隙

孔隙中残留油的荷电效应提供了一种致密储集层孔隙连通性研究的新思路，即利用荷电显影剂注入法评价孔隙连通性。

利用该方法对芦草沟组样品进行总孔隙空间连通性研究（图 2-25a），荷电显影剂流体注入后，样品中绝大多数孔隙被均匀铺展的胶质物填充，极易识别，且显影剂中未见类似原生有机质边缘的收缩裂缝；另外，填充物表面在长驻留时间扫描时会出现弱荷电现象。因此，结合填充物与周围矿物的灰度差异、填充形态和荷电现象，可以有效提取图像中填充的有机质（图 2-25b）。

无填充物孔隙主要为部分溶蚀孔，以及被壳层状黏土矿物封闭而孤立的孔隙，两者均不与其他孔隙连通；另外大量小于 2μm 的粒内溶孔同样为孤立的孔隙空间。被填充的孔隙主要为孔径大于 2μm 的粒间溶孔，以及黏土矿物-胶磷矿混层间孔径小于 2μm 的晶间孔隙。通过定量计算，该样品总面孔率为 12.56%，其中未填充孔隙面孔率为 1.31%，被填充孔隙面孔率达 11.25%，填充孔隙占总孔隙的 90%，证明该区域孔隙连通性极高，储集空间有效性好，是好的储集区。以上结果表明，荷电显影剂注入法能有效刻画致密储集层中孔隙的连通性，即使小于 1μm 的孔隙也能刻画。若充分填充，荷电显影剂会在毛细管力、重力共同作用下进入纳米级连通孔隙，较好地贴合孔壁，并均匀铺展，且填充的显影剂自身无收缩孔出现，这些在大量实验中得到很好的证实；随着显影剂类型的拓展，可

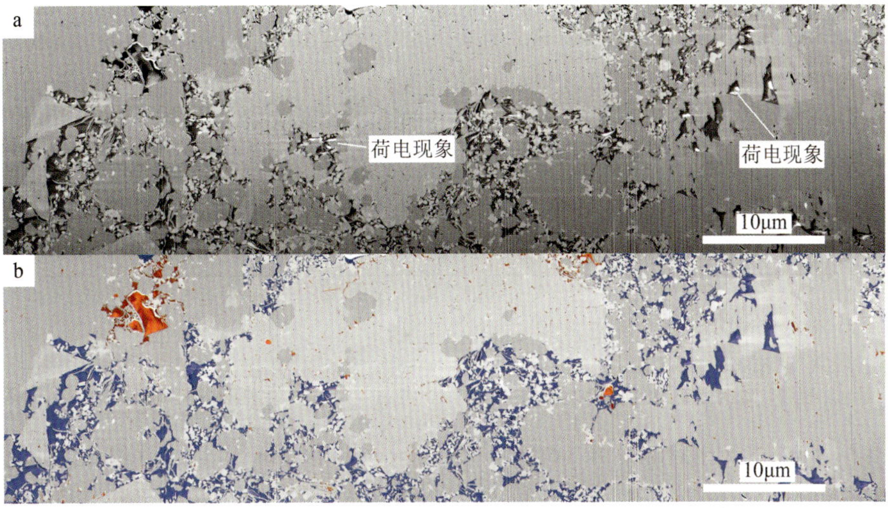

图 2-25　荷电显影剂填充孔隙微观分布

a—背散射电子图像，有机质在孔隙中均匀填充且有荷电现象；b—孔隙提取与分类，红色表示未填充孔隙区域，蓝色表示填充孔隙区域

较好地适用于不同类型的储集层样品。连通的孔喉系统为致密油的有效储集空间和潜在的流体流动通道，也反映了水驱油或聚合物驱油等过程中流体可能进入的孔隙空间，孔隙连通性分析对致密储集层有效性评价有重要意义。相对于纳米 CT 和聚焦离子束电子扫描显微镜三维成像分析，利用荷电显影剂注入法评价孔隙连通性有以下优势：①截面成像区域大，最大可达亚毫米级。引入离子束大面积抛光技术，并结合扫描电镜的大面积拼接成像技术，样品分析区直径可达厘米级，便于大面积观察连通微米-纳米级孔隙展布。②直接使用流体注入的实验方法评价连通性，结果更加真实。纳米 CT 和 FIB-SEM 三维成像分析是基于灰度进行物相分割研究连通性，在物相分割过程中，人为因素影响较大，影响三维孔隙连通性的表征，导致对孔隙连通性的认识与地质实际存在差异。荷电显影剂注入法评价孔隙连通性目前仍有一定局限性，主要是流体难以注入全部连通孔隙。但随着可注入荷电显影剂流体的不断发现，再结合高温高压釜、真空饱和设备等进行注入，该问题可以得到解决。

3. 获取孔隙壁部矿物分布

对于致密油储层，由于原油受到孔隙壁部矿物润湿性的影响而使有效孔隙更加复杂，原油在不同润湿性矿物表面具有不同的流动特征，原油更易黏附在油润湿矿物的表面，但难以流动，在开发过程中难以采出，原油不易黏附在水润湿矿物的表面，易于流动，在开发过程中易于采出（图 2-26），因此在获得储层内部相互连通孔隙的分布基础上，仍要分析孔隙壁部矿物的润湿性。

润湿性在广义上指两种非混相流体时，某一相流体沿固体表面延展或附着的倾向性（Craig，1971）。根据原油在矿物表面接触角 θ 的变化定量判断矿物的润湿性：当接触角 $\theta<30°$ 时，矿物亲水；当 $30°\leq\theta<90°$ 时，矿物弱亲水；当 $90°\leq\theta<150°$ 时，矿物弱亲油；当 $150°\leq\theta<180°$ 时，矿物亲油（Barclay et al.，2000；Suicmez et al.，2008）。不同性质的原

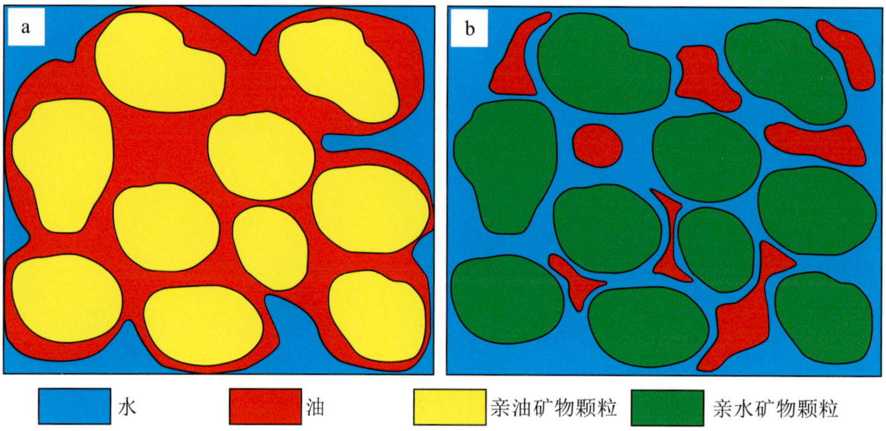

图 2-26　不同润湿性储层油水分布特征示意图

（据 Barclay et al.，2000）

a—亲油矿物颗粒为主储层中油水分布特征；b—亲水矿物颗粒为主储层中油水分布特征

油与不同的矿物之间具有不同的润湿关系，随着油气逐渐增强，亲油性增强，亲水矿物主要为石英、长石、高岭石、伊利石、蒙脱石和黑云母等，亲油矿物主要为白云石、方解石、铁白云石、铁方解石、绿泥石和黄铁矿等（Barclay et al.，2000）。

但矿物与孔隙的分布关系较为复杂，以芦草沟组致密油储层样品为例，在吉 305 井埋深 3542.67m 处，泥质粉砂岩受到较强的溶蚀作用，他形自生黄铁矿大量出现在溶蚀扩大后的孔隙之中，虽然黄铁矿在总体上绝对含量较少，但却与孔隙充分接触，是孔隙壁部矿物的重要组成部分（图 2-27a）；在埋深 3551.43m 处，白云质泥岩中虽然白云石绝对含量小于钠长石等陆源碎屑含量，但有大量孔隙分布在白云石之间（图 2-27b）；在埋深 3543.37m 处，白云质粉砂岩中钾长石颗粒受到强烈溶蚀而形成粒内溶孔，虽然在视域内白云石绝对含量明显高于钾长石，但形成的大尺寸粒内溶孔只与钾长石接触（图 2-27c）；在埋深 3421.70m 处，泥岩中也存在较大尺寸的粒间孔，但粒间孔中充填有大量的伊利石，将孔隙分割成网格状，使得孔隙与伊利石的接触面积明显增大，而伊利石在样品中的绝对含量明显较少（图 2-27d）；在埋深 3542.66m 处，泥质粉砂岩中普遍存在绿泥石化现象，绿泥石呈团块状分布，在团块内部发育大量绿泥石晶间孔，使得总体绝对含量较少的绿泥石成为孔隙壁部的主要矿物（图 2-27e）；在埋深 3571.17m 处，白云质粉砂岩中发育较大的粒间孔，同时普遍受到溶蚀扩大，溶蚀作用较均匀，孔隙几乎与所有颗粒均有接触，同时孔隙中没有其他矿物充填，使得孔隙壁部矿物的含量基本与矿物总体含量一致（图 2-27f）。综上可以认识到常规 XRD 所获得的矿物绝对含量无法代表孔隙壁部矿物的相对含量，需要在原位上统计孔隙壁部矿物的相对含量，本书提出利用 QEMSCAN 方法获得孔隙与矿物原位分布的图像，对经过机械和氩离子抛光并镀碳的样品表面进行平面扫描，分辨率为 2μm，可以获得直径大于 2μm 的孔隙和矿物的原位分布图像（图 2-28），利用此图像可以有效识别孔隙壁部的矿物分布特征，通过统计可以获得原生孔面孔率、溶蚀孔面孔率、矿物总体绝对含量和孔隙壁部不同矿物的相对含量，进而建立孔隙与孔隙壁部矿物的耦合关系。本次分析由于实验条件所限，只能分析直径大于 2μm 的孔隙壁部矿物的分布信息，

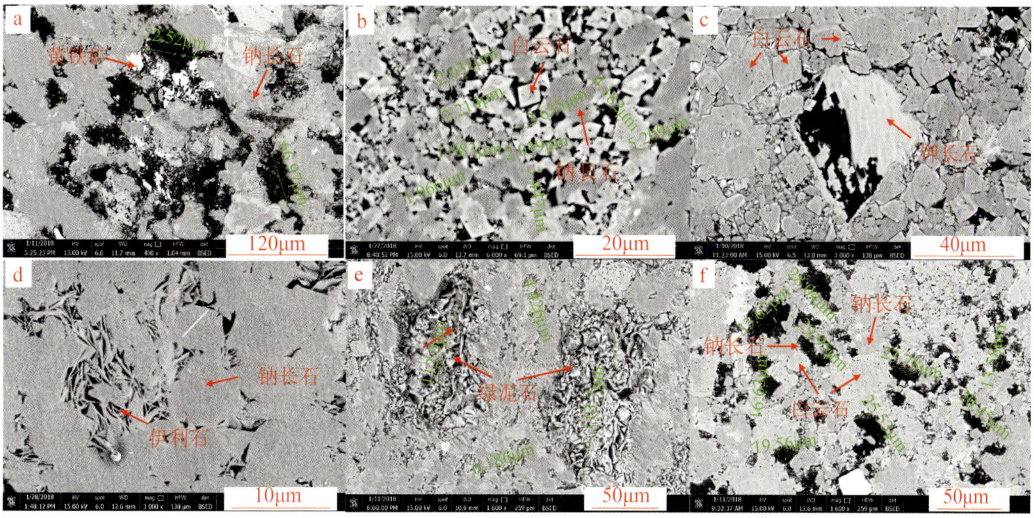

图 2-27　芦草沟组致密油储层中典型孔隙与壁部矿物分布关系

a—吉 305 井，埋深 3542.67m（SEM），泥质粉砂岩；b—吉 305 井，埋深 3551.43m（SEM），白云质泥岩；c—吉 305 井，埋深 3543.37m（SEM），白云质粉砂岩；d—吉 305 井，埋深 3421.70m（SEM），泥岩；e—吉 305 井，埋深 3542.66m（SEM），泥质粉砂岩；f—吉 305 井，埋深 3571.17m（SEM），白云质粉砂岩

无法对直径小于 2μm 的孔隙和矿物进行分析，因此所获得的数据会存在一定误差。

图 2-28 为图 2-27 中对应样品的 QEMSCAN 图像和定量分析数据。埋深 3542.67m 泥质粉砂岩原生孔面孔率为 12.27%，溶蚀孔面孔率为 1.08%；钠长石和石英绝对含量最高，分别为 55.28% 和 22.39%，钾长石为 8.07%，其余矿物均低于 5%。由于原生粒间孔内含有较多的伊利石和绿泥石等黏土矿物，这些矿物与孔隙广泛接触，使得原生孔壁部矿物中伊利石和绿泥石的相对含量分别达到了 14.35% 和 14.55%（图 2-28a，a1）。由于他形自生黄铁矿大量分布在溶蚀孔中，使得溶蚀孔壁部的黄铁矿相对含量达到 31.04%。埋深 3551.43m 白云质泥岩原生孔面孔率为 4.80%，溶蚀孔面孔率为 0.35%，溶蚀孔较少可以忽略不计；钠长石和石英的绝对含量分别为 33.14% 和 25.77%，白云石为 20.65%，明显小于钠长石和石英的绝对含量，但由于白云石晶间孔发育，而使得原生孔壁部白云石的相对含量明显增大，达到 42.38%，高于钠长石和石英的相对含量（29.57%，14.84%）（图 2-28b，b1）。埋深 3543.37m 白云质粉砂岩原生孔面孔率为 3.85%，溶蚀孔面孔率为 0.84%；钠长石、石英和白云石的绝对含量分别为 31.97%、20.62% 和 38.82%，钾长石为 2.78%，原生孔壁部各矿物的相对含量变化规律与矿物总体的变化规律基本一致，由于钾长石粒内溶孔的发育，使得溶蚀孔壁部矿物中钾长石的相对含量增加至 6.53%（图 2-28c，c1）。

埋深 3421.70m 泥岩中原生孔隙和溶蚀孔面孔率均为 0.51%，储层极其致密，各类孔隙壁部矿物相对含量的变化规律与矿物绝对含量变化规律基本一致，由于孔隙中伊利石的充填而使得孔隙壁部矿物中伊利石的相对含量略有增大（图 2-28d，d1）。埋深 3542.66m 泥质粉砂岩原生孔面孔率为 4.80%，溶蚀孔面孔率为 0.43%，溶蚀孔可以忽略不计；其中钠长石和石英绝对含量最高，分别为 51.25% 和 19.24%，其余矿物含量均低于 10%，

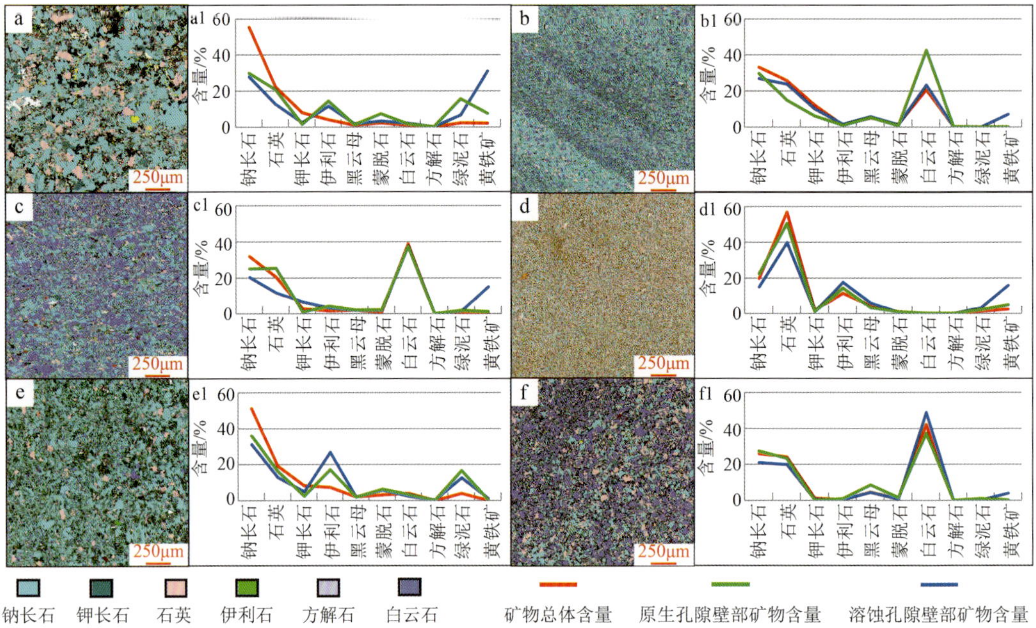

图 2-28 芦草沟组致密油储层 QEMSCAN 分析

a—吉 305 井，埋深 3542.67m（SEM），泥质粉砂岩，QEMSCAN 矿物和孔隙平面分布；a1—a 图中矿物总体含量、原生孔隙壁部矿物含量和溶蚀孔隙壁部矿物含量；b—吉 305 井，埋深 3551.43m（SEM），白云质泥岩，QEMSCAN 矿物和孔隙平面分布；b1—b 图中矿物总体含量、原生孔隙壁部矿物含量和溶蚀孔隙壁部矿物含量；c—吉 305 井，埋深 3543.37m（SEM），白云质粉砂岩，QEMSCAN 矿物和孔隙平面分布；c1—c 图中矿物总体含量、原生孔隙壁部矿物含量和溶蚀孔隙壁部矿物含量；d—吉 305 井，埋深 3421.70m（SEM），泥岩，QEMSCAN 矿物和孔隙平面分布；d1—d 图中矿物总体含量、原生孔隙壁部矿物含量和溶蚀孔隙壁部矿物含量；e—吉 305 井，埋深 3542.66m（SEM），泥质粉砂岩，QEMSCAN 矿物和孔隙平面分布；e1—e 图中矿物总体含量、原生孔隙壁部矿物含量和溶蚀孔隙壁部矿物含量；f—吉 305 井，埋深 3571.17m（SEM），白云质粉砂岩，QEMSCAN 矿物和孔隙平面分布；f1—f 图中矿物总体含量、原生孔隙壁部矿物含量和溶蚀孔隙壁部矿物含量

由于孔隙中充填伊利石和普遍存在的绿泥石化现象，使得孔隙与伊利石和绿泥石的接触面积明显增大，原生孔隙壁部矿物中伊利石和绿泥石的相对含量明显增大到 17.05% 和 16.50%（图 2-28e，e1）。埋深 3571.17m 白云质粉砂岩原生孔面孔率为 13.57%，溶蚀孔面孔率为 3.19%；钠长石、石英和白云石的含量分别为 25.88%、24.10% 和 42.16%，由于粒间孔发育，溶蚀作用也相对均匀，使得孔隙与几乎所有颗粒均有接触，因此原生孔和溶蚀孔壁部矿物的相对含量变化与矿物的绝对含量变化基本一致（图 2-28f，f1）。

基于以上分析认识到芦草沟组致密油储层内部孔隙壁部矿物的分布规律复杂，不同的矿物具有不同的润湿性，其分布规律的复杂性直接影响了原油在储层内部微观尺度上的渗流，因此只针对孔隙自身的孔隙度分析已经不能满足对致密油储层的评价，需要探讨建立一种孔隙和孔隙壁部矿物的耦合关系模型。为了使模型更加直观，本书依据孔隙壁部矿物的润湿性将孔隙重新划分为油润湿孔隙和水润湿孔隙，其中亲水矿物主要为石英、长石、高岭石、伊利石、蒙脱石和黑云母等，亲油矿物主要为白云石、方解石、铁白云石、铁方解石、绿泥石和黄铁矿等（Barclay et al.，2000）。针对以上两种孔隙，首先将孔隙壁部矿物面孔率重新划分为油润湿面孔率和水润湿面孔率：

$$\Phi_{水润湿} = \Phi_{总} A_{亲水} / (A_{亲水} + A_{亲油}) \tag{2-31}$$

$$\Phi_{油润湿} = \Phi_{总} \times A_{亲油} / (A_{亲水} + A_{亲油}) \tag{2-32}$$

式中：$\Phi_{总}$为总面孔率,%；$\Phi_{水润湿}$为水润湿面孔率,%；$\Phi_{油润湿}$为油润湿面孔率,%；$A_{亲水}$为孔隙壁部亲水矿物的相对含量,%；$A_{亲油}$为孔隙壁部亲油矿物的相对含量,%。

利用式（2-31）和式（2-32）对吉305井纵向上的51块样品进行油润湿面孔率和水润湿面孔率的计算，通过表2-2可以认识到油润湿面孔率和水润湿面孔率之间的关系复杂，存在油润湿面孔率占主体、水润湿面孔率占主体和两者均分3种关系，岩心的含油性与油润湿面孔率之间存在一定关系。依据行业标准《岩石含油级别的划分》（SY 5364—89）将岩心含油级别划分为6级：岩心新鲜截面上95%以上见油，原油分布均匀、饱满，明显外渗，为饱含油级；新鲜截面上75%~95%见油，原油分布相对均匀，存在局部封闭的不含油斑块或条带，为富含油级；新鲜截面40%~75%见油，但原油分布不均匀，存在较大面积不含油斑块或条带，出现水渍感，滴水无法呈珠状或半珠状，为油浸级；新鲜截面5%~40%见油，仅局部区域呈斑块或条带状含油，为油斑级；新鲜截面上仅有零散含油斑点，面积总体小于5%，为油迹级别；肉眼无法观察到原油，但有荧光显示，为荧光级别。

表2-2　储层微米CT孔隙度与QEMSCAN面孔率对比

储层类型	深度/m	岩性	CT孔隙度/%	QEMCAN面孔率/%	油润湿面孔率/%	水润湿面孔率/%
溶蚀扩大粒间孔型	3415.66	泥质粉砂岩	9.17	10.10	4.08	6.02
	3418.88	泥质粉砂岩	11.78	10.81	1.84	8.97
	3542.67	泥质粉砂岩	11.10	13.35	3.50	9.85
	3575.13	粉-砂屑白云岩	6.18	7.71	4.63	3.08
	3575.16	白云质粉砂岩	12.70	13.24	6.04	7.20
	3571.17	白云质粉砂岩	17.90	16.76	6.48	10.28
	3571.21	泥质粉砂岩	9.70	8.20	1.42	5.78
孤立溶孔型	3415.68	粉-砂屑白云岩	5.63	5.67	2.80	2.86
	3575.12	粉-砂屑白云岩	6.10	5.86	3.95	1.91
	3542.66	泥质粉砂岩	4.00	5.23	1.04	4.19
	3418.86	泥质粉砂岩	7.36	8.30	1.09	7.21
	3571.18	白云质粉砂岩	7.80	8.45	3.45	5.10
	3415.73	泥质粉砂岩	6.18	7.37	2.33	5.04
	3409.40	粉-砂屑白云岩	5.23	4.98	3.14	1.84
	3409.45	泥质粉砂岩	5.79	5.34	0.60	4.74
微纳米孔型	3551.41	泥岩	3.40	3.20	1.46	1.74
	3551.43	白云质泥岩	5.31	5.15	2.16	2.99
	3551.45	泥质粉砂岩	3.14	2.70	0.26	2.44
	3551.47	泥岩	2.21	2.22	0.34	1.88

通过岩心观察认识到芦草沟组致密油储层普遍含油，含油级别自荧光至富含油均有分布，与面孔率的关系复杂（图2-29）。在油润湿矿物绝对含量与总面孔率交汇图中，样品含油性变化规律不明显；而在100×（油润湿面孔率/总面孔率）与总面孔率交汇图中具有明显的分区特征，100×（油润湿面孔率/总面孔率）称为油润湿面孔率比例。其中，富含油样品的总面孔率分布在5.86%~13.24%之间，平均为9.55%，油润湿面孔率比例最高，分布在45.64%~77.21%之间，平均为62.58%；油浸样品的总面孔率分布在4.98%~16.76%之间，平均为8.9%，油润湿面孔率比例分布在18.97%~63.02%之间，平均为41.81%，相对富含油样品较小；油斑样品的面孔率分布在3.58%~13.63%之间，平均为8.64%，与油浸样品相近，油润湿面孔率比例为11.24%~49.84%，平均为28.35%，进一步减小；油迹样品的总面孔率分布在1.53%~10.28%之间，平均为6.2%，小于油斑样品，油润湿面孔率比例分布在13.08%~76.76%之间，平均为37.91%，略大于油斑样品；荧光样品的总面孔率分布在1.02%~9.44%之间，平均为3.57%，相对最小，油润湿面孔率比例分布在9.55%~60.16%之间，平均为26.5%，相对最小。

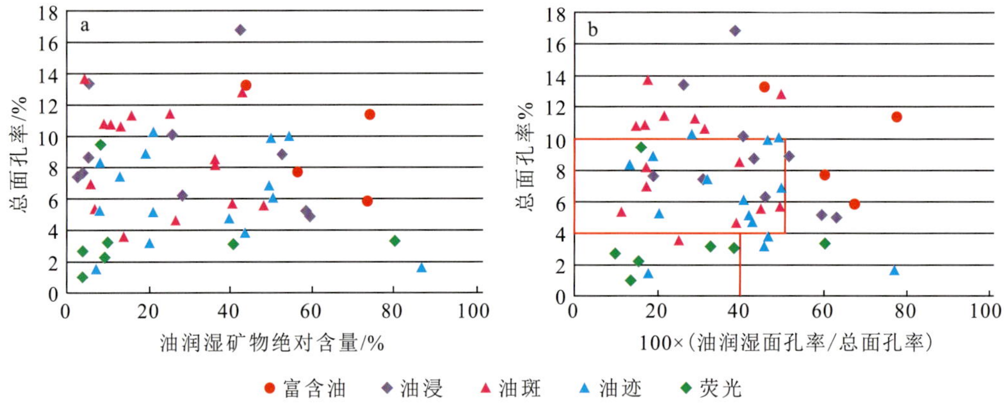

图2-29　芦草沟组致密油储层含油性

a—油润湿矿物绝对含量与总面孔率交汇图；b—100×（油润湿面孔率/总面孔率）与总面孔率交汇图

通过以上分析认识到致密油储层含油性综合受控于总面孔率和油润湿面孔率比例。当样品总面孔率大于10%时，样品普遍表现为油斑、油浸和富含油，且随着油润湿面孔率比例增大而表现出更高的含油级别；当样品总面孔率分布在4%~10%之间时，含油性主要表现为油迹、油斑、油浸和富含油，且随着油润湿面孔率比例逐渐增大，样品含油级别增高，油润湿面孔率大于45%时，基本表现为油浸和富含油；当样品总面孔率小于4%时，含油性主要表现为荧光和油迹，油润湿面孔率大于40%时，基本表现为油迹。由此可见，油润湿面孔率比例在很大程度上影响了储层的含油性，在相同总面孔率条件下，油润湿面孔率比例越高，储层含油性越好，表明越有利于油气充注成藏；但从开发的角度来看，油润湿面孔率比例越高，反而越不利于原油排出储层，开采难度大。

通过QEMSCAN获得油润湿孔隙所占的比例，再通过相同分辨率的FIB和CT等获得连通孔隙的比例，两者相乘最终可以获得致密油储层中有效孔隙所占的比例。

第三章 数据约束模型（DCM）表征方法

材料微观结构的三维表征对理解材料的物理化学性质，对材料进行改性、设计具有重要作用。X射线CT技术因其三维可视化、不破坏样品结构的独特优势成为一种重要的材料结构表征工具。显微CT技术让人们有机会在细小的尺度上认识物质的三维结构。同时，在非常规能源储层评价与表征、非常规油气渗流规律等研究领域对非常规能源储层微观结构的表征产生了新的需求。将先进的CT技术与材料表征的需求相结合，发展合适的CT图像分析方法，在生产和科研实践中可以更充分地发挥CT技术的优势，不仅具有重要的科学理论意义，而且对相关领域的产业发展也具有实际的应用价值。

第一节 DCM的基本原理及假设

非常规油气储集孔隙结构复杂多样，以纳米级孔喉系统为主，局部发育毫米-微米级孔隙和裂隙。孔/裂隙大小、形态及三维连通性等微观结构特征对油气赋存状态、运移方式、渗流特征等地质问题研究具有重要意义。常规方法无法实现微纳孔隙多尺度三维结构及连通性分析。采用同步辐射多能CT技术，结合数据约束模型（DCM）方法对非常规油气储集微纳孔、裂隙研究，可基于微米分辨显微CT获取纳米级的孔、裂隙信息，从而实现多尺度三维定量表征。在此基础上，进一步获得孔、裂隙体积统计分布及其三维连通结构等信息。

DCM是利用同步辐射X射线的优良单色性，基于材料不同组分在不同能量下X射线吸收规律具有一定程度的线性无关性，选择多个能量对样品进行CT实验。在CT重构切片中的每个点元上建立数据约束模型，在一定程度上可以了解单个点元内的材料组分分布，为解决部分体积效应的困扰提供一个新的途径。下面将对DCM模型的基本原理进行简要介绍。

一、DCM基本原理

在DCM模型中，认为样品由长、宽、高均等于CT实验像元尺寸的 n 个立方体元（n 的数值等于进行计算的CT切片所包含像元总数）组成，当体元尺寸足够小时，假设：

1）样品的任一体元由包括孔隙在内的 M 种组分组成。

2）任一体元在某一能量的X射线CT实验中对X射线的吸收等于各组分吸收之和。

3）样品中的材料组分分布符合统计物理规律。

其体元 T_n 的目标函数数学表达为

$$T_n = \sum_{l=1}^{L} [\Delta \mu_n^{(l)}]^2 + E_n \tag{3-1}$$

其中，$\Delta\mu_n^{(l)}$ 为在实验能量为 l 时，CT 实验得到的吸收系数与理论值之间的差，即

$$\Delta\mu_n^{(l)} = \sum_{m=0}^{M} \mu^{(m,\ l)} v_n^{(m)} - \widehat{\mu_n^{(l)}} \tag{3-2}$$

E_n 为对应于体元 n 的能量，其中包括各组分的化学势和组分之间的相互作用能。略去体元二次项以上的高阶项后，E_n 可以近似表达为

$$E_n = \sum_{m=1}^{M} v_n^{(m)} S^{(m)} + \sum_{k=0}^{M} \sum_{j=1}^{N(k)} \sum_{m_1=0}^{M} \sum_{m_2=m_1}^{M} v_n^{(m_1)} v_{n+n_j^{(k)}}^{(m_2)} I_k^{(m_1,\ m_2)} \tag{3-3}$$

式中：$S^{(m)}$ 为组分 m 的化学势。$I_k^{(m_1,\ m_2)}$ 为相邻体元间距离为 k（$k \geqslant 0$）的组分 m_1 和 m_2 的相互作用能。当 $k=0$ 时，组分 m_1 和 m_2 分布在同一个体元内；类似地，当 $k=1$ 时，表示这两种组分位于最近邻的体元中；$k=2$ 意味着它们位于次近邻体元中；最大相互作用范围可以设定为 K。$v_n^{(m)}$ 为体元 n 中组分 m 的体积分数，最优化计算就是找到一组 $v_n^{(m)}$（$m=0,\ 1,\ \cdots,\ M$；$n=1,\ 2,\ \cdots,\ N$）使得式（3-1）整体极小，并在每个体元 n（$n=1,\ 2,\ \cdots,\ N$）上都满足下面的约束条件：

$$\begin{cases} 0 \leqslant v_n^{(m)} \leqslant 1 \\ \sum_{m=0}^{M} v_n^{(m)} = 1 \end{cases} \quad m = 0,\ 1,\ 2,\ \cdots,\ M \tag{3-4}$$

当 E_n 只取一组 $v_n^{(m)}$ 的线性项时，上面的问题简化为一个线性规划问题，可以用数学中已经成熟的线性最优规划问题的常规方法求解。

上述非线性约束下最优化模型在具体计算过程中，如果最大相互作用距离 $K=0$，意味着计算过程中忽略不同体元之间的相互作用，也就是说对某个体元的最优化过程并不会影响到其他体元，所以对整个系统体元的计算顺序并无特别要求，只要把所有体元计算一遍即可得到系统各组分体积分数。但是如果 $K \neq 0$，则意味着体元之间在计算过程中是相互影响的，这时对所有体元的优化过程将不能顺序进行。要根据蒙特卡罗法随机选取体元进行计算，各个体元需要被重复计算多次，直到系统达到一个最优的稳定配型。单个体元的最优化过程可以按照如下约束寻找算法来进行：

1）选取一系列满足约束条件式（3-4）的离散的体积分数值获取目标函数的数值。比如，初始值可以从下列数值中选取：

$$v_n^m = \left(0,\ \frac{1}{g},\ \frac{2}{g},\ \cdots,\ 1\right),\ m = 0,\ 1,\ 2,\ \cdots,\ M \tag{3-5}$$

2）把目标函数取得最小值对应的体积分数值 $v_n^m = (0,\ 1,\ 2,\ \cdots,\ M)$，作为下一次计算开始的基点，缩小寻找范围 Δv，在该基点附近选值执行与 1）相似的计算。

3）重复上述 1）和 2）的过程，直到误差 Δv 小于某一设定的数值，将此时对应的各组分体积分数作为待求解。

需要注意的是，在整个约束寻找算法过程中，常数 g 值由人为设定，该值如果设定得太小，则整个计算可能收敛到一个“假的”最小值，而该值如果太大将严重影响计算效率。故而，在计算过程中，一般先选取少量数据，对 g 值进行测试，选值原则是保证结果合理的同时兼顾计算效率。

另外，虽然材料形成的过程总是一个自由能极小化的演变过程，但是其详细条件往往是未知的。在上面模型中，组分相互作用能及化学势的准确数值一般很难采用实验方法直

接测量。在模型中这两部分只是作为可变参数存在，我们借助这些参数，在材料某些结构信息已知的情况下，使得 CT 计算结果更逼近材料的真实状态。具体参数值的确定需要借助其他表征手段所获得的材料结构信息来确定。譬如，先通过气体吸附法测得残渣孔隙率，通过调整模型中孔隙组分的化学势参数来使计算结果与气体吸附测试结果更加吻合，或者通过 SEM 等手段得到残渣组分表面形貌特征。根据统计物理，组分聚集状态分布可以间接告诉我们相互作用参数。比如，成聚集状态分布的组分与其他组分的相互作用能是高的，弥散分布的组分与其他组分的相互作用能是低的。通过改变参数进行多次计算，将 CT 计算结果与其他技术手段测试结果比较，使样品的三维结构更接近样品组分的真实分布状态。

二、基于 DCM 模型的 CT 能量选择

与图像阈值分割法相比，DCM 引入了多个能量下的 CT 实验数据作为约束条件进行材料组分分布表征，同时包含了 CT 之外的材料已知信息作为参考条件。显然，对材料的充分了解将有助于提高 DCM 的精确性。而为了发挥不同能量下 CT 实验数据的约束功能，需要对 CT 实验能量进行预先的选择。实验能量可以按照下述规则来筛选：

1）根据待表征样品组分的 X 射线吸收特性，选择各组分吸收系数曲线线性无关性最大的能量范围作为实验能量段。

2）确定同步辐射 X 射线能稳定进行 CT 实验的 X 射线能量（波长）段。

3）在上述能量段中，根据样品尺寸及组分确定能保证得到合理衬度的投影像能量段。

在上述步骤中，同步辐射 X 射线能稳定进行 CT 实验的 X 射线能量（波长）段主要由实验所用的同步辐射光源和具体线站的设备运行状态和设计特点所决定。以本书所使用的上海同步辐射光源 BL13W 线站为例，X 射线能量在 10～40keV 的能量范围内稳定性及噪声水平较为理想。

在考虑图像衬度时，要保证样品的 X 射线穿透率在一个理想的范围。一般来说，最低能量的 X 射线穿透率要大于 30%，最高能量的 X 射线穿透率要小于 70%，这时得到的图像衬度较为清晰，有利于进一步的定量分析。

在步骤 1）中，X 射线 CT 实验能量的选择要根据材料组分在不同 X 射线能量下的吸收系数曲线的特点和 DCM 模型对实验噪声的敏感性来综合考虑。下面就这两方面的内容进行简要讨论。

材料组分在不同能量下的 X 射线吸收系数一般是随能量的增加而递减的。在 DCM 模型中，要考虑材料不同组分的 X 射线吸收系数曲线的特点。基本原则就是尽可能在不同组分吸收系数曲线线性相关性最小的能量段进行实验。

图 3-1 所示为 Al_2O_3 和 CaO 在 10～40keV 内的 X 射线吸收系数与 SiO_2 的 X 射线吸收系数的比值曲线。从图 3-1 可以看到，在 10～40keV 的能量范围内，Al_2O_3 与 SiO_2 的 X 射线吸收系数比值曲线与 x 轴基本平行，这意味着这两种组分在所选 X 射线能量范围内具有近似平行的 X 射线吸收系数曲线。CaO 与 SiO_2 的 X 射线吸收系数比值曲线在 10～20keV 的能量范围内近似平行于 x 轴，而在 25～40keV 的能量范围内与 x 轴不平行。这说明，在 10～20keV 的能量范围内，CaO 的 X 射线吸收系数曲线与 Al_2O_3 和 SiO_2 的 X 射线吸收系数

曲线平行，而在 25~40keV 的能量范围内表现出了与 Al_2O_3 和 SiO_2 不同的变化趋势。

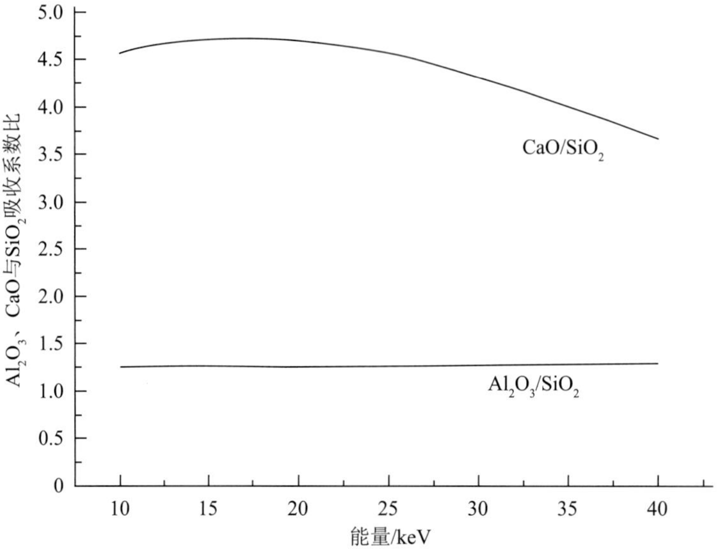

图 3-1　Al_2O_3 和 CaO 在 10~40keV 内的 X 射线吸收系数与 SiO_2 的 X 射线吸收系数的比值

在 DCM 模型中，最优化过程是在不同能量 CT 实验数据的约束下进行，如果不同组分在不同能量下都表现出相似的吸收规律（吸收系数曲线平行），使得不同能量的 CT 实验数据对模型的约束能力变差，甚至完全失去多能量实验的意义。需要注意的是，对于吸收系数曲线相互平行的组分，即使在不同能量下具有吸收系数绝对数值的差异，DCM 也很难区分这些组分。这是因为，在 CT 图像上单个像元（图像的最小分辨单元）中可能包含多种组分。就单个像元而言，如果吸收系数值较高的组分与孔隙或者是其他低吸收的组分共存，该像元也有可能表现出一个较低的吸收系数值。例如，如果 Al_2O_3 中有弥散分布的孔隙，则其不同能量下的吸收系数值将以相同比例变小，甚至可能小于 SiO_2。所以单纯依靠不同组分的吸收系数数值差异很难对组分进行区分。但是，如果某两种或几种组分的吸收系数值相差特别大，而且呈聚集状态分布，在 CT 切片上还是比较容易区分的。比如人体中的骨骼与肌肉组织、矿物颗粒与有机物在 CT 图片上都比较容易相互区分。

对图 3-1 中的 3 种组分（包括 SiO_2）而言，如果为了在 CT 切片上区分 CaO 与另外两种组分，显然选择 25~40keV 能量范围进行实验较为理想。在这一能量范围内，CaO 的 X 射线吸收系数曲线与另外两种组分具有较大的线性无关性，不同能量的实验数据具有较好的数据约束能力。

利用材料的吸收边对应能量前后进行成像，可以使得组分在不同 X 射线能量下吸收系数具有较大的线性无关性，这将非常有利于 DCM 的计算。

在实验能量选择过程中，除了需要考虑各组分的 X 射线吸收系数曲线的线性相关性之外，还要注意在数值求解过程中噪声对计算结果的影响。对于 DCM 模型中实验能量的选择而言，不同 X 射线实验能量下，组分的吸收系数具有不同的数值。此时，为了尽可能减少实验误差对 DCM 计算结果的影响，要尽可能选择使得吸收系数矩阵的条件数较小的能量组合。

第二节　DCM 软件

数据约束建模（DCM）软件包含了 DCM 计算的所有功能，是一款基于微软 Windows 操作系统的 3D 应用程序，可用于复合材料物相分布的表征和基于微结构的材料建模。DCM 自带多个计算模块，同时允许用户根据需要开发不同插件计算材料各种属性。目前 DCM 不仅成为了一种重要的材料结构性质计算软件，也可以将其用作通用的 3D 模拟开发环境。DCM 软件包括以下版本：DcmLite（免费用于非商业用途），DcmEdu（用户名登录或 USB 接口），DcmPro（用户名登录或 USB 接口）。DcmLite 是一个 32 位的应用程序，用于处理较小的数据体。DcmEdu 和 DcmPro 是 64 位应用程序，可以处理大型数据集。登录版本的软件使用时需要在网站 http：//ts-imaging. net 上注册用户名。USB 版本需要使用由 CSIRO 签发的 USB 密钥。DCM 软件的最新版本、数据集和插件可登录网站 https：//data. csiro. au 获得。本节将简要介绍 DCM 软件的主要界面和功能。关于 DCM 软件的更多信息可从 DCM 主页（http：//research. csiro. au/dcm）获得。

一、数据输入及样品设置

1. DCM 软件启动界面及样品尺寸设定

打开 DCM 软件后可以看到如图 3-2 所示界面，右键单击“DCM1”按钮，可以根据对话框提示内容设定数据体的三维尺寸。在“DCM1”右键菜单里同时包含了组分通道、CT 通道、性质计算通道等。DCM 软件目前可以接受 TIFF 格式或 X-tract 重构（X-tract 为一款 CT 重建软件，由澳大利亚 CSIRO 开发，http：//www. ts - imaging. net/Services/AppInfo/X-TRACT. aspx）的 CT 数据格式图片。图 3-3 是 CT 数据导入界面，在这里不仅可以设置包括 CT 实验能量在内的 CT 数据属性，而且可以根据实际情况对输入数据进行校正。

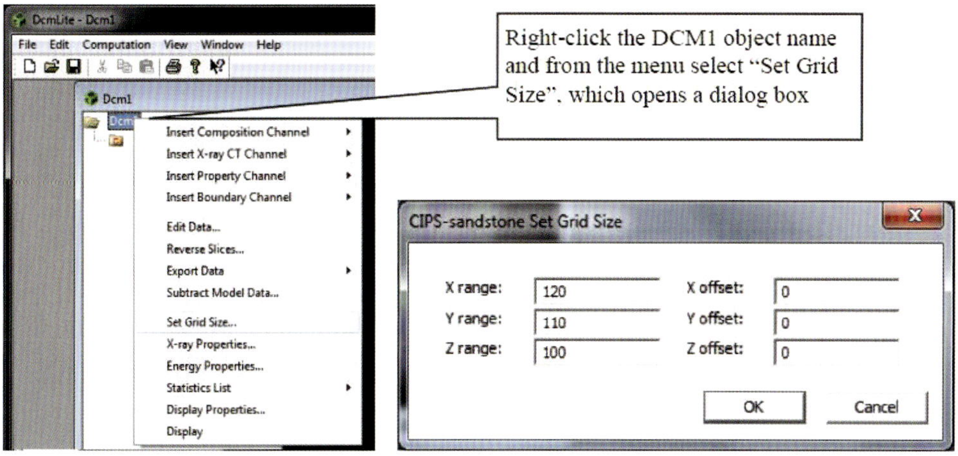

图 3-2　DCM 样品尺寸设定界面

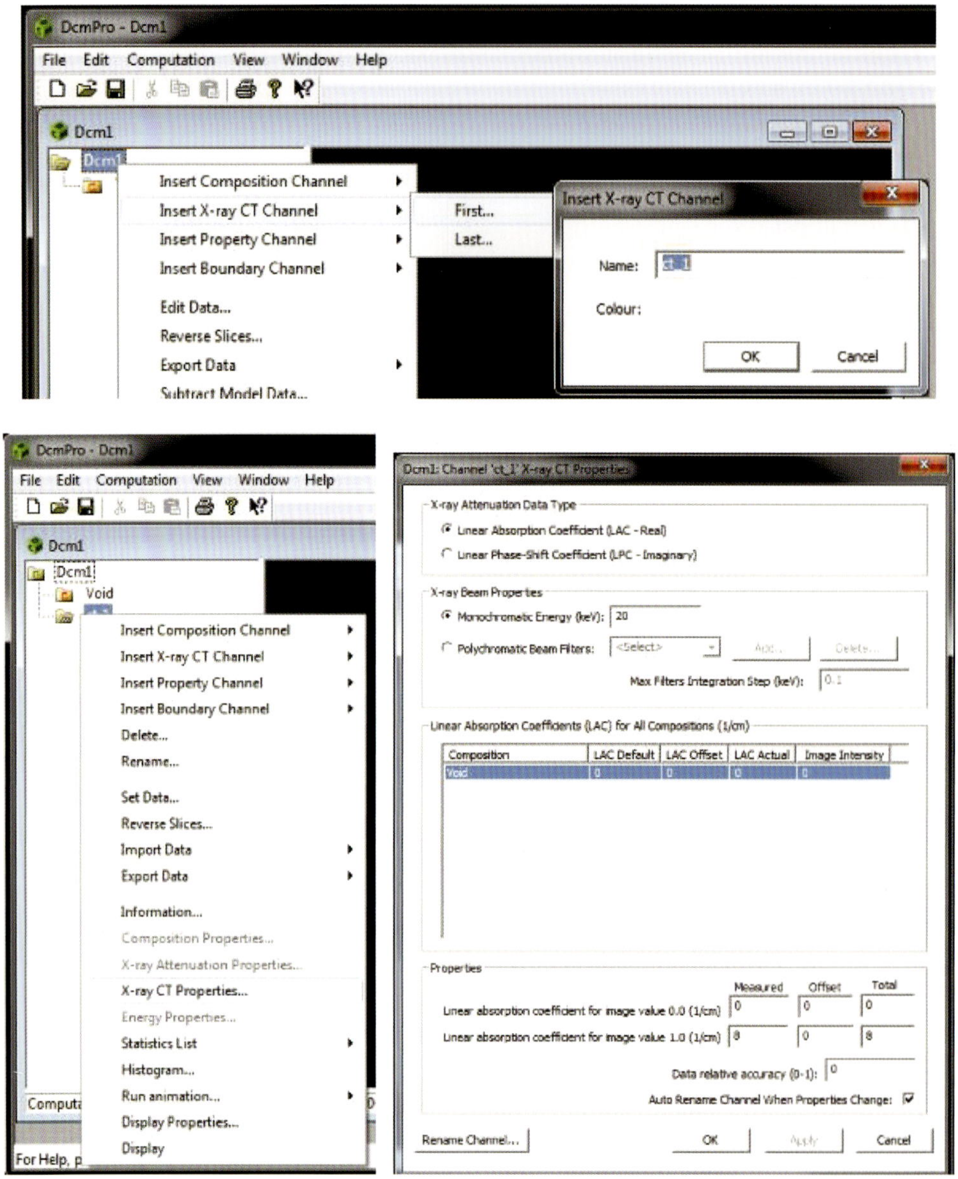

图 3-3　CT 数据导入界面

2. 样品组分通道

在“DCM1”右键菜单里，单击“Insert Composition Channel”可以打开组分创建对话框（图 3-4）。在这里可以逐项创建样品中所包含的所有组分，输入组分的分子式和密度，并通过右键单击“X-ray CT Properties”打开组分 X 射线吸收特性对话框，对各组分在不同能量下的 X 射线吸收特性进行分析（图 3-5）。

3. 模板图层边界设定

在“Insert Boundary Channel”菜单里边，用户可以根据需要灵活地创建不同形状的模板，用于样品计算分析或显示（图 3-6）。

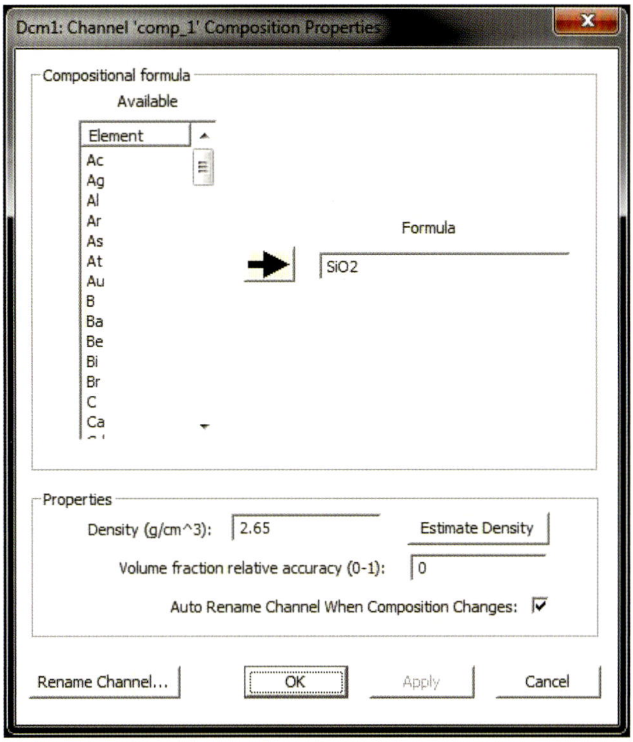

图 3-4　组分输入界面

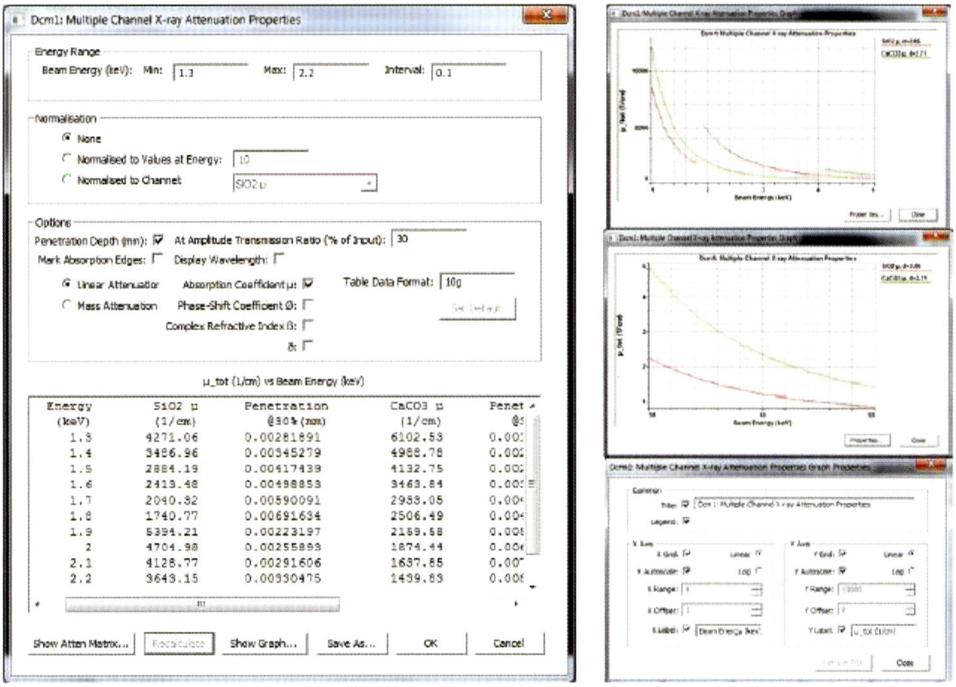

图 3-5　不同组分 X 射线吸收特性分析

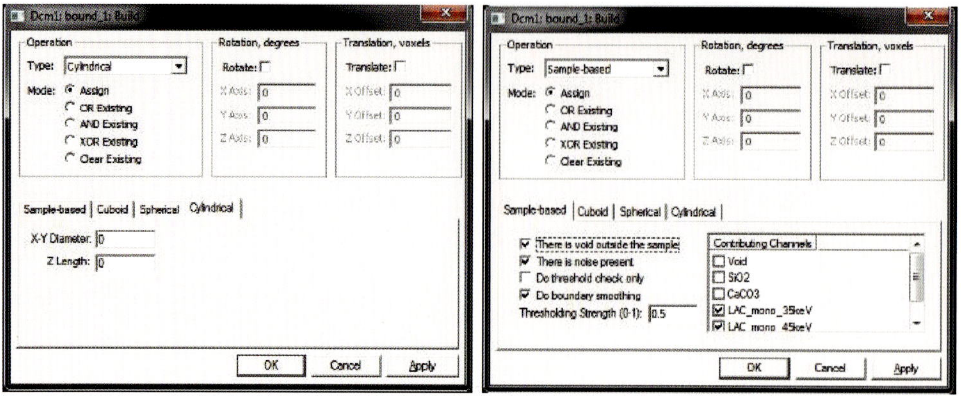

图 3-6　模板图层边界设定

二、DCM 计算界面

在 DCM 软件顶部的菜单中，点击“Computation”选项，可以打开 DCM 软件的计算主界面，在这里，包含了离散最小二乘法图像分割、基于线性/非线性最优规划的 DCM 计算以及 DCM 自带的样品组分连通性分析，如果用户自己开发了其他计算插件也将在这里显示。在图 3-7 中，点击各种计算方法右边的“Set Parameters”按钮，可以打开设置计算参数的二级对话框，进行计算参数的输入。

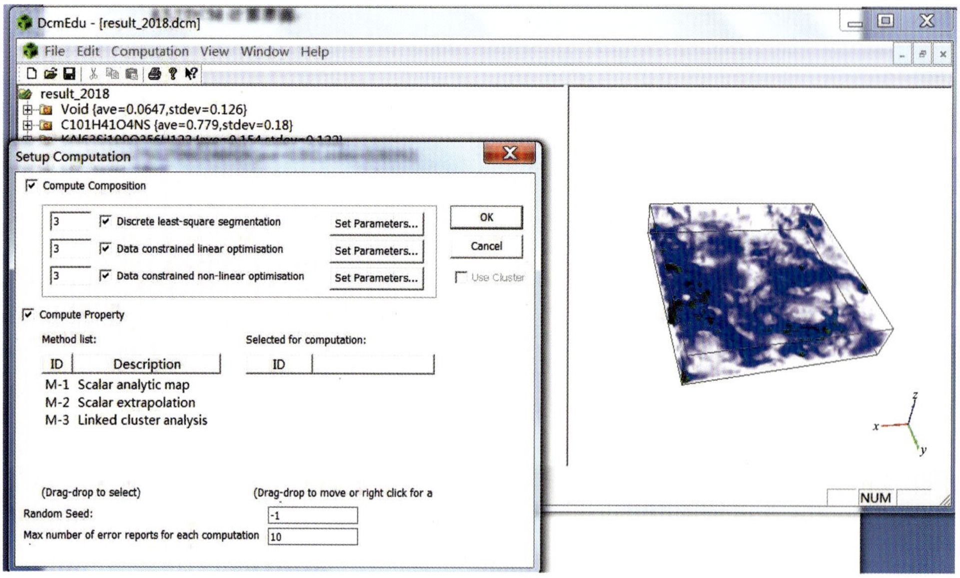

图 3-7　DCM 计算主界面

三、图像显示

DCM 允许用户对输入的图片或不同阶段的计算结果进行灵活的三维显示，并可以根据需要调整显示模式，设置不同组分颜色、颜色比例等。

如图 3-8 所示，用户可以在 DCM 主界面上，通过左键单击打开或关闭特定组分/特定图层的显示。右键单击相应组分，会打开该组分的显示属性对话框，在这里用户可以灵活地设置显示模式、设定颜色、调整显示亮度与阈值。

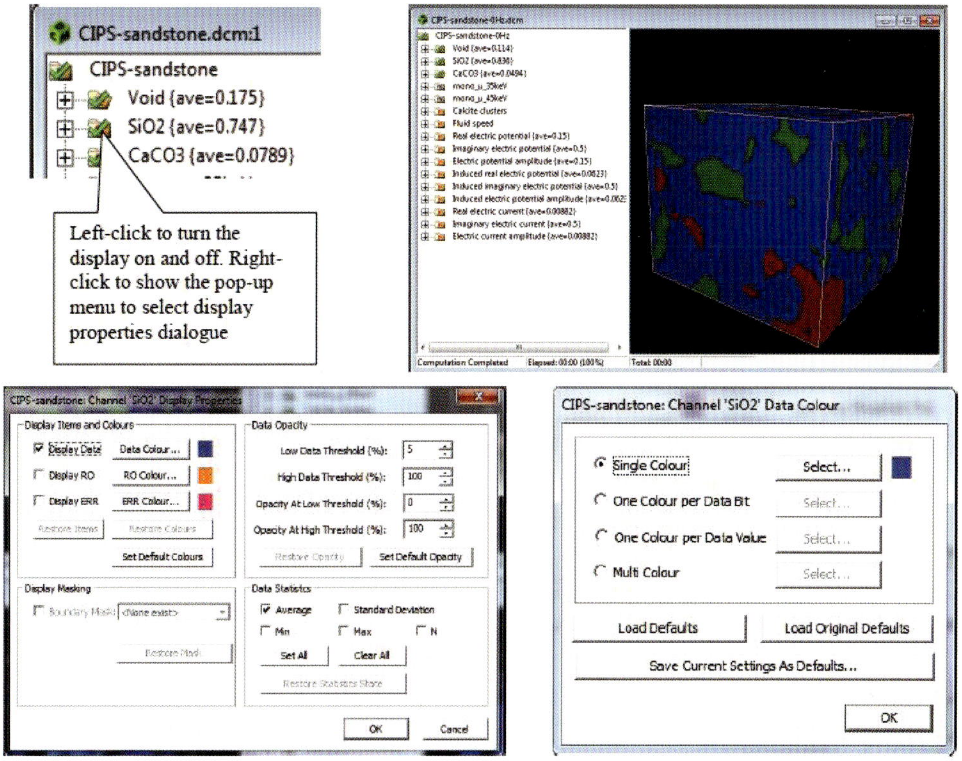

图 3-8　DCM 显示属性界面

第三节　CT 投影像中样品位置随机偏移的检测与校正

CT 成像质量是影响材料结构表征精确性的重要因素，高精度的 CT 图像重建要求样品在旋转扫描过程中，光源、转台中心及探测器保持相对静止，否则在重建的图像中将出现组分形状畸变，严重影响重构图像的质量。但是由于机械振动、机械精度以及环境因素的干扰，在扫描过程中光源、转台或者背景总是会发生随机偏移。

目前，有很多关于 CT 转台的旋转中心随机偏移的校正方法，常用的方法为采用特殊设计的校正模体进行校正。针对 CT 投影图中样品位置发生偏移，常用的校正方法为利用第一张投影图和最后一张投影图的偏差量，将总的偏差量平均分配到每一张投影图中，再对每一张图片进行相应的平移，但是此方法适用于样品旋转 360°的情况。这些方法在特定的 CT 扫描系统上都获得了较好的效果。但是，在 CT 扫描过程中，不仅旋转中心会随机偏移，而且样品本身也有可能发生偏移。

在对龙马溪组页岩样品进行高分辨率 CT 表征过程中，课题组发现高分辨率成像时，机械振动、环境变化引起的样品随机位移会严重影响成像质量，基于此，课题组提出一种在投影图中基于样品参考点坐标的多参数最优化校正方法，不管是样品偏移还是样品台偏移引起投影图中样品位置发生偏移，此方法都可以对其进行修正，只需由采集的投影图片来进行修正，适用于样品台旋转任何角度的情况，且实现起来简单方便，实用性较强。这一方法主要步骤如下：

1）以采集的CT投影图上左上角的第一个像素点为坐标原点建立平面直角坐标系，向右表示投影图横坐标 i 的正方向，$i=0$，1，2，…，i_{max}，i_{max}是投影图的最大横坐标值；向下表示图像纵坐标 j 的正方向，$j=0$，1，2，…，j_{max}，j_{max}是投影图的最大纵坐标值；（$i_{max}+1$）×（$j_{max}+1$）为投影图的像素尺寸。在CT投影图的样品区域中选取一个有标志性的点作为判断样品偏移量的参考点，确定其实验横坐标值i_c^k。具体过程为：读取原始CT投影图像的灰度值，建立灰度数值矩阵 I_k（i，j），表示第 k 张投影图像中坐标为（i，j）的像素点的灰度值；在CT投影图中所建立的灰度数据矩阵中样品所在区域内选取 n 行，$1\leqslant n\leqslant j_{max}$，计算其每一列像素点的平均灰度值，然后计算由 n 行得到的每一列平均灰度值的样品左右边界实验横坐标，其实验纵坐标是所选取 n 行中的任意一行，设纵坐标为 j'_n，n 行中第一行的纵坐标值为 j_m，n 行中最后一行的纵坐标值为 j_{m+n-1}，$0\leqslant j_m<j_{m+n-1}\leqslant j_{max}$；对第 j'_n 行的区间［Δi，$i_{max}-\Delta i$］中每个点的平均灰度值进行差分计算，得到左右差分函数的乘积f'_k（i），并由其最小值计算样品边界点的实验横坐标：

$$f'_k(i)=\frac{\dfrac{\sum\limits_{j=j_m}^{j_{m+n-1}} I_k(i,j)}{n}-\dfrac{\sum\limits_{j=j_m}^{j_{m+n-1}} I_k(i-\Delta i,j)}{n}}{\Delta i}\times\frac{\dfrac{\sum\limits_{j=j_m}^{j_{m+n-1}} I_k(i+\Delta i,j)}{n}-\dfrac{\sum\limits_{j=j_m}^{j_{m+n-1}} I_k(i,j)}{n}}{\Delta i} \tag{3-6}$$

点 i 的取值范围为（$\Delta i\leqslant i\leqslant i_{max}-\Delta i$），其中 Δi 为大于0的正整数，要保证该行样品边界点的$f'_k(i)$ 大于噪声涨落最大点的$f'_k(i)$ 的前提下取最小正整数，噪声涨落最大点是由投影图背景噪声情况来确定，I_k（i，j）为第 k 张投影图像中实验坐标为（i，j）像素点的灰度值；在区间 $\Delta i\leqslant i\leqslant$（$i_{max}+1$）/2 内，当$f'_k(i)$ 取到最小值f'_k（i_1）$_{min}$ 时，对应自变量 i_1^k 为样品左边界坐标；在区间（$i_{max}+1$）/2<$i\leqslant$（$i_{max}-\Delta i$）内，当$f'_k(i)$ 取到最小值f'_k（i_2）$_{min}$ 时，对应自变量 i_2^k 为样品右边界坐标；即 i_1^k 与 i_2^k 分别为第 k 张CT投影图第j'_n 行平均灰度值的样品左、右边界实验横坐标，则该行样品中心横坐标的实验值 i_c^k 为$i_c^k=\dfrac{i_1^k+i_2^k}{2}$，并以此作为判断偏移量的参考点。

2）在1）中所建立的直角平面坐标系中，建立CT投影图中参考点的理论横坐标值 $\tilde{i}_c^k$ 的函数 $\tilde{i}_c^k=i_s+r\times sin(\theta+k\times\varphi)$。这一函数中包括样品台旋转中心在投影图中的投影横坐标 i_s、参考点离样品台旋转中心的距离 r、样品转动初始相位 θ 3个参数，其中各自的取值范围为 $0<i_s<i_{max}$，$0\leqslant r<i_{max}/2$，$0\leqslant\theta\leqslant 2\pi$；$k$ 为第 k 张CT投影图，φ 为样品台转动过程中的角度步长。

3）建立确定参考点横坐标理论值函数所包含变量最优解的目标函数：$Y=\sum\limits_{k=1}^{k_{max}}\{i_c^k-[i_s+r\times\sin(\theta+k\times\varphi)]\}^2$，$K_{max}$为CT投影图的总张数。

4）通过使得目标函数取到极小值，以此确定参考点横坐标的理论值函数中 3 个参数：i_s、r、θ 的最优解。首先选取 $i_s<i_{max}/2$、$r=0$、$\theta=0$ 的初始值作为起点，接着找到 $Y(i_s+\Delta i_s, r, \theta)$、$Y(i_s-\Delta i_s, r, \theta)$、$Y(i_s, r+\Delta r, \theta)$、$Y(i_s, r-\Delta r, \theta)$、$Y(i_s, r, \theta+\Delta\theta)$ 与 $Y(i_s, r, \theta-\Delta\theta)$ 6 个函数值中的极小值并相应地改变其中的参数；然后将这个极小值依据上面的方法再构造一个解集，再次求得极小值，以此类推，直到后一次的极小值比前一次的极小值大就结束，其中 Δi_s、Δr、$\Delta\theta$ 分别为 3 个参数的步长，取值范围分别为 $0<\Delta i_s<0.5$、$0<\Delta r<1$ 与 $0<\Delta\theta\leqslant\varphi$；当 3 个参数的步长在规定的范围取一定值时，由目标函数的极小值计算得到 i_s、r、θ 3 个参数的近似最优解，以此作为最优解。

5）将 i_s、r、θ 的最优解代入 2）中所建立的参考点理论横坐标值的函数中，计算每张投影图中参考点的理论横坐标值 $\tilde{i}_c^k$；再根据参考点的实验横坐标值 i_c^k，计算出每张 CT 投影图偏移量 $x^k=\text{floor}(i_c^k-\tilde{i}_c^k+0.5)$，$\text{floor}(i_c^k-\tilde{i}_c^k+0.5)$ 表示取数值 $i_c^k-\tilde{i}_c^k+0.5$ 的整数部分。

6）根据偏移量 x^k，对第 k 张 CT 投影图进行平移校正，具体过程为：$I_k(i, j)$ 为第 k 张投影图像中实验坐标为 (i, j) 像素点的灰度值，平移修正后，$I'_k(i', j')$ 为第 k 张修正后投影图像中理论坐标为 (i', j') 像素点的灰度值，且 i' 的取值范围为 $0\leqslant i'\leqslant i_{max}$，$j'$ 的取值范围为 $0\leqslant j'\leqslant j_{max}$。

当 $x^k\geqslant 0$ 时，
$$\begin{cases} I'_k(i', j')=I_k(i+x^k, j) & [0\leqslant i'\leqslant(i_{max}-x^k)] \\ I'_k(i', j')=I_k(i_{max}, j) & [(i_{max}-x^k)<i'\leqslant i_{max}] \end{cases} \tag{3-7}$$

当 $x^k<0$ 时，
$$\begin{cases} I'_k(i', j')=I_k(i-|x^k|, j) & (|x^k|\leqslant i'\leqslant i_{max}) \\ I'_k(i', j')=I_k(0, j) & (0\leqslant i'<|x^k|) \end{cases} \tag{3-8}$$

7）用同样的方法对所有 CT 投影图像位置平移偏差进行检测及校正。

图 3-9a 是龙马溪组页岩在像元尺寸为 0.65μm 时的原始 CT 重构切片。从图中可以明显看到，由于投影图中样品位置的非正常平移导致重构切片中高吸收组分在图中发生了形状畸变，形成星状伪影。图 3-9b 是利用上述方法对投影图进行校正后的 CT 重构切片。在图中高吸收矿物组分的星状伪影得到有效去除，图像质量显著提高。

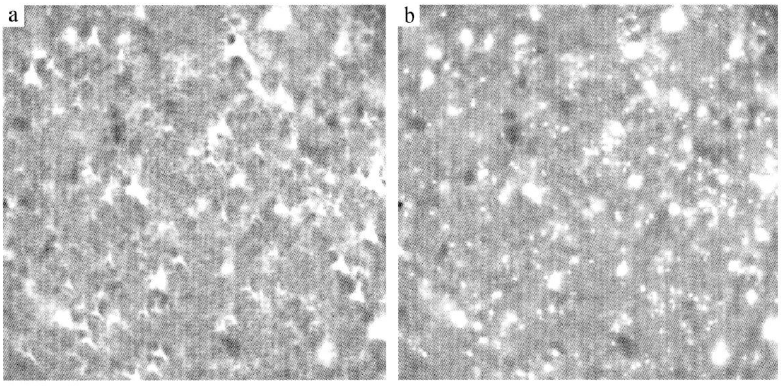

图 3-9　原始 CT 重构切片（a）和校正后 CT 重构切片（b）

课题组所提出的基于投影图中样品参考点坐标的多参数最优化校正方法可以作为一种

普适的方法用于提高 CT 重构质量，尤其是在高分辨成像过程中有显著效果。目前这一方法已经申请国家发明专利（申请号：201810087991. X），并形成应用程序，申请了软件著作权登记（流水号：2018R11L091673）。图 3-10 是单色 X 射线断层扫描图像偏移的检测及校正软件用户界面。

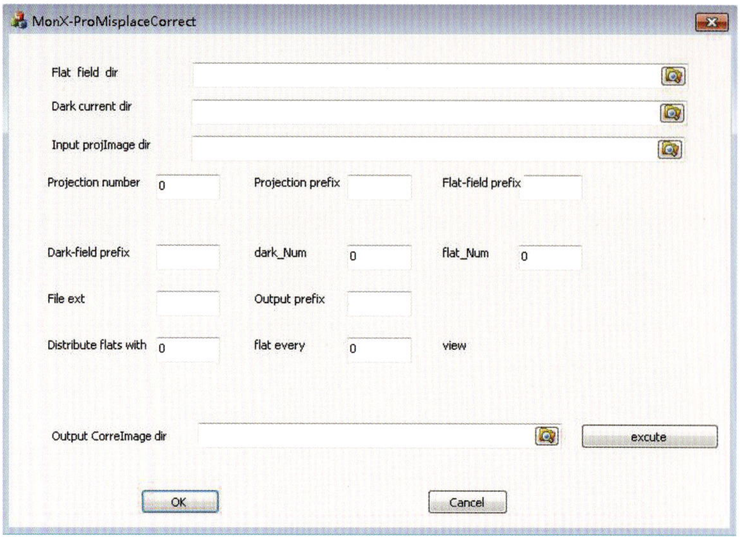

图 3-10　单色 X 射线断层扫描图像偏移的检测及校正软件用户界面

第四节　DCM 在非常规油气储层结构表征领域的应用

油气储层岩石三维材料微观尺度分布对了解它的力学性质和水文特性等非常重要，进一步关系到石油及天然气的开采、二氧化碳地质封存等。本节从理论模拟和实验两个方面，用 X 射线多能 CT 技术结合 DCM 分析的方法，对碳酸盐岩、泥页岩和煤等样品进行定量分析研究。通过数字模拟 CT 实验过程，产生数字 CT 投影，并进行 CT 重建及 DCM 分析，定量研究不同 CT 参数对结果准确性和抗噪能力等的影响，再进行实验参数优化和可信度评估。在上海光源成像线站开展真实样品的多能 CT 实验，进行 DCM 计算，并得到样品三维显微结构。

一、碳酸盐岩

1. 数值模拟

为数值模拟不同 CT 参数对 X 射线多能 CT 技术结合 DCM 分析方法的影响，建立一个数值样品。该样品大小为 512 像素点×512 像素点×32 像素点（像素点大小为 3.7μm），如图 3-11 所示。样品包括两种材料成分方解石（calcite，化学式表示为 $CaCO_3$）和白云石（dolomite，化学式为 $CaMg(CO_3)_2$）。方解石和白云石的化学式、密度、X 射线吸收等信息，如表 3-1 所示。为了研究分析两种材料不同比例混合时结果预测的准确性及可信度，该样品由多个圆柱体组成，每个圆柱内方解石和白云石混合的比例不同。样品中不同圆柱内，白云石的比例变化以10%间隔。从右到左、从上到下，白云石在每个圆柱内的比例依次为100%、90%、80%、70%、60%、50%、50%、40%、30%、20%、10%和0，其余为方解石。

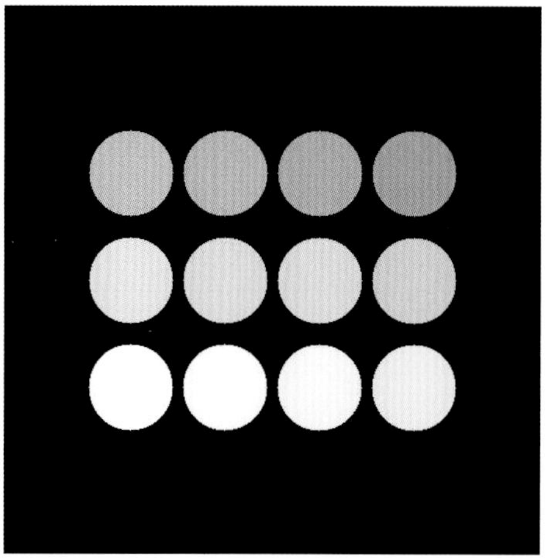

图3-11　数值碳酸盐岩样品

包含不同含量的方解石和白云石两种成分，含量间隔为10%

表3-1　不同能量下方解石和白云石的线性吸收系数μ

材料	分子式	密度 $(g\cdot cm^{-3})$	线性吸收系数μ			
			25keV	30keV	35keV	38keV
方解石	$CaCO_3$	2.71	3.16×10^{-9}	1.60×10^{-9}	9.18×10^{-10}	6.88×10^{-10}
白云石	$CaMg(CO_3)_2$	2.87	2.21×10^{-9}	1.14×10^{-9}	6.73×10^{-10}	5.11×10^{-10}

对数值样品进行X射线CT成像模拟，能量选择为25keV，30keV，35keV和38keV；成像距离为10mm、100mm和200mm。在每个能量和成像距离选择的离散组合下，模拟样品的CT成像过程，样品旋转180°采集360个投影图像，即每间隔0.5°采集一个CT投影。数值CT投影图像的产生在数学中可以认为是对数值样品吸收信息和折射率信息的Radon变换。成像模拟为菲涅尔衍射过程，对于非零的成像距离，需要考虑相衬成像效应。模拟采集CT数据可以分为两个步骤：①样品吸收和折射率信息的Radon变换；②对每个角度的Radon变换图像进行一定距离（成像距离）的菲涅尔衍射模拟，得到CCD采集的CT投影数据。为了比较，本书也模拟了成像距离为零的情形，这在实际中是不可能的。

为研究噪声对结果的影响，在投影数据中加入一系列不同的高斯噪声，分别为0.1%、0.2%、0.5%、1.0%、1.5%和2.0%。为了模拟的真实性，也加入实验中测得的真实噪声。实验噪声测量如下：①采集投影；②对该投影减背景；③选择该投影中无样品处的图像；④取该图像灰度直方图，并得到相对标准差。发现得到的灰度直方图分布符合高斯分布，模拟选择添加高斯噪声。根据上述方法，测得实际噪声大小为1.21%（25keV）、1.15%（30keV）、1.17%（35keV）和1.72%（38keV），并将该高斯噪声添加到 X 射线 CT 投影数据中。

经过上述模拟，得到有噪声的 CT 投影图像，即探测器采集到的投影图像。首先，对这些投影图像进行相位恢复处理。相位恢复可以认为是滤波过程，经过相位恢复提高图像信噪比，弱化边缘增强效应。然后，用滤波反投影算法对这些图像进行 CT 重建，得到含有特定能量下 X 射线吸收信息的重建切片。最后，用 DCM 方法对重建后的切片进行成分预测。对每个像素点（位置为 i），DCM 方法可以数学上表示为

$$\begin{cases} 0 \leqslant v_i^{(o)},\ v_i^{(cal)},\ v_i^{(dol)} \leqslant 1 \\ v_i^{(o)} + v_i^{(cal)} + v_i^{(dol)} = 1 \\ \beta_{i,E}^{(o)} v_i^{(o)} + \beta_{i,E}^{(cal)} v_i^{(cal)} + \beta_{i,E}^{(dol)} v_i^{(dol)} = \bar{\beta}_{i,E},\ E = E_1,\ E_2,\ \cdots \end{cases} \tag{3-9}$$

式中：$v_i^{(o)}$、$v_i^{(cal)}$ 和 $v_i^{(dol)}$ 分别为孔隙、方解石和白云石的体积百分比；$\bar{\beta}_{i,E}$ 为 X 射线单色光能量为 E 时得到重建切片的吸收系数分布；$\beta_{i,E}^{(o)}$、$\beta_{i,E}^{(cal)}$ 和 $\beta_{i,E}^{(dol)}$ 分别为能量为 E 时孔隙、方解石和白云石的吸收系数。

式（3-9）是一个非负线性优化问题，通过 DCM 软件，解这个方程组得到的结果 $v_i^{(o)}$、$v_i^{(cal)}$ 和 $v_i^{(dol)}$ 值就是所需要的成分预测图。在每个离散的能量、成像距离和噪声水平的组合下，都用 DCM 方法预测结果分布图。

通过对比建立的数值样品和 DCM 得到的结果进行对比，评价计算结果的准确性。这里用归一化互相关值（*NCC*）评估，*NCC* 为预测的结果图像与理论图像之间的归一化互相关，表示为

$$NCC = \frac{\sum_{i=1}^{N} (v_i^p - \bar{v}^p)(v_i^o - \bar{v}^o)}{\left[\sum_{i=1}^{N} (v_i^p - \bar{v}^p)^2 \sum_{i=1}^{N} (v_i^o - \bar{v}^o)^2\right]^{1/2}} \tag{3-10}$$

式中：v_i^p 和 v_i^o 分别为第 i 种材料 DCM 预测的体积百分比和该材料理论图像中的体积百分比；$\bar{v}^p$ 和 $\bar{v}^o$ 分别为它们的平均值。

NCC 值表示两组数据的匹配程度，*NCC* 值较大表示预测结果图像与原始样品图像较为接近，结果较好。

表 3-2 描述了不同能量组合下的 *NCC* 值，成像距离为 10mm，噪声为实验所测噪声。表中还描述了不同能量下的条件数。条件数通过式（3-9）中的系数矩阵求得，条件数最小时，结果对噪声最不敏感，预测最好。从表 3-2 中分析 *NCC* 值可以发现，对于该岩石样品，最佳的成像能量组合为 25keV 和 35keV；而从条件数分析，当能量选择在 25keV 和 38keV 时，条件数最小，结果最好。从两个方面分析得到的结果不同，这是因为在本书模拟中，将噪声加到投影图像中（$I=I_0+\Delta I$）；而条件数最小方法中，假设的是重建切片线性吸收系数上添加噪声（$\mu=\mu_0+\Delta\mu$）。投影图像记录的是图像的强度（I），它和吸收系数（μ）有指数关系，表示为：$I=I_0\exp(-\mu d)$。在此研究之前，实验能量的选择都基于条件数最小值，而实际实验噪声却是添加到投影图像强度中。表 3-2 除了两组能量 CT 数据外，还考虑了多组 CT 数据预测的情况。多组 CT 数据并没有提高该方法预测的准确度，反而降低了预测精度。这可能是因为这多组数据线性独立度较低（情况类似于条件数较大），具体的原因还需要进一步分析研究。

表 3-2　不同能量组合下的 *NCC* 值及条件数（成像距离为 10mm，噪声为实验所测噪声）

能量/keV	*NCC*		条件数
	$CaCO_3$	$CaMg(CO_3)_2$	
25，30	0. 88	0. 70	256
25，35	0. 89	0. 72	142
25，38	0. 89	0. 70	120
30，35	0. 86	0. 65	195
30，38	0. 87	0. 66	127
35，38	0. 85	0. 63	274
25，30，35	0. 88	0. 59	—
25，30，38	0. 88	0. 56	—
30，35，38	0. 86	0. 51	—
25，30，35，38	0. 87	0. 62	—

图 3-12 为预测结果 *NCC* 值随着噪声的变化曲线图，包括方解石（a）和白云石（b），能量选择 25keV 和 35keV，成像距离分别为 0mm、10mm、100mm 和 200mm。从图中可以看出，当不考虑噪声时，成像距离越短，*NCC* 越大，这是因为衍射引起的相衬效应对重建得到的吸收值有一定的影响。从图中可发现，在每个成像距离下 *NCC* 值都随着噪声的增加而减小，而在不同的成像距离下 *NCC* 值下降的快慢却不同。当成像距离为 0mm 时，*NCC* 值随着噪声的增加而急剧变小。成像距离变大，*NCC* 值下降曲线平缓，即成像距离较大时的抗噪较好。当成像距离达到 100mm 时，噪声对 *NCC* 的影响已经不大，*NCC* 基本处于稳定状态。这是因为成像距离为 0mm 时，噪声对投影图像的影响直接体现在吸收系数上；当成像距离为非 0mm 时，成像过程中有一定距离的菲涅尔衍射，重建过程中有相位恢复的过程，相位恢复对噪声有一定的抑制作用，因此，在成像距离较大时预测结果对噪声敏感性下降。在实际实验中，噪声大小一般在 1%～2% 范围内、成像距离为 10mm 时，方解石 *NCC* 值最大，而对于白云石，*NCC* 在成像距离为 100mm 时最大。综上

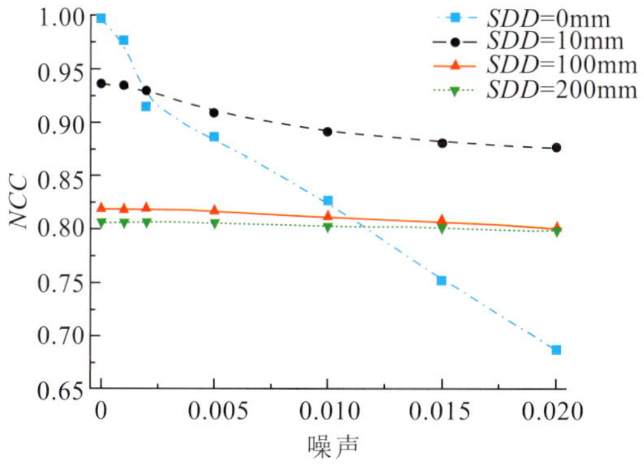

a. $CaCO_3$

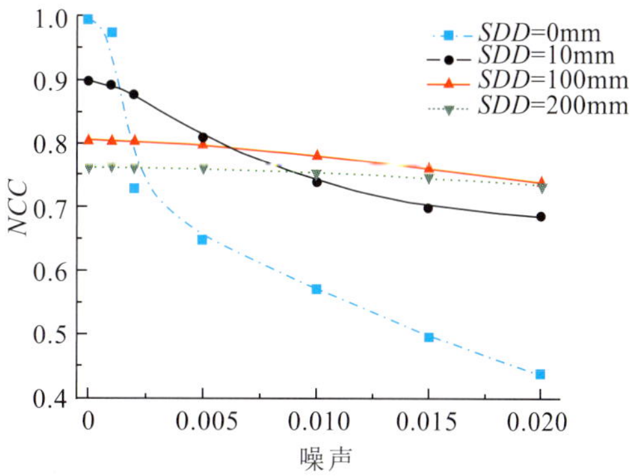

b. $CaMg(CO_3)_2$

图 3-12　*NCC* 值随着噪声的变化曲线

能量为 25keV 和 35keV；成像距离 *SDD* 为 0mm、10mm、100mm 和 200mm

所述，对于方解石最佳成像距离可以选为 10mm，而对白云石成像距离选 100mm 更好。

图 3-13 为 *NCC* 值随着成像距离的变化曲线，能量选择 25keV 和 35keV，添加的噪声为实验噪声 1.21%（25keV）和 1.17%（35keV），实线为方解石，虚线表示白云石。从图中可发现一个趋势，*NCC* 值随着成像距离的增大先迅速增大而后慢慢减小。当成像距离为 0mm 时，*NCC* 值很小。随着成像距离的增大，*NCC* 值也随着增大。这是因为在非 0mm 成像距离情形下，在 CT 重建前进行了相位恢复操作。相位恢复可以提高重建切片的信噪比，从而提高 DCM 计算的精度。随着成像距离的继续增大，*NCC* 值开始缓慢变小。这是由于长距离的菲涅尔衍射引起很强的相衬效应，边缘增强效应会影响重建吸收信息。从图中可以明显看出，方解石的最佳成像距离为 10mm，而白云石的最佳成像距离为 100mm，这与上面分析的结果吻合。在实验过程中，一个样品的多能 CT 只能选择一个成像距离。基于图 3-14a、图 3-14b 的分析并权衡两种材料，本书选择实验成像距离为 10mm。

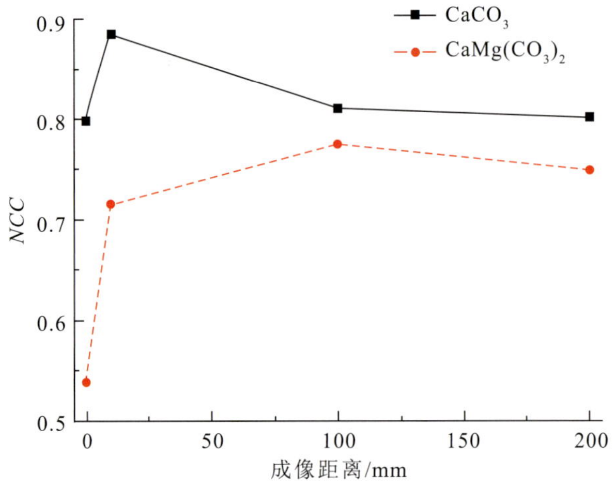

图 3-13　*NCC* 值随成像距离的变化曲线

能量为 25keV 和 35keV；噪声为实验噪声

图 3-14a 为每种材料 M_P/M_T 值与它的含量的关系图，虚线为方解石，实线为白云石。M_P/M_T 值表示某种材料预测体积百分比平均值与理论值的比值。当 M_P/M_T 值接近于 1 时，

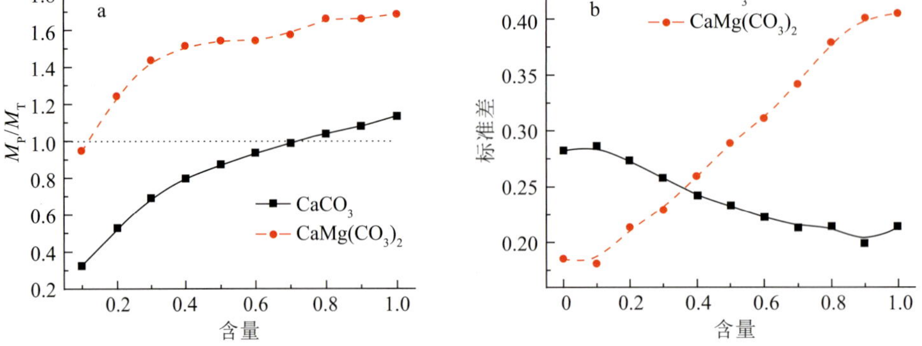

图 3-14　材料体积百分比与含量的关系

a—M_P/M_T 值与其含量的关系；b—预测体积百分比标准差与其含量的关系

表明预测体积百分比平均值非常接近于理论值。图 3-14b 为预测体积百分比标准差与它的含量的关系图，虚线为方解石，实线为白云石。标准差较小，表明预测的体积百分比震荡较小、较稳定，可信度较高。从图 3-14a、图 3-14b 中可以看出，当方解石的含量较高时，预测结果体积百分比接近于理论值，且它的标准差较小，说明方解石含量较高时，对它的体积百分比预测较为精确且较为可信。当方解石的含量较低时，它的预测体积百分比平均值与理论值差异较大，且标准差也较大，这意味着方解石的含量较低时预测的结果精度和可信度都较低。同理，对白云石分析发现，白云石的结果与方解石相反。当白云石含量较低时，它的预测是较为精确和可信的。

2. 显微 CT 实验及 DCM 计算

实验所用碳酸盐岩样品取自中国四川盆地东北朱家 1 号井（埋深 5578.7m）的三叠系飞仙关组。该样品主要有方解石（$CaCO_3$）和白云石（$CaMg(CO_3)_2$）两种成分，其密度和吸收系数如表 3-1 所示。在实验前，需综合考虑各因素优化实验条件。影响 SRMEμCT-DCM 预测精度的实验因素有很多，包括样品成分组成和尺寸、探测器分辨率、光斑稳定性、成像距离、X 射线能量等。理论上说，X 射线能量选择基于各成分在不同能量下的吸收系数的线性独立性。独立性越高，各成分在 DCM 模型中计算的精度越高，实验噪声对其影响越小。而在实际中，不仅要考虑各成分吸收系数线在不同能量下的差异，还需考虑样品尺寸、穿透率、光斑稳定性、探测器动态范围和曝光时间等众多因素。为便于 CT 扫描，样品被切成直径约为 3.5mm 的圆柱体。基于之前的模拟，实验选取两个能量，分别为 25keV 和 35keV，成像距离选为 10mm。PCO 探测器的像素尺寸为 3.7μm。样品在不同能量的 CT 扫描中保持位置不变。对于每组 CT，样品旋转 180°采集 1080 个投影图像，即每隔 0.167°采集一个投影。实验过程中还需采集背景图像和暗电流图像用于背景扣除处理。在 CT 扫描中样品每旋转 10°采集 2 个背景图像（无样品图像）。CT 扫描结束后，关掉 X 射线采集 5 个暗电流图像（无 X 光图像）。25keV 和 35keV 投影采集的曝光时间均为 1.5s。

投影数据用 X-TRACT 软件进行 CT 重建处理，并得到含有吸收信息的切片。首先，用背景和暗电流图像进行减背景。图 3-15 为一个减背景处理后的投影图像，能量为 35keV，成像距离为 10mm。其次，将投影图像归一化，这是因为实验中 X 射线光束不可能是完全均匀的。再次，将归一化后的投影图像进行相位恢复处理。最后，用 X 射线平行光滤波反投影算法对相位恢复后的投影图像进行 CT 重建，得到包含吸收信息的重建切片。在这些重建切片中，可能存在一些环状伪影。本书用基于极坐标变换与傅里叶变换后低通滤波的校正算法对重建切片进行环状伪影消除。将两个能量下的切片组通过旋转和平移切片最大化互相关函数的方法进行图像配准，并进行下一步 DCM 分析。

图 3-16a 为重建切片，能量为 35keV。图 3-16b 为图 3-16a 的灰度直方图，可以看到有 3 个明显的峰，分别代表孔隙、白云石和方解石，它们的吸收因子（β）分别为 $7.99\times10^{-12}\pm1.1\times10^{-10}$、$6.35\times10^{-10}\pm1.45\times10^{-10}$ 和 $8.31\times10^{-10}\pm0.30\times10^{-10}$。同理，可以得到能量为 25keV 时同切片的 3 个峰，对应的吸收系数分别为 $2.84\times10^{-11}\pm2.42\times10^{-10}$、$1.99\times10^{-9}\pm0.40\times10^{-9}$ 和 $2.58\times10^{-9}\pm0.09\times10^{-9}$。这里得到的方解石和白云石的实验吸收系数并非和理论值完全一致，需要用密度矫正的方法对实验吸收系数进行矫正。在 DCM 分析中，选择

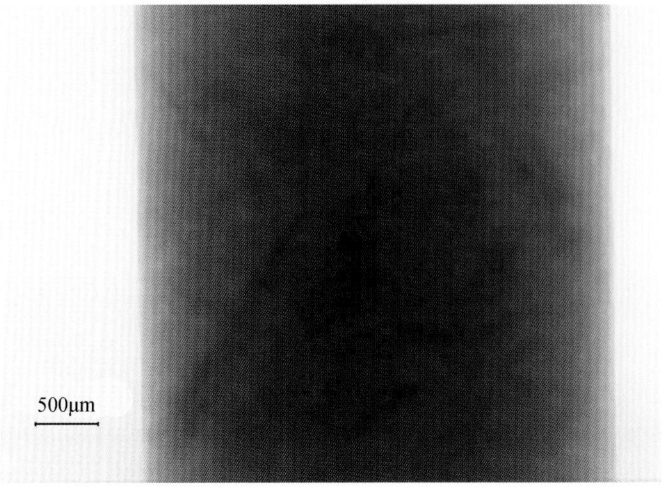

图 3-15　减背景处理后的 CT 投影图像

能量为 35keV；成像距离为 10mm

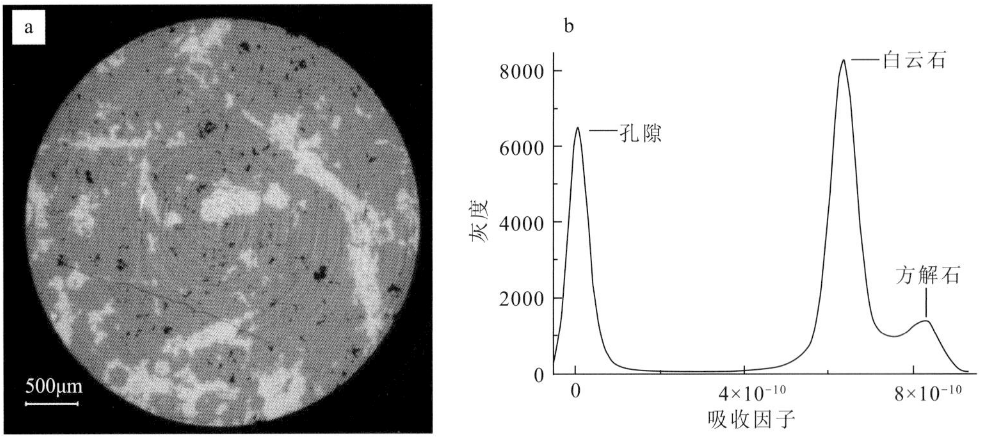

图 3-16　CT 重建切片及其灰度直方图

a—CT 重建切片（切片 500），能量为 35keV，成像距离为 10mm；b—该切片的灰度直方图

方解石和白云石的密度分别为 2.25g/cm^{3}和 2.70g/cm^3。

将两组能量下的数据用 DCM 线性优化方法计算，可以得到样品中方解石和白云石的成分分布。图 3-17 为图 3-16 位置切片的 DCM 预测样品成分分布图，尺寸大小为 1119 像素点×1080 像素点，图 3-17a 和图 3-17b 分别为提取出的方解石和白云石分布图。

图 3-18a 为碳酸盐岩的三维结构图，亮白色为白云石，橙色为方解石，绿色为孔隙。其中一切角处只显示孔隙。从图中可以发现，碳酸盐岩样品主要成分为方解石和白云石，部分方解石在白云石内形成大小不同的团簇，孔隙则零星地穿插在样品中。通过 DCM 计算还可得到该部分样品的孔隙度为 3.8%，方解石和白云石的含量分别为 11.5% 和 84.7%。从图 3-17 和图 3-18 中可以观察得出，样品的主要成分为方解石和白云石。方解石以不同大小尺寸块状存在于白云石中，孔隙占得不多，陷在样品的部分区域。从图中还

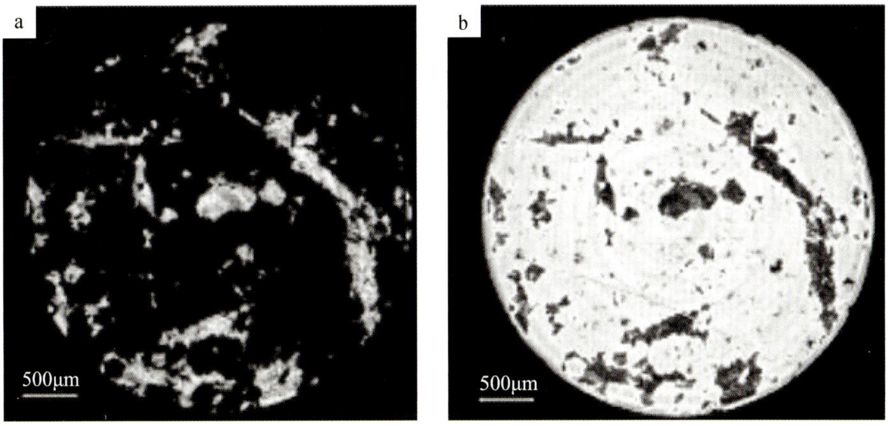

图 3-17　位置切片的二维 DCM 预测成分分布

a—方解石；b—白云石。尺寸大小为 1119 像素点×1080 像素点

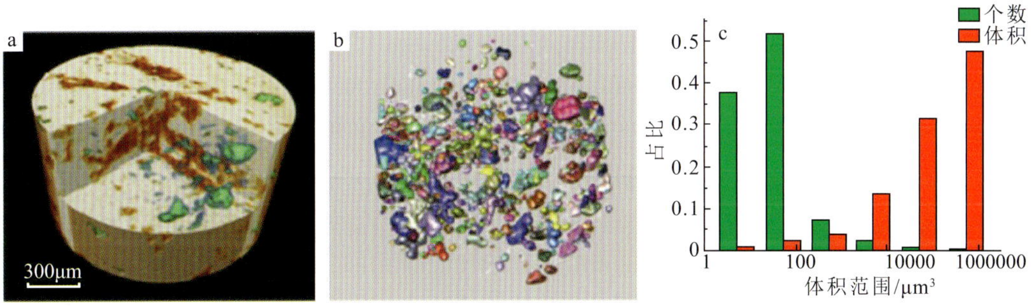

图 3-18　碳酸盐岩实验与 DCM 计算及分析结果

a—三维结构分布，其中一切角处只显示孔隙；b—标记的部分孔隙；c—孔隙体积统计分布直方图

可以得出，预测的材料成分分布的分辨率优于像素尺寸，在部分像素中存在多种材料并存的现象。

本节从理论模拟和实验两个方面，用多能 X 射线 CT 结合 DCM 方法定量地研究了岩石样品的三维显微分布。通过模拟产生一个不同比例混合的方解石和白云石数字样品，并模拟该样品的实验和数据处理过程以研究噪声、X 射线能量和成像距离选择的影响，及预测结果的精度和可信度。模拟结果显示，预测的精度随着噪声的增加而降低，最佳的能量选择为 25keV 和 35keV，最优成像距离选择为 10mm。这个结果对于以后类似样品的实验参数选择是很有指导意义的。同时，模拟结果表明，当方解石含量较高时，它的预测较为精确且可信度较高，而白云石的结果相反，这对显微结构的进一步分析是很重要的。

3. 碳酸盐岩样品 DCM 计算结果与氙气 K 边剪影结果比较

图 3-19 是一个碳酸盐样品孔隙分布的氙气 K 边剪影成像和 DCM 计算结果比较图。样品采自 Darai，样品主要成分包括方解石、白云石和孔隙。用于 DCM 计算的 CT 图片成像能量为 28keV 和 38keV，用于氙气 K 边剪影分析的 CT 能量分别在氙气的吸收边 34.5keV 两侧（34keV 和 35keV）。

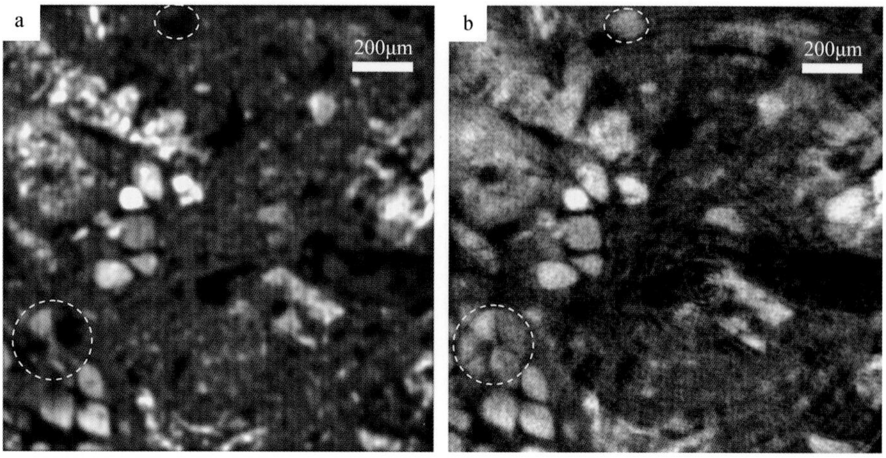

图 3-19　DCM 计算得到孔隙分布（a）与氙气 K 边剪影得到孔隙分布（b）对比
图中衬度高的部分为孔隙

从图 3-19 可以看到，样品中孔隙分布的 DCM 计算结果与氙气 K 边剪影结果高度相似。在图中有两个区域（图中圆圈部分），氙气 K 边剪影得到了较多的氙气分布，但是 DCM 计算孔隙结果中没有体现出来，可能原因是，虽然该样品是经过了去除有机物的处理的，但有些区域可能由于连通性影响，不可能保证去除干净，由于有机物对氙气的吸附作用，少量的有机物可以表现出比较强烈的氙气信号。随后的实验证明，由于煤主要由有机物组成，煤中可以吸收数倍于其体积的氙气。通过比较两种方法可以发现，K 边剪影在针对某些孤立的孔隙团簇时，由于氙气不能进入这些孔隙，会在结果中丢失这部分信息。

二、泥页岩

1. 准噶尔盆地泥页岩

从准格尔盆地的一块较大页岩上不同部位分别钻取 3 个样品用于 CT 实验，分别标记为 S1、S4 和 S4′，钻取位置如图 3-20 所示。

图 3-20a、图 3-20b 分别为大块页岩的光学显微镜图像和 X 射线荧光光谱测得的钙分布，描述 3 个样品的取样位置。从图 3-20b 中可以看出，S1 相对于 S4 和 S4′钙含量较少。根据其他研究，该页岩主要由方解石、长石钠、钾长石和白云岩组成。样品 S1、S4 和 S4′被分别切成直径为 0.8mm、3mm 和 3mm 的小圆柱，用于显微 CT 实验。CT 实验能量选择为 25keV 和 35keV。CT 实验在上海光源 BL13W 线站进行，成像过程中样品距探测器 12cm，S1 样品成像像素尺寸为 0.65μm，S4 和 S4′的成像像素尺寸为 3.25μm。数据处理类似上节描述。

图 3-21 是 3 个样品的 CT 重构切片图及各自的灰度直方图。在图中，图像灰度值正比于吸收系数，图像中黑色区域主要是孔隙，亮的区域主要是矿物成分。从图中可以看出，样品 S1 的吸收系数较另外两个样品稍低。

图 3-22 显示了 DCM 确定的样品 S1 的成分分布，其中图 3-22a 为二维映射结果，图 3-22b 和图 3-22c 为两个感兴趣区域（ROIs）。ROI1 和 ROI2 是从样本 S1 中选取的两

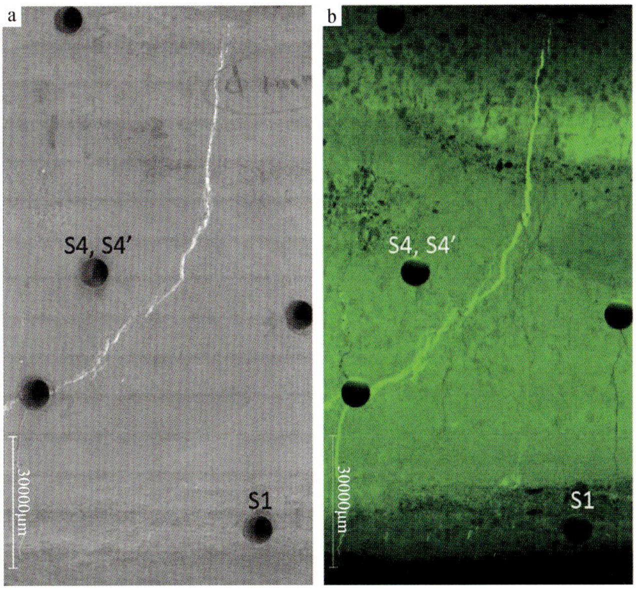

图 3-20　样品 S1、S4 和 S4′的取样位置示意图

a—光学显微镜图像；b—X 射线荧光光谱测得的钙元素分布（XRF）

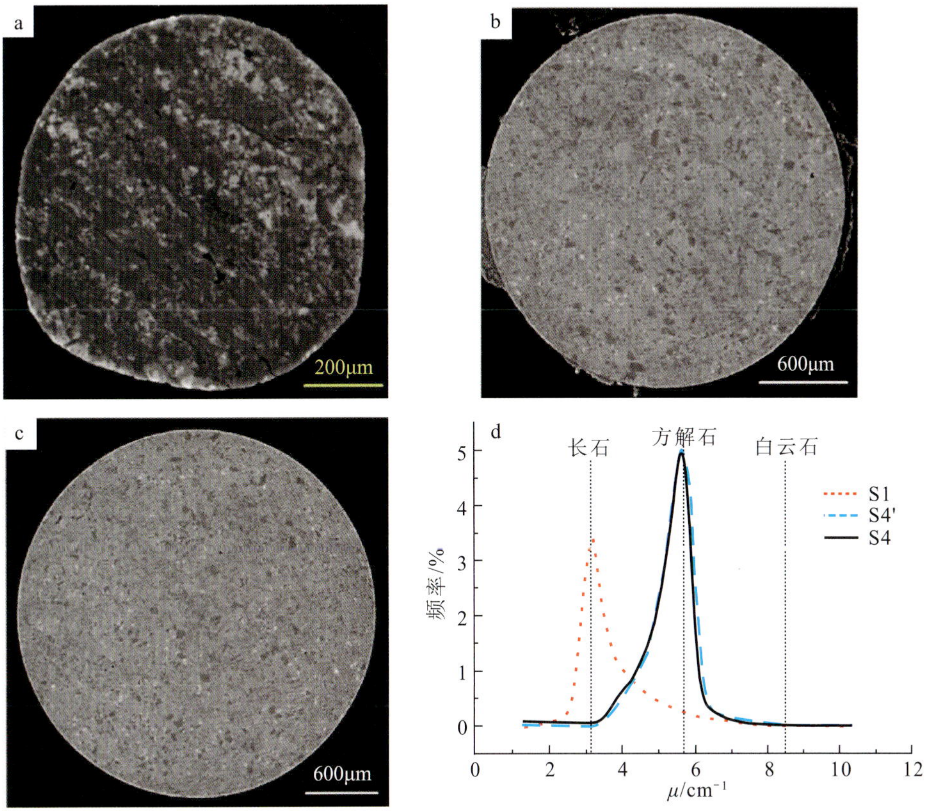

图 3-21　样品 CT 重构图像

a—S1；b—S4；c—S4′；d—S1、S4 和 S4′的 CT 切片的频率

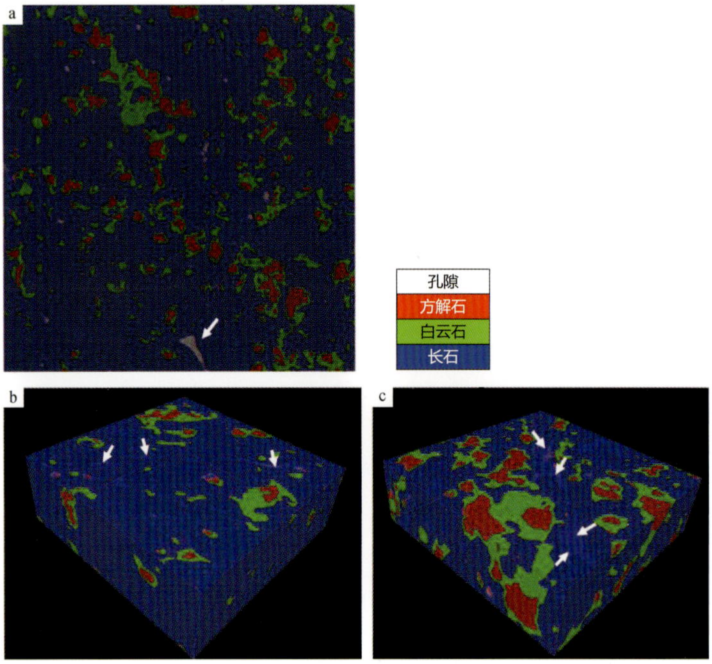

图 3-22　DCM 计算得到 S1 样品的组分分布

a—二维分布（图像宽度为 460μm）；b—ROI1（195μm×195μm×65μm）；c—ROI2（195μm×195μm×65μm）

个不同的部分。在图像中，孔隙显示为白色，方解石显示为红色，白云石显示为绿色，长石显示为蓝色。可以直观地看出，ROI2 的孔隙度较高。

图 3-23 显示了 DCM 计算得到的样品 S4 和 S4′的成分分布。图 3-23a 和图 3-23c 分别是样品 S4 和 S4′的二维图像，图 3-23b 和图 3-23d 分别是样品 S4 和 S4′的 ROI 区域。图 3-23 中不同组分的颜色表示与图 3-22 相同，每种颜色的显示强度与对应成分的体积分数呈正比。在图中可以看到，部分像素中有明显的颜色混合。这表明，在这些像素中存在着多种成分共存现象。例如，紫色（红色和蓝色混合）像素表示方解石和长石的共存。白色与其他颜色混合（如图 3-22 中箭头所示）可能表明这些像素含有比 X 射线 CT 分辨率更小的孔。值得注意的是，当一个像素被某个组分所代表的颜色所主导时，颜色混合可能并不明显。

从图 3-22 可以看出，S1 样品主要由长石构成，方解石在其中形成了几十微米大小的团簇。在 S1 样品中，大面积的孔隙集中存在于样品的某些局部区域，如图 3-22 中白色箭头所指区域。从图 3-23 中可以看到，在样品 S4 和 S4′中，矿物的主要成分是白云石，长石矿物聚集成从几微米到数百微米大小不等的颗粒，而方解石矿物在白云岩中形成较小的颗粒，图中没有明显的孔隙占主导地位的像素，这说明样品 S4 和 S4′中大多数孔隙尺寸都小于 CT 像素大小。

图 3-22 所示的样品 ROIs 的孔隙度和矿物体积分数如表 3-3 所示。对于样品 S1，ROI1 与 ROI2 之间的距离小于 1mm。然而，图 3-22b 和图 3-22c 所示的 ROI1 和 ROI2 的成分分布和结构差异很大。ROI1 和 ROI2 的孔隙度分别为 1.9% 和 3.5%。图 3-22 显示，方解石 ROI1 内部形成团簇，而在 ROI2 中孔隙更广泛。

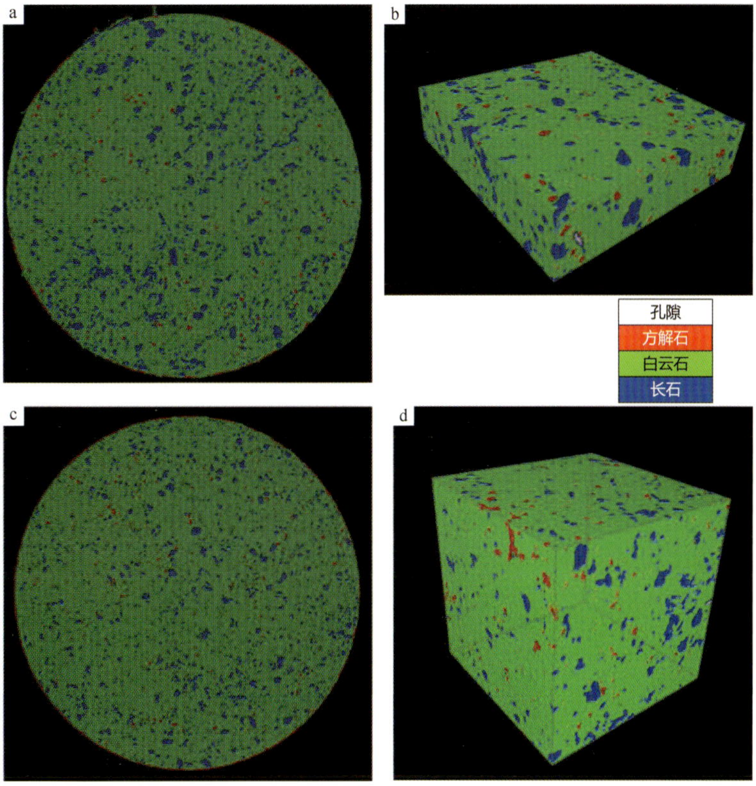

图 3-23 DCM 计算得到 S4 和 S4′样品的组分分布

a—S4 样品的二维图像；b—S4 样品的 ROI 区域（图像大小为 650μm×650μm×160μm）；
c—S4′的二维图像；d—S4′ 的 ROI 区域（图像大小为 650μm×650μm×160μm）

表 3-3 样品 S1、S4 和 S4′中的孔隙度及矿物组分体积分数

组分	S1			S4		S4′	
	切片	ROI1	ROI2	切片	ROI	切片	ROI
孔隙体积百分数/%	2. 1	1. 9	3. 5	1. 0	1. 1	1. 0	0. 9
方解石体积百分数/%	9. 5	12. 3	13. 3	4. 9	5. 4	6. 0	5. 9
白云石体积百分数/%	13. 5	13. 5	17. 8	80. 6	79. 9	82. 3	84. 1
长石体积百分数/%	74. 9	72. 3	65. 4	13. 5	13. 6	10. 7	9. 1

图 3-23 的孔隙度和矿物体积分数在表 3-3 中显示。样本 S1 的孔隙度约为 2%。样本 S4 和 S4′孔隙度只有约 1%。ROI2 的孔隙度几乎是 ROI1 的两倍。样品 S1 和 S4（S4′）中的主要矿物质长石和白云石的体积分数分别是 70% 和 80%。数据和图表显示样品 S1 和 S4（S4′）的组分分布具有明显的各向异性。研究结果对于评价页岩的脆性以及选择合适的水力压裂技术具有一定的参考意义。

相邻的孔隙组成一个孔隙团簇。对于一个立方模型，如果只考虑最近的体元，一个体元可以有 6 个相邻体元，如果把相邻体元的近邻体元也算在内，则可以有 18 个相邻体元，如果把次相邻的体元也计算在内的话，可以有 26 个相邻体元。在本书中，使用 26 个近邻规则来对孔隙团簇进行统计计算。因为在考虑气体释放或液体运输等运输特性时，一般认为 26 个最近邻体元是最相关的。本书选取 0. 05 作为体元孔隙度的阈值进行聚类分析，当相邻的两个体元孔隙度都高于这个阈值时，就被认为是连通的。所有连接的体元都被赋予相同的数值标签。图 3-24a 和图 3-24c 显示了最大的孔隙簇。

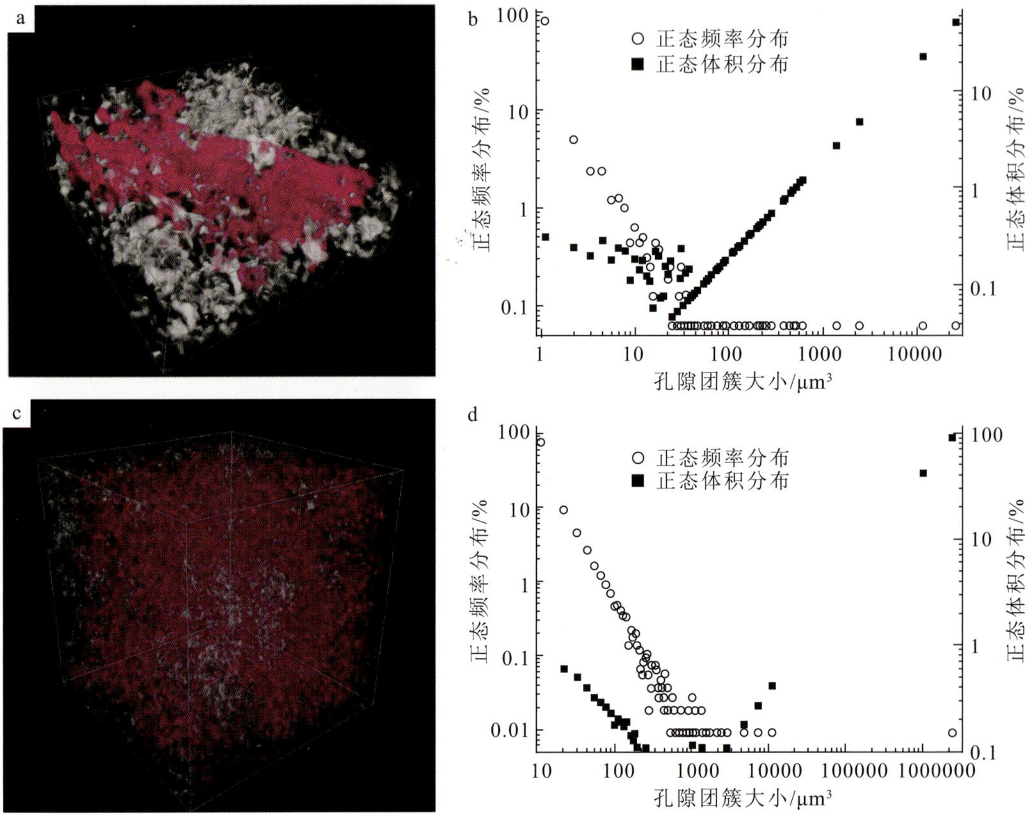

图 3-24　样品中的孔隙分布

a—S1 的 ROI1；c—S4′的 ROI；b，d—分别表示图 a 与 c 中的孔隙团簇分布。最大的孔隙团簇显示为红色；图像灰度值的强度表示单个体元中的孔隙度，较高的灰度值表示高孔隙度，反之表示较低的孔隙度

在样品的感兴趣区域（ROIs）中有许多不同大小的孔隙团簇。图 3-24b 和图 3-24d 分别展示了这些孔隙团簇尺寸的分布。从图中可以发现，尽管大团簇的频率较低，但是对总孔隙度的贡献较大。

样品 S1 的 ROI1 中，有超过 1600 个孔隙团簇，其体积跨度从小于 1μm^3 直至 24000μm^3。采用 26 近邻规则计算得到的最大的孔隙团簇贡献了总孔隙度的 51%，使用 ImageJ 所带的插件可以确定最大孔隙团簇的分形维数为 2. 34。对样品 S4′的 ROI 进行类似的计算，发现有 11000 多个孔隙团簇，最大的孔隙团簇体积达到 2200000μm^3，占了总孔隙度的 89%，分形维数为 2. 86。分形维数低于 3 意味着该团簇表面粗糙，形状复杂，形状不规则。通常，一个高的分形维数意味着一个紧凑的几何图形，应该更紧密地联系在一起。如果分形维数为 3，说明孔隙更多是均匀连接的。分形维数与天然气的理论最大可采储量有关，对页岩油气的开发具有指导意义。页岩中最大的孔隙团簇具有分数分形维数，这意味着天然气采收率取决于破碎颗粒的大小。利用孔隙簇的分形维数，可以建立相应的模型，定量估计破碎颗粒粒度与最大气体采收率之间的关系。

2. 三叠纪陆相页岩

页岩样品取自中国四川盆地三叠系须家河组页岩油气藏。该样品的主要成分为石英（SiO_2）和碳酸钙（$CaCO_3$），它们的密度和吸收系数如表 3-4 所示，样品制备成直径为 1.4mm 的圆柱体用于 CT 实验。综合考虑页岩样品尺寸、成分及探测器等因素，X 射线能量选为 20keV 和 30keV，PCO 高分辨率探测器像素为 0.74μm。扫描过程中，样品与探测器距离为 23cm。旋转 180°采集 1080 个投影图像，采集了背景图像和暗电流图像用于后期图像处理，每张投影的曝光时间为 3s。

表 3-4　陆相页岩成分的密度和吸收系数

样品名称	成分化学式	密度/(g·cm^{-3})	吸收系数	
			20keV	30keV
陆相页岩	SiO_2	2.65	3.23×10^{-9}	0.74×10^{-9}
	$CaCO_3$	2.71	7.41×10^{-9}	1.60×10^{-9}

经过 CT 重建和 DCM 计算（图 3-25），可以得到样品中孔隙和矿物的三维体积百分比，其三维结构如图 3-25d 所示。图中白色为碳酸钙，黄色为石英，绿色为孔隙，其中一切角处只显示孔隙。图中颜色变化为该成分的浓度变化，不同颜色的共存表示该部分区

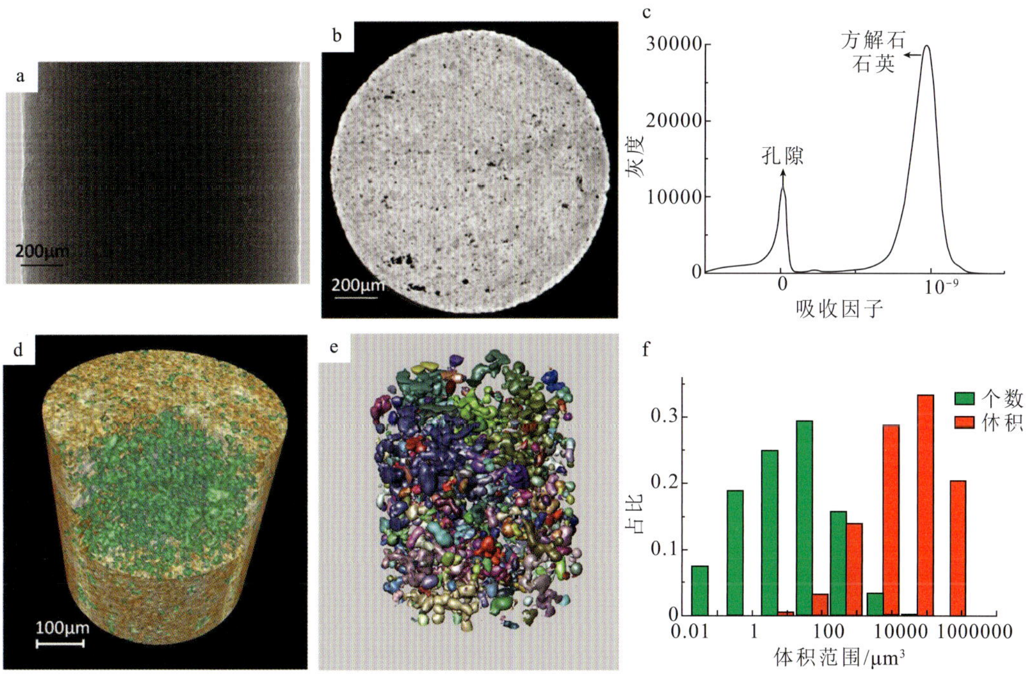

图 3-25　陆相页岩实验与 DCM 计算及分析结果

a—30keV 投影图像；b—30keV 重建切片图像；c—图 b 中切片的灰度直方图；d—三维结构分布，其中一切角处只显示孔隙；e—标记的部分孔隙；f—孔隙体积统计分布直方图

域的单个像素点内有成分共存情况，即孔隙或矿物以小于分辨率的尺寸存在，并可以得到该点内孔隙或矿物的定量体积百分比。从图中可以发现，页岩样品中部分孔隙和碳酸钙以小于分辨率的尺寸共同存在，即存在纳米级孔隙，小且密集分布在碳酸钙附近，部分碳酸钙以较低浓度存在于以石英为主的区域。

在得到孔隙的三维结构基础上，通过深入分析，可得到孔隙的统计分布及三维连通结构等信息。利用 ImageJ 软件提取每个连通的孔隙并标记，计算每个孔的体积，并统计所有孔隙的体积分布。图 3-25e 为部分标记出来的独立孔隙，不同颜色表示孔隙不连通。图 3-25f 为页岩的孔隙体积统计分布直方图，红色和绿色分别表示该体积范围的孔隙个数百分比和体积百分比。从图 3-25f 中可以看出，该陆相页岩样品中，单个体积范围在 0.01～100μm^3 之间的孔隙个数最多，所占体积很小，存在大量纳米级孔隙。而单个体积范围大于 104μm^3 的孔隙个数很少，所占体积却很多，说明样品存在若干个较大的孔隙，如图 3-25e 中紫色的大孔，形状不规则，由若干个孔连通组成一个大孔团簇。

陆相页岩存在大量纳米级孔隙，小且密集分布在方解石附近，部分方解石以较低的浓度存在于以石英为主的区域，同时存在少数形状不规则、由若干个孔连通组成的大孔团簇，孔隙度为 6.5%。μCT-DCM 方法在纳米尺度上对岩石超微孔隙进行更为精细的三维结构成像，而且具备相应主成分的鉴别能力，能够在亚微米级孔隙形态、岩石架构、矿物分布以及不同流体相类型等方面对岩样进行全面的分析，以此建立基于厘米尺寸样品纳米尺度下多参数三维可视化数字岩心分析技术手段，再辅以模拟实际地质条件的局部环境控制手段，可为目前制约非常规油气资源开发所呈现的基础研究难题提供更有代表性的数值岩心模型，有助于低渗透油气储层孔隙结构形态的三维展布与有效开发和非常规页岩油气储集体的储集空间构成与油气分布的研究。该方法在一定程度上突破了常规方法视场和分辨率的矛盾，作为一种微纳米级结构多尺度三维成像和定量分析工具，有望成为非常规油气储集研究有效手段，亦可推广到材料等其他更多科学领域。

三、煤

1. 无烟煤样品微观结构表征

采用多能量同步辐射 CT 与数据约束模型相结合的方法，对一阳泉煤炭样品的微观结构及组分分布进行了三维可视化定量表征。同步辐射 X 射线良好的单色性使得线束硬化基本消除，其高亮度减少了实验曝光时间，这使得与时间相关的不确定性误差得到极大减少。DCM 模型使得探测小于 CT 分辨率的组分成为可能，从而使得部分体积效应在一定程度上得到解决。

煤炭样品采集自山西省沁水盆地阳泉煤矿，沁水盆地是我国重要的煤层气田之一。CT 实验所用样品，从一大块煤样上切割下来。为了尽可能减少 CT 成像过程中尖锐的边角造成的边缘增强效应，用金相砂纸将切割下的样品经手工磨制成直径 5mm、长 10mm 的圆柱状。磨制好的样品表面未发现肉眼可见的孔隙和裂隙。由于用于 CT 实验的煤炭样品质量太少，不足以进行煤炭的工业分析、元素分析及总孔隙度测试，所以在母体煤块上，与切割 CT 实验样品相邻位置处切割另一块煤炭样品进行煤质分析实验。表 3-5 所示为煤炭样品的工业分析及元素分析结果。

表 3-5　煤炭样品基本性质

岩相组分/%			工业分析/%			元素分析/%				
VR_r	镜质组	惰质组	M_{ad}	A_d	V_{daf}	C	H	O	N	S
2.3	79.7	20.3	1.1	12.3	11.1	89.0	3.0	4.7	1.0	2.3

灰组成分析/%								
Si^{4+}	Al^{3+}	Ti^{2+}	Fe^{3+}	K^{+}	Ca^{2+}	Mg^{2+}	Na^{+}	Mn^{4+}
3.5	2.1	0.3	0.057	0.049	0.032	0.022	0.0065	0.00025

注：VR_r 为镜质体反射率；M_{ad} 为空气干燥基水分；A_d 为干燥基灰分；V_{daf} 为干燥无灰基挥发分。

表 3-5 中，灰分中金属离子含量是按照国家标准《煤灰成分分析方法》（GB/T 1574—2007）测试得到。由表 3-5 可知，本书所用煤炭样品镜质体反射率（VR_r）为 2.3%，碳含量为 89.0%，该类型的煤可归类为无烟煤。

样品的总孔隙度是根据式（3-11），按照国家标准《煤和岩石物理力学性质测定方法　第 4 部分：煤和岩石孔隙计算方法》（GB/T 23561.4—2009）测试并计算得到：

$$P_{void} = \left(1 - \frac{\rho_{ARD}}{\rho_{TRD}}\right) \times 100\% \tag{3-11}$$

式中：P_{void} 为煤炭样品的总孔隙度；ρ_{ARD} 与 ρ_{TRD} 分别为样品的视相对密度与真密度。

样品的视相对密度为根据国家标准《煤和岩石物理力学性质测定方法　第 2 部分：煤和岩石真密度测定方法》（GB/T 23561.2—2009），由封蜡法测试获得。样品的真密度是按照国家标准《煤和岩石物理力学性质测定方法　第 2 部分：煤和岩石真密度测定方法》（GB/T 23561.2—2009），由氦气扩散法测试获得。按照上述方法测试得到样品的视相对密度及真密度分别为：$\rho_{ARD}=1.51g/cm^3$ 与 $\rho_{TRD}=1.58g/cm^3$，样品总孔隙度为 4.43%。

在对样品进行 CT 实验及 DCM 建模计算之前，预先对样品组分的 X 射线吸收特性进行分析，将 X 射线吸收系数曲线相互平行的组分设置为同一组分组，孔隙与煤基质分别为单独的组分组。依据此原则，所研究煤炭样品组分分为如下 4 组：①孔隙（group A）；②煤基质（group B）；③伊利石、石英及高岭石（group C）；④绿泥石与二氧化钛（group D）。

煤炭样品的 X 射线 CT 实验在上海光源 BL13W 线站进行。通过综合考虑 X 射线强度的稳定性、样品尺寸、X 射线穿过样品后的衰减比例、CCD 动态范围、曝光时间及煤炭样品各组分 X 射线吸收系数曲线的线性相关性等因素，实验能量选为 14keV、18keV、30keV。在每个实验能量下，一个 Si（111）双平晶单色器用于产生单色光。所产生的光谱的能量宽度小于 5×10^{-3}，在本研究中可认为是理想的单色光。样品到探测器的距离为 12cm。通过在原始像素尺寸为 7.4μm×7.4μm 的 CCD 前加置 2 倍光学透镜获得 3.7μm×3.7μm 的图像分辨率。实验中选择样品的中部进行 CT 成像，进行成像的样品长度为 3.5mm。在每个实验能量下，样品每旋转 0.167°采集一幅投影图，样品转过 180°共采集到 1080 幅投影像。为了减少 CCD 背景噪声对样品 CT 图像数值的影响，实验过程中采集了亮背景及暗背景用于后期图像减背景处理。暗背景是在实验开始之前及结束之后，X 射线光源关闭的条件下采集的。亮背景为实验进行中每隔 37 幅图片将样品移开，采集 2 张亮背景。在 3 个实验能量下，曝光时间分别为 5s、2.5s、3s。

在获得样品投影图后，使用 X-TRACT 软件对每个能量下获得的投影像进行图像预处理及重建。为了减少 CCD 上的噪声对图像数值的影响，首先对投影图进行减背景。然后用 paganin 相位恢复方法对图像进行相位恢复，并基于平行光滤波反投影算法重建得到包含样品组分吸收信息的 CT 切片。由于重构后的 CT 切片中还有环状伪影的存在，利用低通滤波校正算法对重建后切片进行了改善。最后，在每个能量下重建得到 949 张 CT 切片，每张切片包含 1519 像素点×1519 像素点。

图 3-26a 所示为一典型的 CT 重构切片。尽管重构过程中经过了环状伪影的去除，但是图中可见明显环状微影。图中灰色区域为吸收系数较低的煤基质，白色区域为吸收系数较高的矿物质。从图像中很难发现明显的孔隙或裂隙。图 3-27 是图 3-26a 所对应的 CT 切片吸收系数直方图。在图中可明显看到，孔隙（吸收系数为 0 处）和煤基质（吸收系数为 0.5cm^{-1}附近）对应的峰值。由于统计范围是图 3-26a 中整个方形区域，包含了没有样品的区域，所以在图 3-27 中孔隙对应峰值较高。鉴于样品中并无明显孔隙，该峰是样品之外的空白区域（黑色）引起。在图 3-27 中，横坐标为 0.5cm^{-1}处的峰形表现出左侧较陡而右侧平缓的特点。这是因为在煤中矿物质具有较高的吸收系数，弥散在煤基质中的

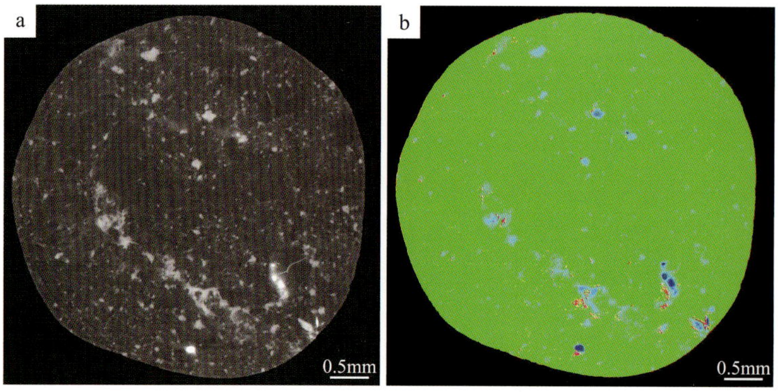

图 3-26　重构后煤炭样品某一 CT 切片（a）及其 DCM 计算结果（b）

图 b 中孔隙 A 用红色表示，煤基质 B 用绿色表示，矿物组分组 C 用蓝色表示，矿物组分组 D 用紫色表示。在单个像元上，各组分对应颜色的显示强度与该组分在像元中的体积分数呈正比。多组分共存的像元按照各组分体积分数比例显示为相应组分颜色的混合色

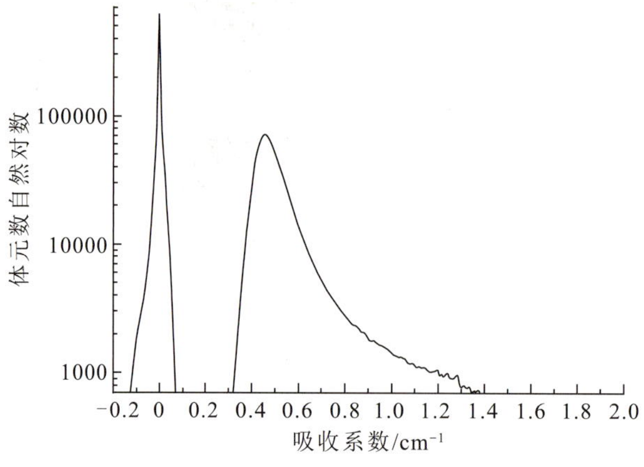

图 3-27　图 3-26a 中 CT 切片吸收系数直方图

矿物质使得煤基质所对应峰形右侧具有较大范围的展宽。重建后 CT 切片上单个体元尺寸为 3.7μm×3.7μm×3.7μm，这意味着采用图像分割法或双能量法对图像进行分析时，从图像上能直接得到的结构信息诸如孔隙或矿物颗粒等不可能小于 3.7μm。

图 3-26b 显示了图 3-26a 所示 CT 切片的 DCM 计算结果，表 3-6 为该张 CT 切片计算得到各组分的体积分数。在图 3-26b 中，可看到明显的彩色区域。这意味着，这些区域存在单体元中的组分共存。例如，显示为黄色的像元，意味着孔隙（红色）与煤基质（绿色）的共存。需要注意的是，当单个体元中某一组分占据主导地位时，颜色混合将变得不明显，使得该处像元颜色更接近体积分数占优势的组分所对应的颜色。

表 3-6　DCM 计算得到体积分数

组分组	图 3-26b 中各组分组体积分数/%	99 层切片子区域中各组分组体积分数/%
Group A	4.52	5.08
Group B	87.10	84.58
Group C	8.30	10.12
Group D	0.08	0.22

比较图 3-26a 与图 3-26b 可发现，在图 3-26a 中没有明显的孔隙或裂隙存在，而 DCM 计算得到的图 3-26b 中可见一些代表孔隙的红色区域，某些红色区域的尺寸甚至达到上百微米的量级。这是因为，这些区域中，孔隙的体积分数大于其他组分，故而孔隙的颜色掩盖了其他组分对应的颜色，显示为红色，并不表示这些区域全部为孔隙。由图 3-26b 可看到，在蓝色区域（矿物组分组 C）的边缘分布着明显的红色区域，且蓝色区域中部分区域呈现浅蓝色（红色与蓝色的混合），部分区域呈现深蓝色。这意味着在矿物组分的边缘存在较高的孔隙率，而且矿物组分组 C 中存在较多孔隙。由于组分组 D 的体积分数较少（0.08%），且该组分组多为弥散分布（图 3-28b），在图 3-26a 中很难直接观察到该组分。

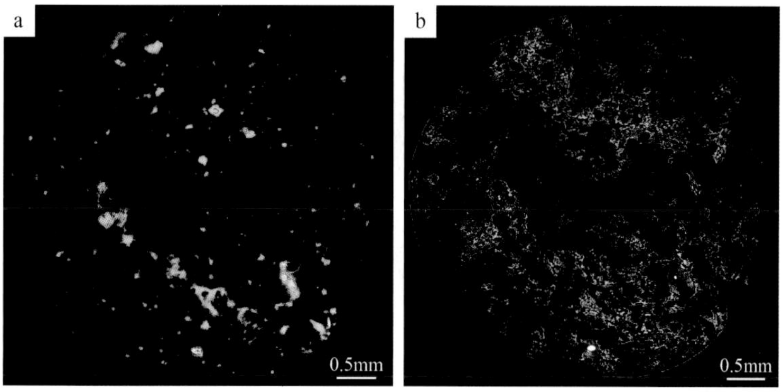

图 3-28　DCM 计算得到图 3-26a CT 切片中组分组 C（a）和组分组 D（b）的分布
白色表示矿物组分组，白色的显示强度与组分组的体积分数呈正比

图 3-28a 和图 3-28b 显示了组分组 C 和 D 的分布。由两图可见，多数情况下，组分组 C 呈现聚集状态分布，而组分组 D 呈弥散状分布。由于组分组 D 弥散分布且体积分数

太少，为了了解该组分组的分布形式，将该组分的图像值乘以 50 后呈现，图 3-28b 为该组分组的分布图。

为了尽可能减少环状微影等图像缺陷对数值计算的影响，在重构后的样品 CT 切片中选取图像质量较好的 99 层的子区域进行三维 DCM 计算（$j=99$）。在所选取的子区域中，每张切片包含 208 像素点×208 像素点，所选样品区域在 DCM 中由 208×208×99 个简立方格子（每个简立方格子大小等于 CT 切片中体元尺寸）构成。表 3-6 为 DCM 计算得到的组分组 A、B、C、D 的体积分数。为了便于观察，图 3-29 是孔隙、矿物组 D 的三维显示，没有显示煤基质。图 3-30a 和图 3-30b 分别是孔隙、矿物组 D 的单独显示。

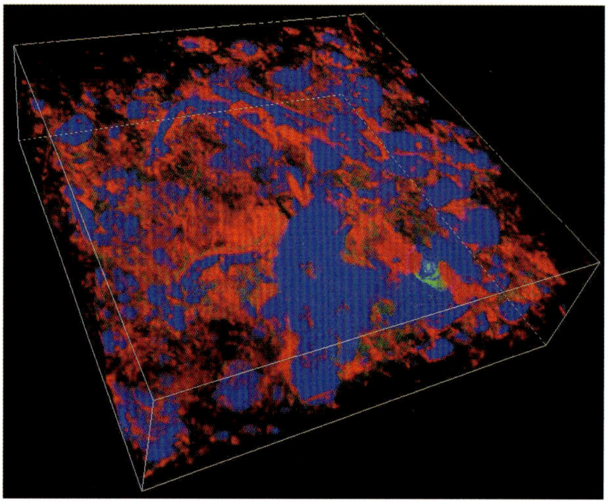

图 3-29　DCM 计算得到煤炭样品子区域的三维微观结构

图中孔隙用红色表示，矿物组分组 C 用蓝色表示，矿物组分组 D 用绿色表示。各点颜色强度与该处各组分体积分数呈正比。组分共存按照各组分相应颜色的体积分数比例显示为混合色。图中所示子区域的尺寸为 769. 6μm×769. 6μm×366. 3μm

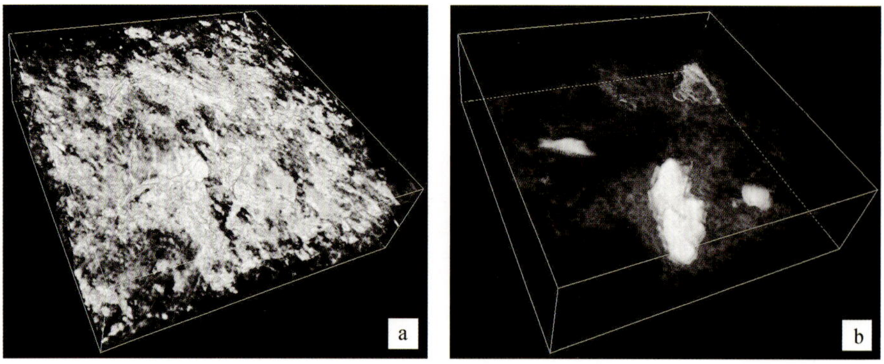

图 3-30　DCM 计算得到样品子区域中孔隙（a）和组分组 D（b）的三维分布

白色表示孔隙或组分组 D，各点白色显示强度正比于该处孔隙或组分组 D 的体积分数。样品子区域尺寸为 769. 6μm×769. 6μm×366. 3μm

由图 3-29 可看到，组分组 D 弥散分布在整个样品中，而且在某些区域中可明显看到组分组 D 弥散分布在组分组 C 中。由图 3-30a 可看到，孔隙在样品中弥散分布且相互连通。结合 CT 切片上未发现明显孔隙，可以推断，这些孔隙尺度数量级多数小于 CT 实验分辨率。而这些小尺度孔隙的存在是构成样品孔隙相互连通的主要原因。在图 3-30b 中可看到，除了弥散分布的矿物组 D 外，图中有 3 个聚集成团块的矿物组分。在 CT 切片上也可发现相应区域具有较高的 X 射线吸收系数。考虑到煤炭中黄铁矿多为聚集状态分布，且黄铁矿 X 射线吸收系数与组分组 D 接近，故而，这些区域为黄铁矿颗粒。

需要注意的是，由于不可避免的实验噪声，在重构后的 CT 切片上存在明显的环状微影。这些微影势必会对图像的定量结果产生影响。随着实验装置的发展和重构算法的更新，将来有望进一步提高图像质量，使得定量结果更加精确。另外，煤炭样品中可能会存在水分与瓦斯等气体，但是水分与煤基质的 X 射线吸收系数非常接近，基于本书所述方法不能区分水分与煤基质，在本书中水分被认为是煤基质。而瓦斯等气体与孔隙的吸收系数接近，故而本书中样品中的气体被认为是孔隙。对样品更多信息的了解将会更进一步提高 DCM 的表征精确度。

2. DCM 在煤炭微观结构多尺度表征中的应用评估

利用不同分辨率对煤炭样品的同一部分进行多个能量 CT 成像，高分辨率的 CT 切片中作为独立像元存在的部分在低分辨率的 CT 切片中将以“部分像元”形式存在。将不同分辨率的 CT 图像用 DCM 进行了定量计算。通过比较不同分辨率的 DCM 数值结果和图像结果，对 DCM 在煤炭样品多尺度表征中的精确性进行评估。

为了在不同分辨率的样品图像中找到相同位置进行比较，在样品顶部粘结一段尼龙绳作为标志。样品 CT 试验在上海光源 BL13W 线站进行，双晶硅单色器用于产生实验所需单色光。实验所用 X 射线探测器（CCD）的像素尺寸为 7.4μm×7.4μm，在探测器前放置一 2 倍透镜，成像分辨率为 3.7μm。分别在 14keV、18keV 和 22keV 的 X 射线能量下采集样品投影像。为了更多地得到样品的吸收信息，在保证不影响样品旋转的情况下，样品尽可能靠近 CCD，距离 CCD 的距离为 4cm。在每个实验能量下，样品每旋转 0.2°采集一次投影像，样品转过 180°，共采集到 900 张投影像。3 个能量下曝光时间分别为 2s、1.5s、0.5s。上述 3 个实验能量下分辨率为 3.7μm 的 CT 实验完成后，将放置在 CCD 前的 2 倍透镜更换为 1.25 倍，结合 2×2 的像素融合（pixel binning），CT 分辨率变为 11.84μm。在更换透镜的过程中，只对 CCD 进行操作，保证了样品不被移动，这使得不同分辨率下对样品的同一部位进行了成像。而且样品与 X 射线传播方向的相对角度保持不变，使得不同分辨率下得到的 CT 切片对应样品同一截面成为可能（如图 3-31 所示，改变成像分辨率是通过更换 CCD 前透镜，不对样品位置进行改动）。此后，基于 11.84μm 的成像分辨率，分别在与之前相同的 3 个 X 射线能量下采集样品的投影像。在每个能量下，样品每旋转 0.5°采集一次投影像，样品转过 180°，共采集到投影像 360 张。3 个实验能量下曝光时间分别为 1.5s、0.5s、0.5s。在分辨率为 3.7μm 和 11.84μm 的 CT 实验中，分别采集了亮背景和暗背景用于后期减背景处理。之后，利用与第三章相同的方法对所有投影像进行了重构。在 3.7μm 的分辨率下，每个实验能量共重构得到 1395 张 CT 切片，每张 CT 切片包含 1947 像素点×1947 像素点（像元）。在 11.84μm 的分辨率下，每个实验能量共重构得到 697 张 CT 切片，每张 CT 切片包含 973 像素点×973 像素点（像元）。图 3-31 为 CT 实验进行中在监控设备上拍到的实验照片。

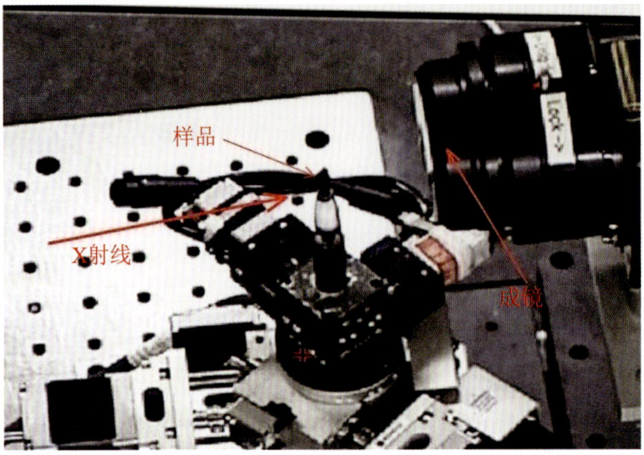

图 3-31　上海光源 X 射线 CT 成像线站（beamline）实验图

在选择进行 DCM 计算的 CT 切片时，要保证不同分辨率下所选 CT 切片对应样品的相同位置。首先在不同分辨率的 CT 切片中找到尼龙绳标志，根据标志确定对应样品同一截面的不同分辨率 CT 切片编号。由于两个分辨率尺度相差 3.2 倍，也就是说在分辨率为 11.84μm 的 CT 切片中单个体元与分辨率为 3.7μm 的 CT 切片中 3.2×3.2×3.2 个体元对应的样品物理体积相同。为了比较不同分辨率下样品相同部分的 DCM 计算结果，本章选取分辨率为 3.7μm 的 96 层 CT 切片和分辨率为 11.84μm 的 30 层 CT 切片（表 3-7 中 Area 0）进行 DCM 计算。所选取的不同分辨率切片对应样品相同区域。在选取过程中，尽可能选择图像缺陷较少图片。为了定量比较不同分辨率下样品不同区域的 DCM 计算结果，在所选样品子区域上不同位置处，再次选取 7 个子区域（表 3-7 中 Area 1～Area 7）进行 DCM 计算。在样品子区域选取过程中，保证不同分辨率下 CT 切片对应样品相同位置，且正好包含整数个体元。所选取的 7 个子区域体元数为 96 × 96 × 96（3.7μm 分辨率）和 30 × 30 × 30（11.84μm 分辨率）。

表 3-7　DCM 计算得到各组分组平均体积分数

样品选区	分辨率/μm	计算得到体积分数/%				计算时间/s
		Group A	Group B	Group C	Group D	
Area 0	3.7	4.48	87.80	7.58	0.14	9.06×10^5
	11.84	4.37	88.00	7.51	0.12	6.55×10^4
Area 1	3.7	3.30	86.90	9.40	0.40	2447
	11.84	3.39	86.90	9.31	0.40	70
Area 2	3.7	5.25	89.30	5.40	0.05	2428
	11.84	4.97	89.60	5.36	0.07	79
Area 3	3.7	3.27	85.40	11.10	0.23	2274
	11.84	3.36	85.40	11.00	0.24	71
Area 4	3.7	4.82	89.10	6.02	0.06	2366
	11.84	4.63	89.40	5.85	0.12	72

续表

样品选区	分辨率/μm	计算得到体积分数/%				计算时间/s
		Group A	Group B	Group C	Group D	
Area 5	3.7	4.14	88.50	7.22	0.14	2547
	11.84	4.25	88.20	7.37	0.18	70
Area 6	3.7	4.35	88.20	7.28	0.17	2415
	11.84	4.21	88.40	7.16	0.23	73
Area 7	3.7	4.52	89.20	6.17	0.11	2386
	11.84	4.41	89.40	6.07	0.12	70

图 3-32 是分辨率分别为 3.7μm（a）和 11.84μm（b）时，样品同一位置的典型 CT 切片。图 3-32b 中单个像元对应图 3-32a 中 3.23 个像元。这意味着图 3-32b 中单个像元处的 X 射线吸收系数值是图 3-32a 中相应位置 3.23 个像元 X 射线吸收系数的平均值。尽管图像经过了环形缺陷过滤，但是在图中仍可发现难以彻底消除的明显环状微影。由图 3-32a、图 3-32b 可以看到，这两张图从整体上虽然比较相似，但是在局部区域仍然存在微小的区别。造成这一现象的原因除了实验过程噪声水平不一致外，主要是由于同样大小的样品尺寸，在图 3-32a 中包含更多的像元，故而在较高分辨率下样品的细节能更为清晰地呈现。

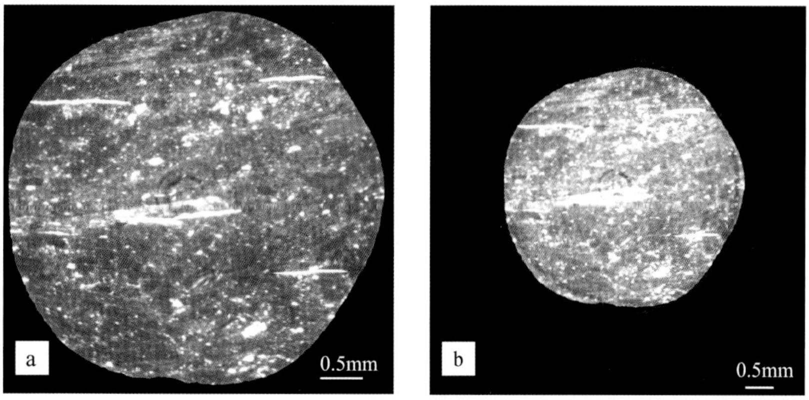

图 3-32　不同分辨率下重构得到 CT 切片

a—分辨率为 3.7μm；b—分辨率为 11.84μm

图 3-33（a 与 b）是不同分辨率下 CT 切片上沿图中所示红线的 X 射线吸收系数值的比较。图中纵轴为可在 CT 切片上直接读取到的吸收系数值，与 X 射线线性吸收系数值呈正比，横轴数值与样品位置一一对应。从图中可以看到，高分辨率下由于图像中包含更多的像元，所以可以更为细致地读取样品不同位置处的 X 射线吸收系数值。虽然由于不同分辨率下的实验噪声不同，导致两个分辨率下 CT 切片相同位置处吸收系数值并不完全一致，但是对应样品中不同的组分（红线穿过的不同像元），两个分辨率下的 CT 切片表现出了相似的吸收特性规律。

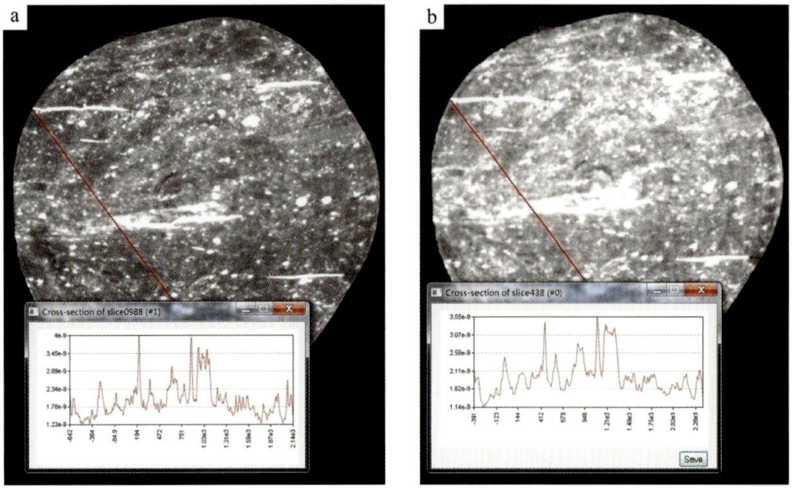

图 3-33　不同分辨率 CT 切片吸收数值比较

a—分辨率为 3.7μm；b—分辨率为 11.84μm。两个图中红线对应样品中相同位置

表 3-7 是由 DCM 对两个不同分辨率下的样品相同部分计算得到的样品组分组平均体积分数。在表 3-7 中，Area 0 代表样品所选取进行计算的整个子区域，Area 1～Area 7 表示上文所选的 7 个子区域。

从表 3-7 可看到，样品组分组在不同分辨率下的 DCM 计算结果非常接近。不同分辨率下 DCM 计算得到煤基质的体积分数相对差异小于 0.30%，矿物组分组的相对差异小于 0.17%。如此微小的差异可认为主要来自图像采集过程中实验噪声水平的不一致及图像的环状微影。两个分辨率下 DCM 计算结果的整体一致性可说明，DCM 可以在较低的分辨率下得到样品更多的组分分布信息，在一定程度上解决部分体积效应的困扰。如表 3-7 所示，对于同样大小的样品，3.7μm 的分辨率下 DCM 计算所需时间大约是分辨率为 11.84μm 时的 30 倍。这是因为在 DCM 模型中，对于同样的样品而言，高分辨率时需要对更多的简立方格子进行计算。以本书为例，分辨率是 3.7μm 时，DCM 中的简立方格子数目是分辨率为 11.84μm 时简立方格子数目的 3.2^3 倍。

图 3-34a 和图 3-34b 所示为两个分辨率下 DCM 计算得到的样品组分分布。两图对应样品位置与图 3-26b 中所示截面处于同一位置。尽管图 3-34a 和图 3-34b 看起来整体比较相似，但是在图 3-34a 中可明显看到组分组 D（绿色）的分布，而图 3-34b 中组分组 D（绿色）的分布并不明显。这是因为，图 3-34a 中组分组 D 的颜色被占据主要体积分数的组分组颜色所掩盖。也就是说，在图 3-34a 中近似独立存在的组分组 D 在图 3-34b 中是作为混合组分之一存在于单个像元中的。

图 3-35a 和图 3-35b 是煤炭样品所选子区域 Area 1 在不同分辨率下 DCM 计算得到的三维微观结构。从这两幅图可看到，不同分辨率下孔隙均呈现出三维连通网状分布，组分组 C 表现为聚集状态分布。在图 3-35a 中可较为容易地观察到组分组 D 的分布形式，而图 3-35b 中组分组 D 不明显。另外，在图 3-35a 中，孔隙对应的红色强度看起来较图 3-35b 中高一些。这是因为在图 3-35a 中体元尺寸小于图 3-35b，在图 3-35a 中单独体元中占据主要体积的组分在图 3-35b 可能表现为弥散的部分体积。孔隙在图 3-35a 中的某些

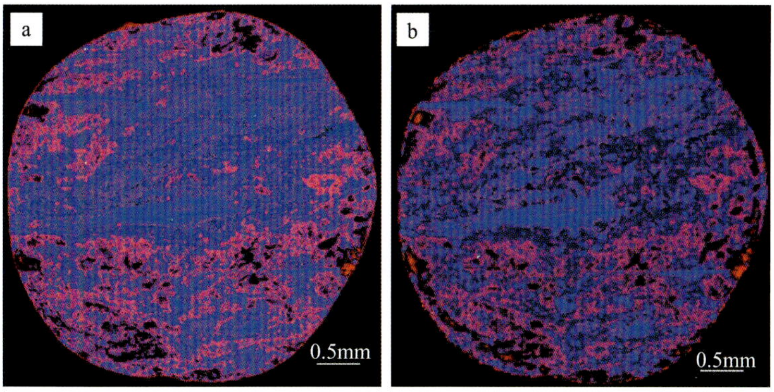

图 3-34　DCM 计算得到不同分辨率下 CT 切片组分分布

a—分辨率为 3.7μm，CD 切片如图 3-32a 所示；b—分辨率为 11.84μm，CD 切片如图 3-32b 所示。图中孔隙用红色表示，组分组 C 用蓝色表示，组分组 D 用绿色表示。每种颜色在单个像元上的显示强度与该像元中相应组分的体积分数呈正比。组分共存的像元由相应组分对应颜色的混合色表示，图中未显示煤基质

体元中可能占据更多的体积分数，使得这些体元表现出孔隙占优的颜色。而组分组 D 由于含量较少，在图 3-35b 中较大的单个体元中占据的体积分数比例较图 3-35a 低，所以图 3-35b 中组分组 D 不能清晰显示。

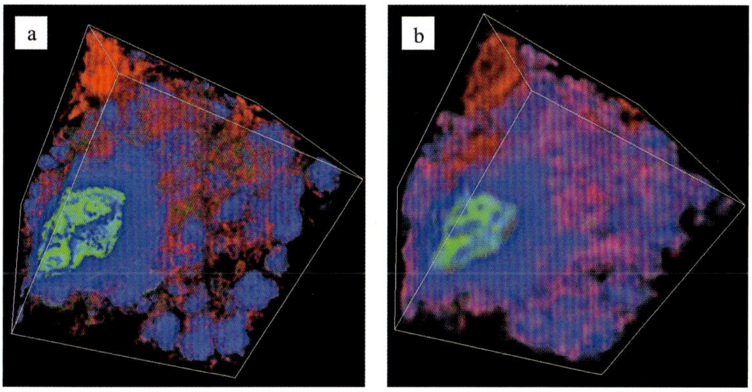

图 3-35　不同分辨率下 DCM 计算得到煤炭样品 Area 1 的三维微观结构

a—分辨率为 3.7μm；b—分辨率为 11.84μm。图中孔隙用红色表示，矿物组分组 C 用蓝色表示，矿物组分组 D 用绿色表示。图中所示样品尺寸为 355.2μm×355.2μm×355.2μm

虽然不同分辨率下的 DCM 图像结果在某些细节处并不完全相同，但是 DCM 数值计算结果表现出了较高的一致性（表 3-7）。图像结果的不一致主要原因在于部分体积效应的存在。高分辨率的 CT 图片中某些以独立体元或近似独立体元形式存在的组分，在低分辨率的图片中表现为部分占据体元。尽管 DCM 能获取小于 CT 分辨率尺寸的组分在单个 CT 图像体元中的体积分数，但是 DCM 并不能“增加”图像分辨率。也就是说，DCM 不能获取这些微小组分在单个体元中更详细的空间分布形式。在图像显示过程中，DCM 是按照不同组分在单个体元中的体积分数比例来显示各组分的颜色。这势必会造成不同分辨率下样品细节的不完全一致。然而，不同分辨率下 DCM 数值计算结果的一致，说明 DCM 可以

在一定程度上减弱部分体积效应的影响。

比较样品不同分辨率下 DCM 的定量计算结果表明，在图像方面，不同分辨率的 DCM 计算结果有着微小的差异，在较高分辨率下，样品细节可以更为细致地呈现，观察到低分辨率图像中某些不能明显呈现的组分与结构细节。图像结果的微小差异主要来自成像过程中的实验误差水平不一致，及 DCM 不能对小于 CT 分辨率组分的空间位置进行确定等因素。在数值方面，较低的分辨率具有更高的计算效率，不同分辨率的 DCM 计算结果基本一致。不同分辨率的 DCM 计算结果中，煤基质与孔隙的平均体积分数相差小于 0.30%，矿物组分的平均体分数相差小于 0.17%。数值结果的一致性说明，基于 DCM 可以在尽可能不丢失样品微小组分信息的前提下，利用较低的分辨率对较大样品进行结构表征，而较大的样品具有更高的统计代表性。这在一定程度上解决了煤炭样品结构多尺度表征的问题。在一些实际应用中（如煤层气储层表征），往往需要对大量的样品进行表征，这时采用较低的 CT 分辨率不仅可以极大缩短 CT 实验成像与重构的时间，而且在后期的 DCM 计算中将极大节省计算时间。

第四章　多尺度三维裂缝表征方法

在大规模开采几十年之后，常规油气正逐步枯竭，非常规油气具有取代常规油气成为能源供应的主要来源的趋势。非常规油气储集在微纳米孔隙中，其基质具有超低孔低渗特性。非常规油气的开采需要经过水力压裂改造。水力压裂使得人工裂缝与储集层天然裂缝、层理结构等相互沟通，形成复杂的裂缝网络结构，从而提高储层的渗透率，达到油气增产的目的（郭印同等，2014；邹才能等，2015）。因此在非常规油气开发中，对裂缝的研究具有极其重要的科学意义。

前人对油藏裂缝（天然、人工）进行了定量表征（周英杰等，2002；宋佳，2011）。对于普通岩石或其他材料裂缝的研究则更多，包括裂缝的识别和定量描述。Lee 等在 2013 年提出了基于混凝土表面数字图像的方法，该方法可以自动提取裂缝的宽度、长度和方向等特征。Jahanshahi 等在 2013 年也提出了利用图像细化和距离变换来完成裂缝图像特征提取的方法。Arena 等在 2014 年通过识别交点实现了二维图像中多条相交裂缝的识别、分离与量化分析。国内学者中，王平让等在 2012 年提出一种基于图像局部网格特征的裂缝识别技术，并在识别过程中自动计算裂缝的走向、长度和宽度等特征。然而，上述研究均基于裂缝的二维描述。

基于二维观测结果的更多研究（Borodich，1999；Bažant，1997）还表明，裂缝分布具有明显的自相似性，裂缝特征参数以指数形式表达。根据自相似性，在获得了某些尺度上裂缝分布规律性之后，可以将这种规律推广到更大（或更小）的尺度上，从而预测无法观测尺度上裂缝的分布。

最近二三十年发展起来的微观层析成像技术使得在微观尺度上观测裂缝三维结构成为可能。这意味着，如果能够对微观尺度的裂缝进行准确可靠的定量描述（或称之为精细表征），则可能对大尺度（如储层尺度或水力压裂尺度）上裂缝的三维空间特征进行估计。这其中，各单条裂缝的精细表征是核心内容（Liu et al.，2021）。

本章分析了微观层析成像扫描图像中的三维裂缝，定量分析了各单条裂缝的位置、大小、形态及方向，并在此基础上给出了裂缝几何特征的统计信息，进而采用网格覆盖法来计算三维裂缝的分形维数，实现了对三维裂缝的精细描述，为进一步开展储层大尺度裂缝预测研究奠定了基础。

第一节　分析流程及方法

对 10 个岩心样品分别进行 6 个步骤的分析，具体包括图像装载、图像切割、图像分割、移除孤岛、裂缝分离和定量分析。岩心样品处理流程见图 4-1。

图像装载是指利用 Avizo® 软件读取单个样品所在的 2008 个切片的灰度数据。典型二

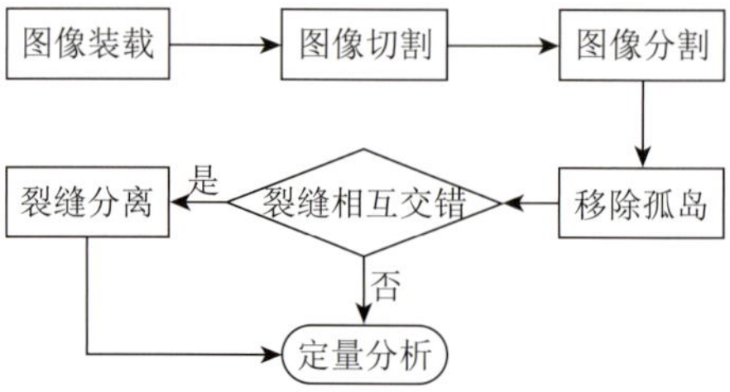

图 4-1　岩心样品处理流程图

维切片图像见图 4-2。显然，样品所占空间仅为图像空间的一部分。因此，需要将图像切割为一个只包含岩心样品的长方体。图像分割是指根据图像的灰度值，在确定合适的阈值之后，将图像划分为仅包含孔隙/裂隙和固体基质的二值图。图像分割之后，除了一些微小孔隙，一些低密度的矿物成分也会被分割为孔隙。本书侧重分析裂缝，故而删除了体像素总数较小的孤立孔隙，这一步称为移除孤岛。移除孤岛之后，样品中的空隙主要为裂缝。在 Avizo® 软件中仔细观察裂缝的相交情况，在存在裂缝相交时，利用 Avizo® 软件中的图像修改功能，将相交位置的体像素修改为固体基质，从而实现裂缝分离。最后对各单条裂缝进行定量描述。图 4-3 给出了 3 个典型样品在实施裂缝分离后裂缝三维分布及形态的渲染图。

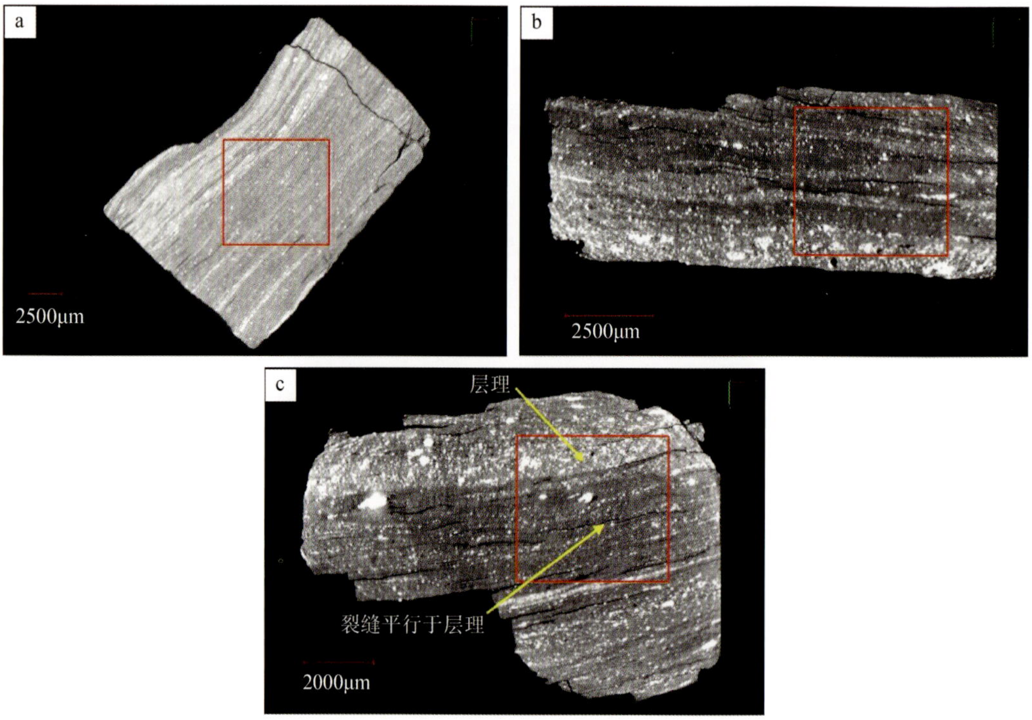

图 4-2　典型二维灰度图像与切割子区域

a—YT250；b—YP40；c—YP30

不同颜色代表不同裂缝，但是由于显示时颜色差异可能不够明显，因此视觉上会有不同裂缝有相同颜色的现象。对比图 4-3c、图 4-3d，可知移除孤岛的作用主要是将很小的非裂缝性结构移除。

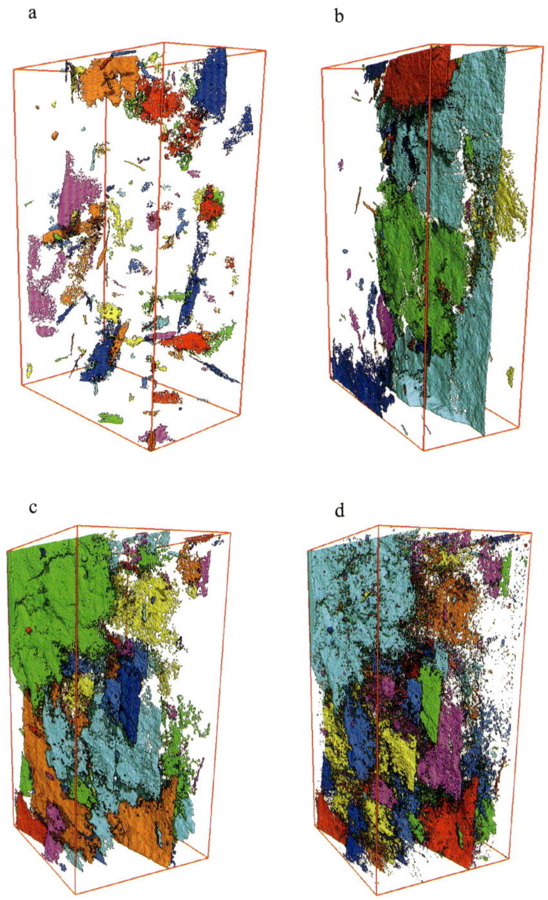

图 4-3　3 个典型岩心样品裂缝三维渲染

a— YT250；b—YP40；c—YP30（移除孤岛后）；d—YP30（移除孤岛前）

利用自有程序 CTSTA（Liu et al.，2016）对经过上述处理步骤的数据进行定量分析。定量分析的各参数定义如下。

1）比表面积（SSA）s_p：

$$s_p = S_p / V \qquad (4-1)$$

式中：S_p 为孔隙和裂缝的总表面积；V 为模型总体积。

2）团簇：是指一组相同材料（如孔隙）体像素之间通过共面连接在一起的结构。

在本研究的样品中，一个团簇可以理解为一条与其他裂缝不相交的裂缝。

3）连通性：当一个团簇出现在某一方向两个对应的边界上时，称为模型在该方向上连通。

4）团簇形态：一个团簇中每一个体像素位置相对于团簇中心可以构成一个矢量$\boldsymbol{a}_i$。团簇的方向和形态可以用方向矩阵 $\boldsymbol{T}$ 近似表达。方向矩阵 $\boldsymbol{T}$ 的表达式为

$$\boldsymbol{T} = \sum_{i=1}^{n} \boldsymbol{a}_i \boldsymbol{a}_i^{\mathrm{T}} \qquad (4-2)$$

方向矩阵 $\boldsymbol{T}$ 具有 3 个特征值τ_1、τ_2、τ_3及对应的特征矢量$\boldsymbol{u}_1$、$\boldsymbol{u}_2$、$\boldsymbol{u}_3$。该方向矩阵可以用一个椭球近似表示。椭球的 3 个主轴分别表示团簇的 3 个主方向，椭球主轴的长度分别表示团簇 3 个主方向的延伸长度。岩心样品的裂缝等效椭球体示例如图 4-4 所示。

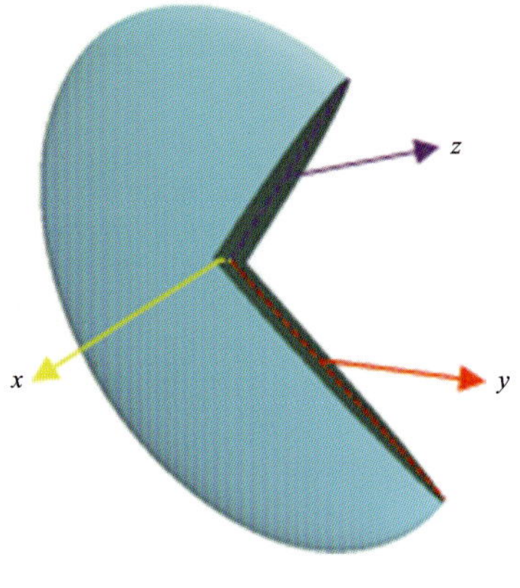

图 4-4　岩心样品裂缝等效椭球体

5）各向同性指数，即最短轴与最长轴之比：

$$I = \tau_1 / \tau_3 \tag{4-3}$$

6）裂缝法向：裂缝面的法线方向，该方向与特征矢量$\boldsymbol{u}_1$的方向一致。

7）裂缝大小沿坐标轴方向的分布统计：假设有一条平行于 x 轴的直线，直线穿过某一位置时，分别对不同空隙（裂缝）宽度进行计数。假设这样的直线依顺序扫过一个平面，再依次扫过所有平面，所获得的不同大小裂缝的数量即为 x 方向上裂缝的分布统计结果。相同的方法可以获得裂缝在 y 和 z 方向的分布特征。

8）分形维数：基于盒维数的网格覆盖法是计算分形维数 D 的常用方法，使用正方体网格覆盖整个三维模型，对其中含裂缝的正方体网格进行计数。网格覆盖法的分数维计算公式可表达为

$$D = -\frac{\ln\delta}{\ln N(\delta)} \tag{4-4}$$

式中：δ 为边长；$N(\delta)$为覆盖裂缝的正方体数目；D 为裂缝分形维数。

该方法的基本步骤：采用边长为 δ 的正方体网格覆盖整个岩心样品（不考虑边界影响），然后统计包含有裂缝的正方体网格数目 $N(\delta)$；通过对正方体网格边长 δ 的逐步细化，统计相应的 $N(\delta)$；在双自然对数坐标系中对统计数据做回归分析，其回归直线的斜率即为岩心内部裂缝分形维数。

第二节　分 析 结 果

本书研究分析处理了全部 10 个样品，此节仅展示具有代表性的 3 个样品的主要结果。模型基本信息及 CTSTA 程序分析获得的几个主要参数列于表 4-1。另外，为了显示移除孤岛这一操作步骤对定量分析结果的影响，将其中 YP30 移除孤岛之前的数据也置于表 4-1 进行展示。

表 4-1　岩心样品基本参数

样品	YT250	YP40	YP30	YP30（移除孤岛前）
分析尺度/像素点	692×457×1524	729×416×1641	521×528×1056	521×528×1056
分辨率/μm	8. 3262	6. 1765	7. 6006	7. 6006
孔隙度/%	0. 33	1. 49	2. 01	2. 23
比表面积/μm^{-1}	0.49×10^{-2}	0.25×10^{-2}	0.27×10^{-2}	0.36×10^{-2}
连通方向	无	x，z	x	x
团簇数量/个	198	188	182	67665

表 4-1 显示，这 4 个模型的孔隙度均小于 3%，最低的仅 0. 3%左右。比表面积也较小。YT250 中没有连通的裂缝存在，YP30 仅在 x 方向连通，而 YP40 在 x 和 z 方向上连通。移除孤岛之后的团簇总数在 3 个样品中均只有 200 个左右，而移除孤岛之前（YP30），团簇总数非常之大，其中小于 10 个体像素的团簇就占了 57342 个。移除的孤岛（小孔隙、裂隙）对孔隙度的影响约 0. 2%，但是对连通性没有影响。

YT250、YP40 和 YP30 岩心样品的各向同性指数统计结果见图 4-5。由图 4-5 可见，

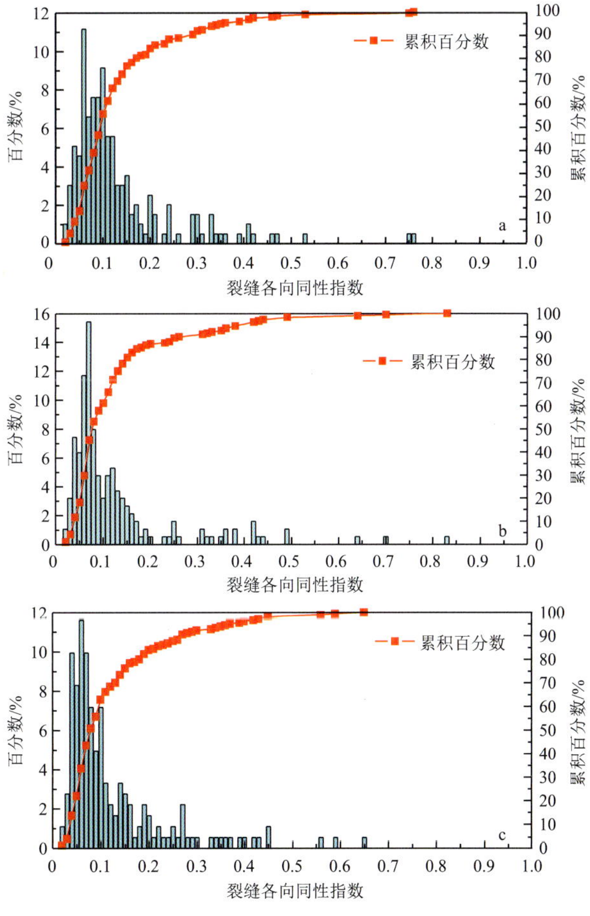

图 4-5　岩心样品的裂缝各向同性指数统计

a—YT250；b—YP40；c—YP30（移除孤岛后）

3 个岩心样品的大部分裂缝各向同性指数小于 0.2，显示出了强烈的各向异性。YP30 和 YT250 各向同性指数分布≤0.15 时的概率达到 76%左右；而 YP40 各向同性指数分布≤0.15 时的概率接近 80%，表明样品 YP40 中裂缝的各向异性略强，更通俗的理解即 YP40 中的裂缝更薄。

3 个岩心样品的裂缝法向与 3 个坐标主轴的夹角统计结果见图 4-6。总体而言，3 个岩心样品的内部裂缝空间方位较非常集中。YP40 裂缝法向与 x 轴和 z 轴夹角主要集中在

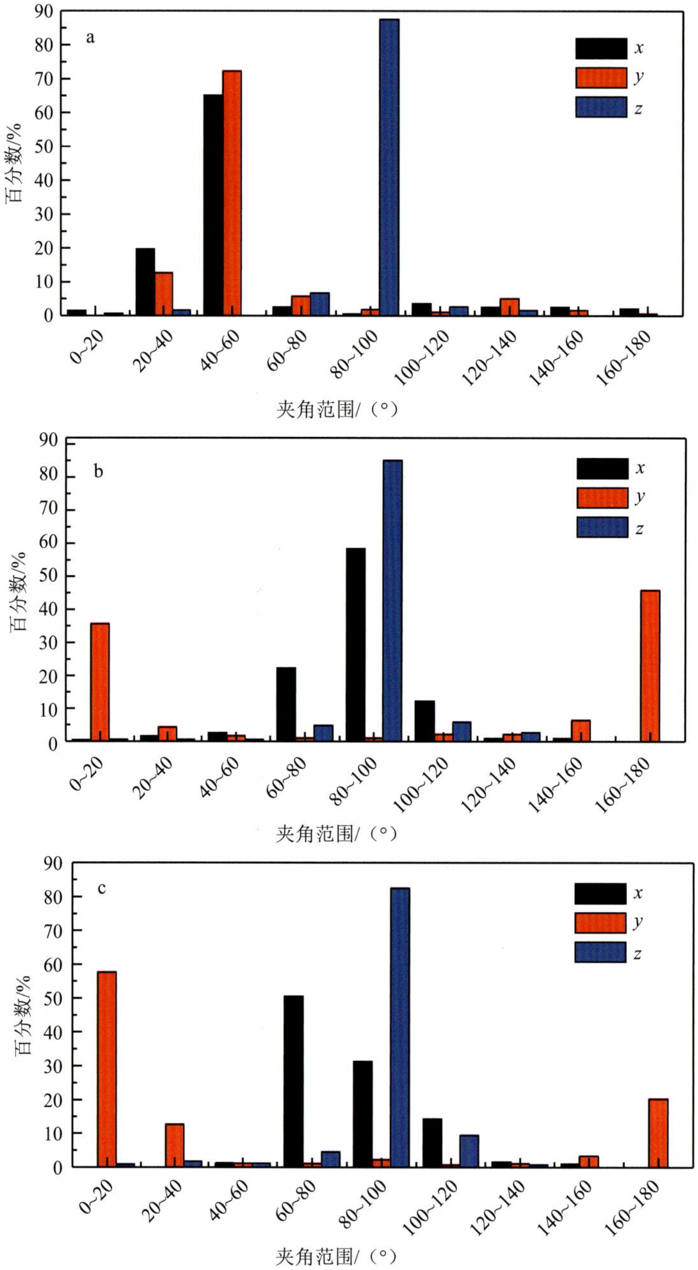

图 4-6　裂缝法向与 3 个坐标主轴夹角统计

a—YT250；b—YP40；c—YP30（移除孤岛后）

80°~100°，与 y 轴夹角主要集中在 0°~20°和 160°~180°。YP30 裂缝法向与 x 轴夹角主要集中在 60°~80°，与 y 轴夹角主要集中在 0°~20°，与 z 轴夹角主要集中在 80°~100°。YT250 裂缝法向与 x 轴和 y 轴夹角主要集中在 40°~60°，与 z 轴夹角主要集中在 80°~100°。相对而言，样品 YT250 内部团簇或裂缝的空间位置分布最为集中。对比图 4-2 和图 4-3 可知，大部分裂缝平行于沉积层理。

裂缝大小沿坐标轴方向分布统计结果仅展示样品 YP40（图 4-7）。由图 4-7 可见，在 x 和 z 方向上超过 90%的裂缝分别小于 19 和 22 个体像素；而在 y 方向上超过 90%的裂缝小于 6 个体像素。这表明，YP40 样品中裂缝主要垂直于 y 方向，延伸方向与 x 和 z 轴交角接近但略微更平行于 z 方向。其他 9 个样品也都能看到裂缝沿某一坐标轴明显更大或更小的现象。该结果与图 4-6b 所显示的裂缝法向统计结果相互验证。

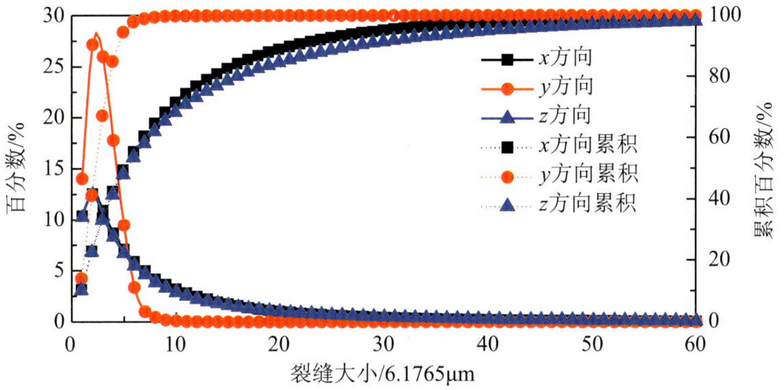

图 4-7　裂缝大小沿坐标轴方向分布统计结果

辛格图（Zingg Diagram）可以很好地描述结构形状的分布。本书采用变化的辛格图来进一步描述岩心样品内部裂缝形状。以τ_1/τ_3为横轴，以τ_2/τ_3为纵轴展示团簇（裂缝）的分类特征。YT250、YP40 和 YP30 移除孤岛体像素个数均为 700。YT250、YP40 和 YP30 岩心样品的裂缝分类特征统计结果见图 4-8。由于定义了$\tau_1<\tau_2<\tau_3$，裂缝均分布在对焦线之上。图 4-8 可见，裂缝主要分布于与纵轴相邻的范围内，特别是较大裂缝（≥10000 个体像素）的形状信息几乎全部集中在τ_1/τ_3小于 0.2 甚至 0.1 的狭窄区间内，表明大部分裂缝的厚度值相较于长度值很小，即裂缝很薄。裂缝的τ_2/τ_3值相对分布在较宽的范围内，表明裂缝宽度值变化范围较大。

最后给出样品的分形维数。YT250、YP40 和 YP30 岩心样品的裂缝分形维数拟合结果如图 4-9 所示。采用的正方体网格边长 δ 均为 2、4、8、16、32、64 和 128 个体像素。在双自然对数坐标系中采用最小二乘法进行线性拟合，其相关系数R^2均在 0.98 以上，说明统计结果具有较好的可信度。获得的很好的线性拟合结果，表明 3 个岩心样品压裂裂缝的分布具有统计意义上的分形特征。比较 YP30 移除孤岛前、后对比的裂缝分维值，可以看出，移除岩心样品中的微小孔隙对分维值的影响极小，但是明显提高了拟合方差。其余 7 个岩心样品的分形维数介于 1.902~2.553 之间。

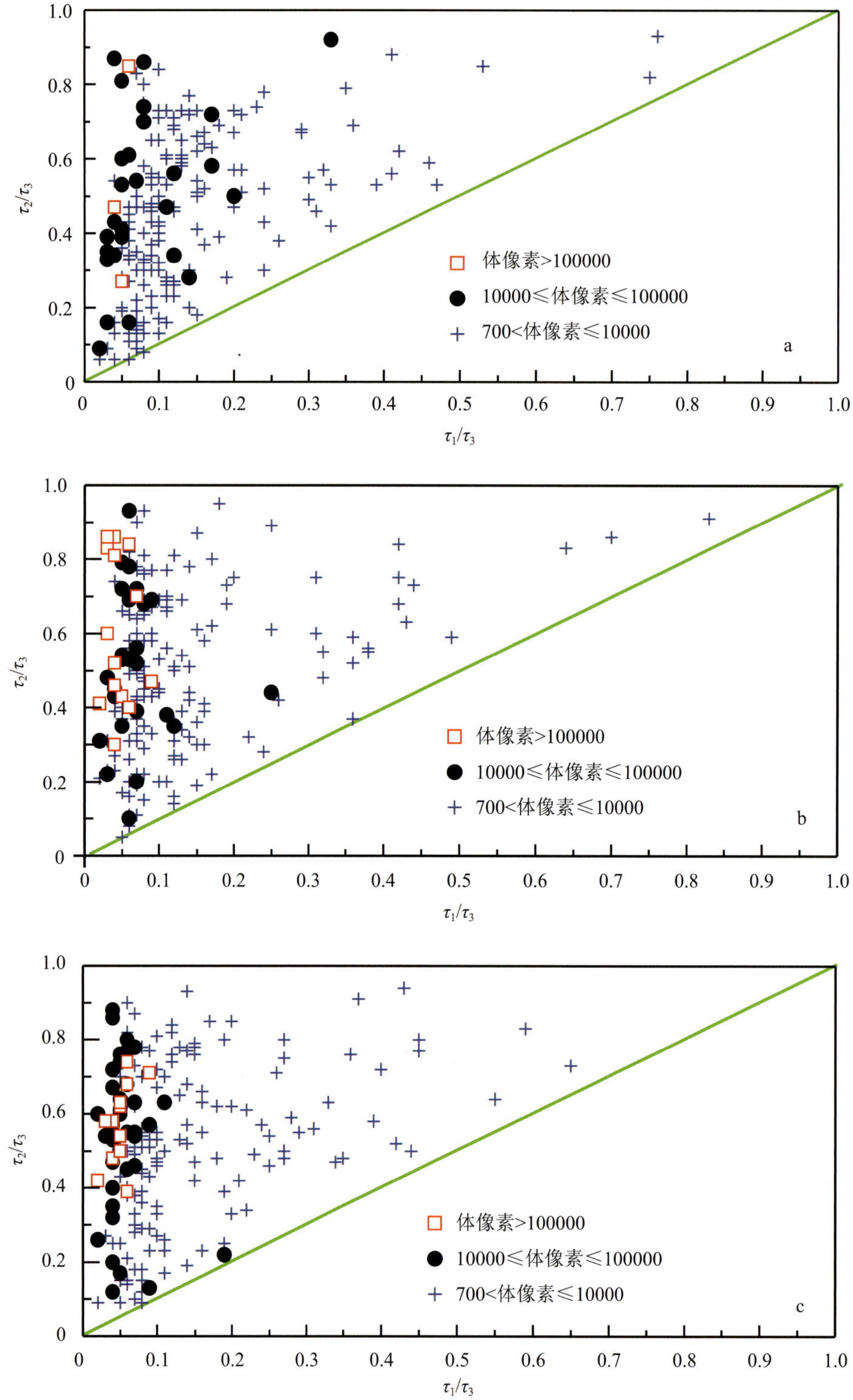

图 4-8　裂缝分类特征统计

a—YT250；b—YP40；c—YP30（移除孤岛后）

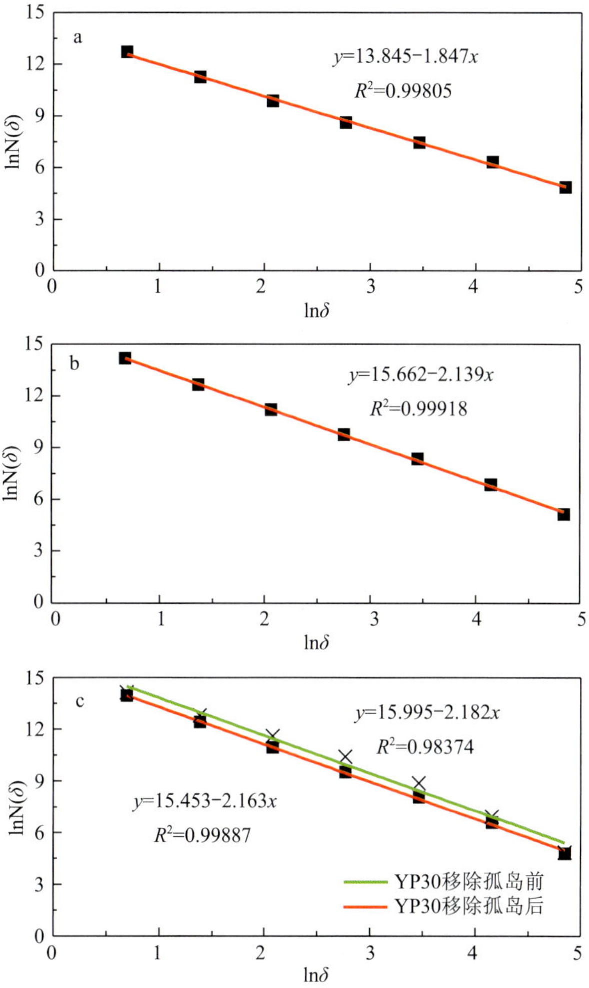

图 4-9　裂缝分形维数拟合结果

a—YT250；b—YP40；c—YP30（移除孤岛前、后对比）。*x* 系数的负值为分形维数

第五章　微尺度流动模型与数值模拟

第一节　研究背景

与常规储层不同，处于高温高压特殊地质环境下的深层储层各向异性和非均质性较强，孔隙结构极其复杂（马永生等，2011；贾承造等，2015；罗晓容等，2016；孙龙德等，2015）。孔隙尺度跨越纳米、微米、毫米，甚至更大（邹才能等，2011）。微观孔隙结构特别是喉道的大小和分布决定了运移介质的渗流能力（邹才能等，2011；曹喆，2014），不同的孔隙结构，对油气流体运移和聚集的影响明显不同（杨智峰，2015；陶士振，2015）。对于非均质显著的深层油气层，储层组成和孔隙结构的不同导致孔渗关系差异可能很大，因此精确表征非常规储层岩石的孔隙空间结构，对于研究致密储层岩石孔隙尺度下流体（油、气、水等）的流动特征，加深致密储层渗流特性的认识，为油气运聚成藏与分布预测、合理制定油气开采方案具有重大意义。

认识非常规储层微观储集孔隙空间的测试技术有两大类：物理测量和电子成像。物理测量技术有压汞法（MICP）、氮气吸附法（GAN_2）、二氧化碳吸附法（$GACO_2$）、He 孔隙率法、核磁共振法（NMRC）等。运用这种技术能够定量表征孔径分布特征、孔体积、比表面积或孔隙度等参数，描述孔隙结构的二维分布。电子成像技术有扫描电镜（SEM）、氩离子抛光电镜（Ar-SEM）、场发射扫描电镜（FE-SEM）、聚焦离子束电子扫描显微镜（聚焦离子束电子扫描显微镜）、扫描透射电镜（TEM）、宽离子束扫描电镜（BIB-SEM）、原子力显微镜（AFM）、小角度中子散射（SANS）、纳米 CT（NanoCT）等。目前运用电子成像技术能够较为直观地反映矿物成分的晶形特征及孔隙结构类型，可精确刻画不同分辨率下岩石孔隙的三维结构。

然而这两种技术在表征致密储层岩石时不能同时在维度和尺度上精确地、完备地刻画岩石特征，因此人们又提出借助数学方法重构多尺度三维数字岩心，弥补当前实测手段无法同时满足精度足够高和尺度足够大的问题。

我们知道，微米 CT 可以获得较大尺寸岩心的三维图像，但它的分辨率最高只能达到 1μm，仅能识别微米大小的孔隙，丢失了致密砂岩、致密碳酸盐岩和页岩等内部大量的纳米级孔隙的信息。纳米 CT 和聚焦离子束电子扫描显微镜虽然可以识别纳米级孔隙，但是其扫描视野太小，只有几立方微米，无法获得非均匀性较强的致密砂岩、致密碳酸盐岩和页岩等岩石的代表性体积元（Representative Elementary Volume，REV），而且这种方法测试时间较长、费用昂贵。简而言之，图像测试法无法解决同时满足大视野和高分辨率的需求。

目前发展比较成熟的重构算法主要有过程法、模拟退火法、序贯模拟法（Single

Normal Equation Simulation，SNESIM）及它们的合成方法等。过程法是利用岩石二维图像的颗粒粒径分布信息，通过对沉积岩的沉积、压实和成岩作用这一系列过程进行模拟，从而建立三维数字岩心。其优点是重构的三维数字岩心孔隙连通性较好，缺陷是该方法只适用于成岩过程简单的岩石重构，无法重构成岩过程复杂的岩石。模拟退火法以岩石铸体薄片的孔隙度和自相关函数为目标函数，通过迭代优化重构数字岩心。它可以包含反映岩石空间结构特征的较多信息，但是同时它也有建模结果孔隙连通性差、存在过多的孤立点等缺点。SNESIM 以训练图像为基础，利用地质统计学中的顺序指数模拟方法重建三维数字岩心。该算法所建的数字岩心孔隙连通性好，但计算速度较慢、垂向精度低，并且只适合于各向同性介质。Gao 等（2015）在 SNESIM 重构算法基础之上提出了三步删选方法，以两点连通概率函数作为孔隙骨架边界点的删选准则，重构了均质性较好的砂岩样品，在一定程度上改进了 SNESIM 算法垂向上图片的连续性和变化性。但是以上这些方法都是适用于均质性比较好的砂岩样品，对于成岩过程复杂、非均匀性较强的致密砂岩、致密碳酸盐岩、页岩等岩石样品，用这些方法难以构建较好的三维数字岩心（Yao et al.，2013；Tahmasebi et al.，2016）。

近年来，针对致密砂岩、致密碳酸盐岩、页岩等非均匀岩石的三维重构方法也在不断发展。Yao 等（2013）采用模拟退火法和 MCMC 相结合，分别重构碳酸盐岩的大孔和小孔结构，然后采用叠加算法形成了具有双孔结构的碳酸盐岩数字岩心，但是这种方法计算较为复杂，并且如前文所述，由于采用低阶随机函数，算法精度不高，重构数字岩心的连通性不能满足要求。Tahmasebi 等（2012，2015，2016）提出了 CCSIM（the Cross-Correlation-Based Simulation）方法，重构了非均匀性较强的页岩的三维数字岩心。重构的数字岩心与原始岩样的二维图像统计特性非常接近，也可以保持较好的连通性，但是重构数字岩心的垂向形态特征、岩电特性都与原始岩样存在偏差（Gao et al.，2015；Tahmasebi et al.，2016）。因此，探寻能够反映致密储层岩石特性的新算法是近几年的热点方向。

众所周知，致密储层中流体（油、气、水等）的流动特征取决于岩石的微观结构，因此建立基于微观孔隙结构的数学模型是首要任务。当前进行储层孔隙尺度的流动研究所采用的数学模型主要包括格子玻尔兹曼方法（Lattice Boltzmann Method，LBM）和孔隙网络模型（Pore Network Model，PNM）。前者直接根据阈值分割后的岩石三维图像建立格子，无须进行网格划分，通过选取合理的碰撞函数模拟单相/多相流体的流动。LBM 可模拟复杂几何形状的壁面，编程简单，并行度高。但为了保证计算精度，要求一个孔喉内需要有 4~5 个格子，整体格子数较多，占用内存大，同时 LBM 对两相粘度比、密度比等也有一定的限制。如果考虑非线性流动，碰撞函数等计算过程复杂度增加，计算量较大，迭代收敛慢。后者通过对扫描图像进行孔隙网络抽提，建立孔隙网络模型。孔隙网络由孔隙和喉道两部分组成，孔隙代表局部相对较大的空隙空间，而喉道代表连接孔隙的较狭长的空隙空间。运用孔隙网络模型可以模拟单相流、两相流以及三相流，快速便捷地预测岩样的绝对渗透率、相对渗透率、传热传质系数、地层因素等物理量。PNM 的优势在于可在喉道中应用各种流动关系式，具有相当的灵活性；PNM 仅需要求解描述孔隙网络流动关系的线性/非线性方程组，计算效率要远比 LBM 高，特别适合进行多孔介质孔隙尺度流动的研究。孔隙网络模型具有模型简单、物理概念清晰的特点，近些年对孔隙网络抽提方法的研究呈现蒸蒸日上的趋势。

孔隙网络抽提算法最有名的就是中轴线算法和最大球方法。自20世纪末开始，中轴线算法（Medial Axis，MA）被广泛应用于孔隙网络抽提（Lindquist et al.，1999；Liang et al.，2000；Sheppard，2005；Al-Raoush et al.，2005；Shin et al.，2005）。MA将岩石空隙转化成拓扑性质和连通性质不变的一条线，这条线可以粗糙地代表整个空隙骨架。每一条链路代表一个喉道，链路的交叉处代表孔隙。由于MA方法对于粗糙壁面和图像噪音相当敏感（Silin et al.，2003，2006；Dong，2007，2008；Dong et al.，2009），所以会形成比较多的冗余链路，导致孔隙过多，孔隙位置不合理。而且完全删除这些枝节链路非常困难，极大地影响了MA方法的计算效率（Lindquist et al.，1996；Dong et al.，2009；Silin et al.，2003）。

为了避免MA的麻烦，Silin等（2003）提出最大球法（Maximal Ball，MB）抽提孔隙网络。之后，有学者将该方法又做了进一步改进和发展（Al-Kharusi et al.，2007，2008；Dong et al.，2009）。MB首先在每个空隙像素上建立一系列内切球，然后移除那些被包含的内切球，剩余的则被称为最大球。根据最大球的大小和相对位置建立家族树关系。假设两个最大球相交，那么相对大的叫作父代球，相对小的叫作子代球。如果一个最大球周围没有比它更大的球，那么该球即为祖先球，其位置对应孔隙位置；如果一个子代球对应两个及以上祖先球，那么该球即为喉道球，其位置为喉道位置。相比于MA算法，MB方法搜寻孔隙的准确度和效率都有了很大的提高。但是MB不考虑空隙空间的基本形态，所以喉道形态与实际情况存在偏差。

以上孔隙网络的抽提主要针对孔隙结构比较简单的岩石，如砂岩、人造砂岩。随着算法和成像技术的发展，人们开始研究孔隙结构比较复杂的样品，如碳酸盐岩。但目前还没有专门针对非均质显著的深层油气储层岩石的研究。因此，建立适用于致密砂岩的高精度孔隙网络抽提算法具有十分重要的意义。

第二节　三维数字岩心重构技术

为了完备表征致密储层复杂的孔隙结构特征，本书基于二维SEM图片数据，结合实验测试数据（孔径分布、渗透率、孔隙度等），发展了适用于非均匀性较强的致密岩石的重构算法（包括CCSIM-TSS方法和后期优化算法），实现了成岩过程复杂、非均匀性较强的致密砂岩、碳酸盐岩和页岩等岩石样品从二维数字图像到三维数字岩心的重构，其精度较现有重构方法得到了大幅度的提高。

一、CCSIM-TSS方法

为了克服CCSIM方法垂向连通性不理想的缺点，本书将CCSIM方法与三步删选方法（Three Step Sampling Method）相结合，发展了CCSIM-TSS方法，它可以有效地改善CCSIM方法重构结果的垂向连通性（Ji et al.，2018a，2018b）。

1. 算法介绍

CCDIM-TSS算法的基本原理是将CCSIM方法与三步删选方法相结合，以改进CCSIM方法在垂向上的重构精度。具体步骤如下：

1）选取能代表致密砂岩等非均匀样品特征的 3 个方向的典型二维片 DI（DI_x、DI_y、DI_z）。

2）假设 G 为待重构的图片，如图 5-1 所示。将 G 划分大小相等的小块（T），假设 T 的中心点为 u，则将网格 T 上的值表示为 D_T（u）。这里用“事件”表示小网格 T 上的具体数值。从图片 G 的左下角小块开始，沿着如图 5-1 所示的路径进行重构，直到把整个图片 G 填满。在每一步，为了保持相邻小网格之间图片的连续性，从已经重构的小网格 T 中选取一部分重叠区域 OL，并将之与典型二维片 DI 做互相关运算，计算其互相关值（CCF）：

$$C(i,\ j;\ x,\ y)=\sum_{x=0}^{l_x-1}\sum_{y=0}^{l_y-1}DI(x+i,\ y+j)D_T(x,\ y) \tag{5-1}$$

其中，$0\leqslant i<L_x+l_x-1$。DI（x，y）表示点（x，y）的值，点（x，y）表示二维片 DI 中 $L_x\times l_x$ 大小的图片中的点，$x\in\{0,\ K,\ L_x-1\}$ 并且 $y\in\{0,\ K,\ L_x-1\}$。重叠区域 OL 的大小为 $l_x\times l_y$，其上的值为 D_T，用 D_T 去匹配 DI 中的值，通过互相关函数的计算，得到最佳匹配值，并将其插入到图片 G 中去。这就是 CCSIM 方法的核心思想。

以 DI_x 为待重构数字岩心的底面，用上述方法依次重构三维数字岩心的周围 4 个面和垂向的每一层图片（图 5-1）。

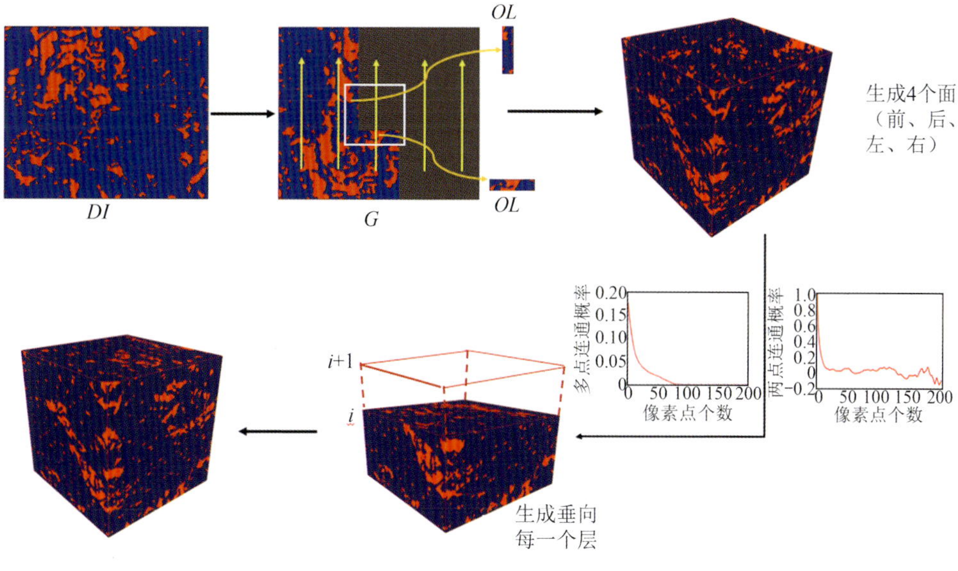

图 5-1　CCDIM-TSS 算法重构的步骤

3）在重构垂向每一层图片时，以三步删选方法来提取每一层的约束点。首先，提取岩样垂向上的两点连通概率函数 ACF（r）和多点连通概率函数 P（r）。假设垂向上已经重构好 i 层，现在要提取约束点以重构 i+1 层图片，则：第一步，采用 5 × 5 网格扫描第 i 层图片，如果网格内部属于相同的值，即都是孔隙或都是基质，则该区域被标注，并且选取该区域的中心点为约束点；第二步，采用 3 × 3 的网格扫描余下的部分，类似于第一步，如果该网格内部的点都属于相同的值，则该区域被标注，并且选取该区域的中心点为约束点；第三步，分别以提取的两点和多点连通概率函数为约束，来删选孔隙骨架交界点。具体的算法描述如表 5-1 所示。需要强调的是，两种孔隙骨架交界点的删选方法略有不同，以两点连通概率函数为约束时，将已重构部分三维整体的互相关函数与提取的已知两点连通概率函数做比较，以删选孔隙骨架边界点。而当以多点连通概率函数为约束时，将已重构部分中经过该孔隙骨架边界点的两个垂面（xz 平面和 yz 平面）的多点连通概率函数与提取的已知多点连通概率函数做比较，以决定是否删除该点。以多点连通概率函数为目标函数删选的结果如图 5-2 所示。

表 5-1 利用两点和多点连通概率函数删选孔隙骨架边界点的程序

步骤	两点连通概率函数	多点连通概率函数
1	计算应提取的孤立点和孔隙骨架边界点中孔隙的个数 N_e	
2	得到边界点和孤立点的集合 $e(x, y)$	
3	对于 $r=L_i$；$r \geqslant 1$；$r=r-1$	对于 $(x_0, y_0) \in e(x, y)$
4	计算已经重构三维体 $c(x, y, z)$ $(0 \leqslant x<W, 0 \leqslant y<H, 0 \leqslant z<L_i)$ 的两点连通概率函数 $ACFrec(r)$	计算已经重构三维体 $c(x, y, z)(0 \leqslant x<W, 0 \leqslant y<H, 0 \leqslant z<L_i)$ 中过点 (x_0, y_0) 的 xz 平面和 yz 平面的多点连通概率函数 $P_x(r)$ 和 $P_y(r)$
5	对于 $(x_0, y_0) \in e(x, y)$	对于 $r=L_i$；$r \geqslant 1$；$r=r-1$
6	如果 $ACFrec(r) > ACF(r)$；$c(x_0, y_0, z-r)$ = 孔隙；$e(x_0, y_0)$ = 孔隙	如果 $P_x(r)>P(r)$；$P_y(r)>P(r)$；$e(x_0, y_0)$ = 孔隙
7	删除点 (x_0, y_0)	删除点 (x_0, y_0)
8	计算	计算
9	否则如果 $ACFrec(r) < ACF(r)$；$c(x_0, y_0, z-r)$ = 骨架；$e(x_0, y_0)$ = 孔隙	否则如果 $P_x(r)<P(r)$；$P_y(r)<P(r)$；$e(x_0, y_0)$ = 骨架
10	删除点 (x_0, y_0)	删除点 (x_0, y_0)
11	计算	计算
12	如果集合 $e(x, y)$ 中孔隙个数计算值 $<N_e$	如果集合 $e(x, y)$ 中孔隙个数计算值 $<N_e$
13	终止	终止
14	结束	结束
15	计算目前集合 $e(x, y)$ 中孔隙个数 s	
16	如果 $s>N_e$	
17	从集合 $e(x, y)$ 中随机选取 N_e 个孔隙	
18	否则	
19	从集合 $e(x, y)$ 中提取所有孔隙，并从已经删除的孔隙中随机选取 N_e-s 个孔隙	
20	按照同样的方法提取骨架点	

4）在算法的最后，对重构好的结果进行迭代调整，这样做的主要目的是使得建模结果更接近于真实的岩心结构。具体来说，从重构好的三维数字岩心中随机抽取一个点 O，并选取通过该点的 3 个相互垂直的二维片 (q_x, q_y, q_z)（图 5-3），二维片 (q_x, q_y, q_z) 的大小为之前提取的典型二维片 DI_x、DI_y 和 DI_z 的 1/10。接着，分别计算 q_x、q_y、q_z 与二维片 DI_x、DI_y 和 DI_z 的互相关函数的值，并分别从 DI_x、DI_y 和 DI_z 中选取与其最接近的

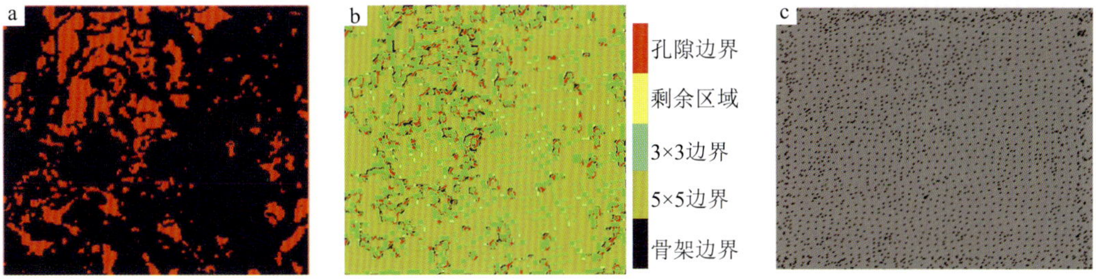

图 5-2　三步删选方法步骤

a—第 i 层图片；b—三步删选方法具体程序；c—三步删选方法删选结果

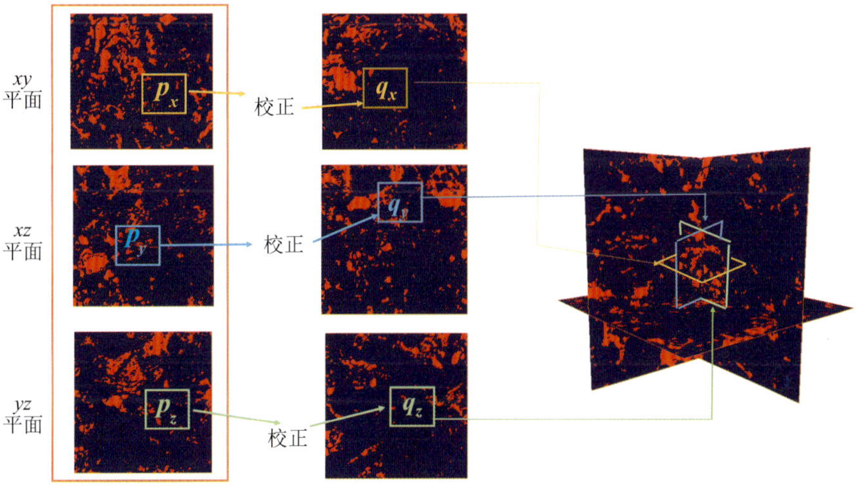

图 5-3　三维迭代模型

二维片（p_x，p_y，p_z）为典型二维片（DI_x，DI_y，DI_z）的候选图片；（q_x，q_y，q_z）为过某个像素点的 3 个相互垂直的二维片

（p_x，p_y，p_z）。然后，采用式（5-2）中的 Kullback-Leibler 方差计算方法，分别计算（q_x，q_y，q_z）与（p_x，p_y，p_z）的偏差值，选取偏差值最小的 p_i（$i=x$，y，z）作为最后图片，并用该图片中 O 点的值代替重构的三维数字岩心中 O 点的值，则 O 点迭代结束。按照上述的算法，遍历三维数字岩心中每一个点，则迭代结束。

$$d_{\mathrm{JS}}(p,\ q)=\frac{1}{2}\sum_{i}p_i\log\left(\frac{p_i}{q_i}\right)+\frac{1}{2}\sum_{i}q_i\log\left(\frac{q_i}{p_i}\right) \tag{5-2}$$

式中：$d_{\mathrm{JS}}(p,q)$为两个分布函数 p 和 q 的 Jensen-Shannon 偏差。

2. 算法验证

考虑到致密砂岩、致密碳酸盐岩、页岩等非均匀岩样具有孔隙尺寸跨度大、连通性复杂的特点，为了尽可能全面地验证 CCSIM-TSS 算法的重构精度，选取 4 块已有三维 CT 扫描图像的典型岩样 C1、C2、C3、C4 进行重构，并将重构结果和 CT 扫描图像对比。4 块岩样的物性参数列在表 5-2 中，其中渗透率是采用 LBM 方法计算得到的绝对渗透率。

表 5-2　4 个岩样的物性参数

样品		C1	C2	C3	C4
3 个方向像素点		200×200×200	200×200×200	200×200×200	300×300×300
分辨率/μm		10. 69	5. 70	1. 02	9. 10
孔隙度/%		16. 8	23. 3	12. 8	16. 9
$\frac{渗透率}{10^{-3}\mu m^2}$	k_x	160	785	48	815
	k_y	380	1469	20	1363
	k_z	205	1053	7	875

首先，为了更好地对比分析重构结果，在重构之前，从孔隙度、表征体单元（REV）、两点和多点连通特性分析这 4 块岩样。图 5-4 分别给出了这 4 块典型岩样的 CT 图像以及孔隙度、两点和多点连通函数随岩块大小的变化规律。从图中可以看出，样品体积较小时，孔隙度波动较大。随着岩块体积的增大，孔隙度变化逐渐趋于平缓。对于 4 块样品而言，当岩块边长大于 100 个像素点的时候，孔隙度都达到平稳，不再变化。这说明，4 块样品的大小都达到了 REV。与此同时，计算了归一化之后的多点连通函数随岩块大小的变化规律。可以看出，随着岩块体积的增大，多点连通函数逐渐趋于重合，特别地，当岩块边长大于 100 个像素点的时候，多点连通函数几乎重合在一起。这也再次验证了选择的 4 块岩样都达到了 REV。

同时计算了 4 块样品在 x、y、z 3 个方向上的多点连通概率函数和两点连通概率函数。从图 5-4 中可以看出，C1、C2 和 C3 岩样 x、y、z 方向的多点连通概率函数差异明显，说明它们具有不同程度的各向异性。为了定量地分析各向异性的大小，引入一个辅助曲线，即多点连通函数首、尾端点相连接的直线，并且分别计算 x、y、z 方向的多点连通曲线和该直线的绝对值差异，记为 d_x、d_y 和 d_z。$d_{anisotronic}$ 定义为 d_x、d_y 和 d_z 中最大值和最小值之间的差异。比较 4 个岩块的 $d_{anisotronic}$，可以得出 4 个岩块的各向异性从强到弱依次是 C3>C1>C2，而岩样 C4 3 个方向的多点连通概率函数几乎是重合在一起的，是各向同性介质。从图 5-4 可以看出，前 3 个样品 3 个方向的两点连通概率函数也是有一定差别的，但是差别并不明显。这说明，多点连通函数比两点连通函数更为真实地描述样品的连通特性和各向异性，特别是针对孔隙空间结构比较复杂的情况，多点连通函数的优势更为明显（Krishnan et al.，2003）。因此，本书加入了多点连通概率函数作为垂向上的约束，来重构非均匀性岩石样品。

最后定量考察 4 个岩样的非均匀性。图 5-5 给出了 4 块岩样和采用 AB 方法抽提的孔隙网络，孔隙半径分布的方差、均值以及方差和均值的比值，其中 V 值的大小表示样品孔隙空间的非均质程度。可以看出，相比于前 3 个样品，岩样 C4 的孔隙分布较为均匀。样品 C3 的 V 值接近于 1，孔隙半径分布最不均匀；而样品 C4 的孔隙半径分布最均匀；C1 和 C2 介于两者之间。另外，考察 4 块岩样的孔喉比。岩样 C3 的高孔喉比占比最高，反映了该样品孔隙空间整体非均匀程度最强。相较而言，样品 C4 高孔喉比占比最低，远低于其他 3 个样品，这说明该样品的孔隙空间最为均匀。从以上几个数据的分析可以得出，4 块岩样的非均匀性程度依次是 C3>C2>C1>C4。

从上面的讨论可知，4 个岩样具有很明显的非均质特点，下面就用这 4 个典型样品来

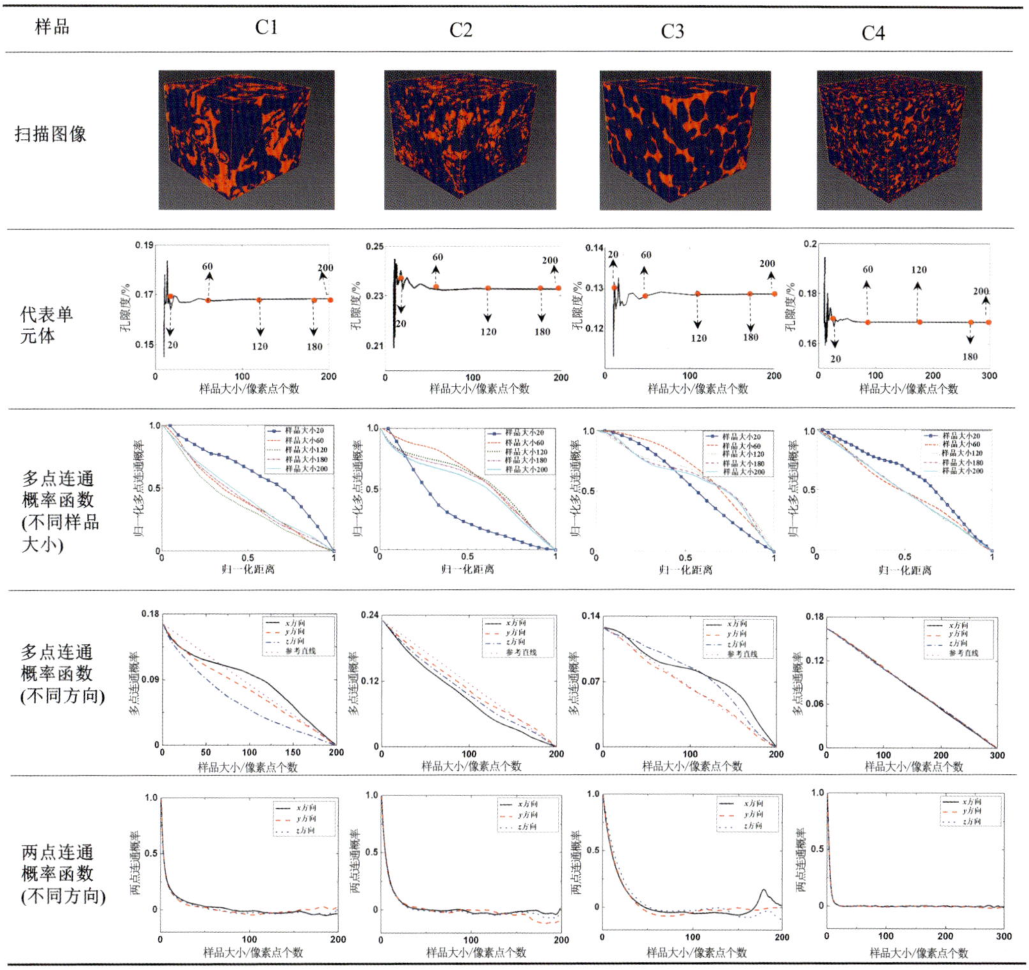

图 5-4　4 个岩样的微米 CT 扫描图像、多点连通概率函数和两点连通概率函数

样品		C1	C2	C3	C4
孔隙网络		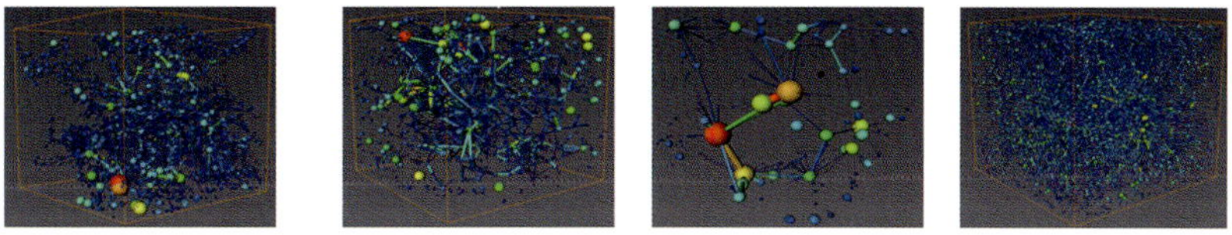			
孔径大小	σ	9.44×10^{-6}	7.43×10^{-6}	1.30×10^{-6}	8.03×10^{-6}
	$\boldsymbol{E}$	2.15×10^{-5}	1.34×10^{-5}	1.38×10^{-6}	2.17×10^{-5}
	$\boldsymbol{V}$	4.38×10^{-1}	5.54×10^{-1}	9.42×10^{-1}	3.70×10^{-1}
孔喉比	$\boldsymbol{R}_{pt}$	2.48×10^{-3}	9.12×10^{-3}	6.27×10^{-2}	4.71×10^{-4}

图 5-5　4 个岩样的孔隙网络，孔隙半径分布的方差（σ）、均值（E）以及方差和均值的比值（V），孔喉比（R_{pt}）

进行重构，以考察本书所述算法的准确性。

为了检验前文所描述算法的正确性，以岩样 C1 为例，分别用 CCSIM-TSS 算法和 CCSIM 算法进行重构。图 5-6 为岩心 C1 水平方向和垂直方向的典型二维片，蓝色代表岩石骨架，红色代表孔隙空间，大小为 200 像素点×200 像素点。分别提取垂直方向的两点连通和多点连通概率函数（图 5-7），作为垂向重构时的约束条件，来选取垂向每一层的孔隙和骨架的边界点。

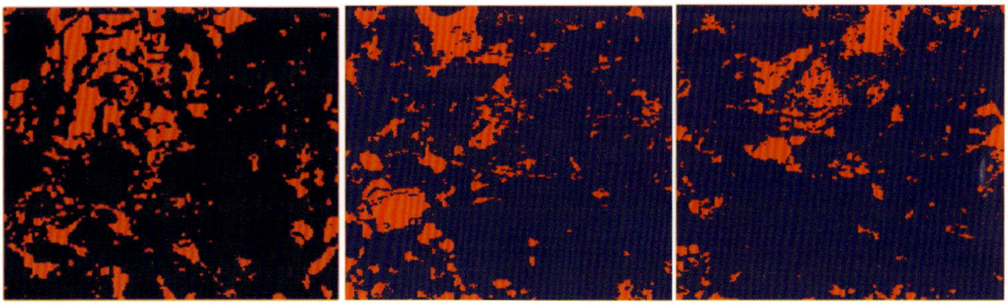

图 5-6　选取的用于重构的 3 个方向二维片

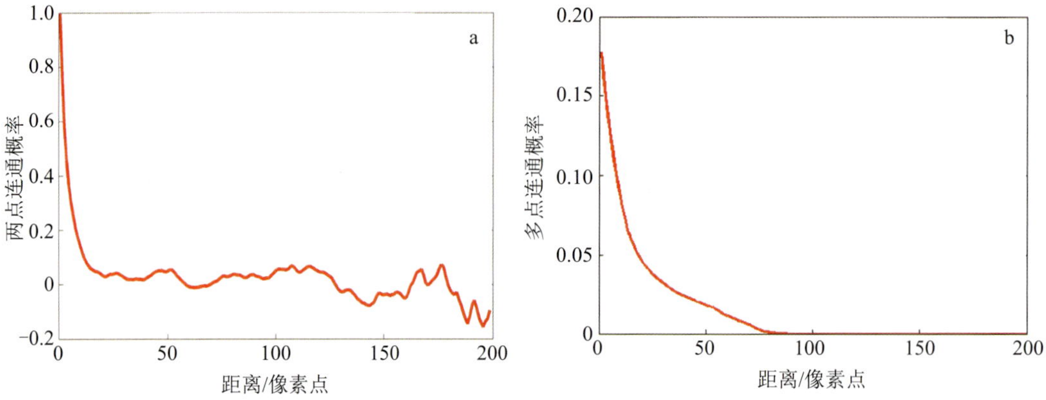

图 5-7　提取垂直方向典型二维片的两点连通概率函数（a）和多点连通概率函数（b）

为了考察 3 种算法的优劣，这里分别用 3 种算法重构样品 C1，并以自相关函数、孔隙半径分布函数、绝对渗流率等参数为参考指标，对其结果进行评价。如图 5-8 所示，分别是用 3 种算法重构的数字岩心。为了定量地刻画算法的优缺点，分别用每种算法重构了 30 个算例，并采用 ANODI 方法（Analysis of Distance）（Tan et al.，2014）将每个重构结果转化为三维空间的一个点，通过比较两个点之间的距离，来判断重构结果的好坏（图 5-9）。从图中可以看出，两点连通函数作为约束的 CCSIM（CCSIM-TSStp）和多点连通函数作为约束的 CCSIM（CCSIM-TSSmp）算法的重构结果分布在原始样品（training imaging）附近，而 CCSIM 方法的重构结果则偏离原始样品较远。就重构的图片结构而言（图 5-9），CCSIM-TSSmp 算法重构的数字岩心图片结构与原始图片最接近，CCSIM-TSStp 算法次之，原始的 CCSIM 方法最差。可见本书提出的加两点连通概率函数和多点连通概率函数约束的两种算法 CCSIM-TSStp 和 CCSIM-TSSmp 要明显优于原始的 CCSIM 方法。

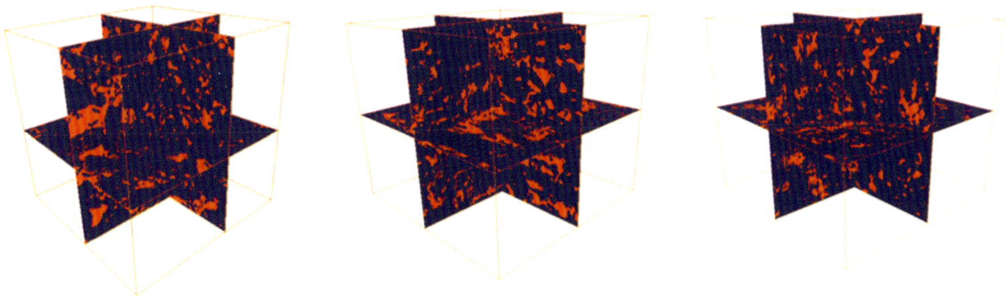

图 5-8　采用 3 种方法 CCSIM、CCSIM-TSStp 和 CCSIM-TSSmp 的重构结果

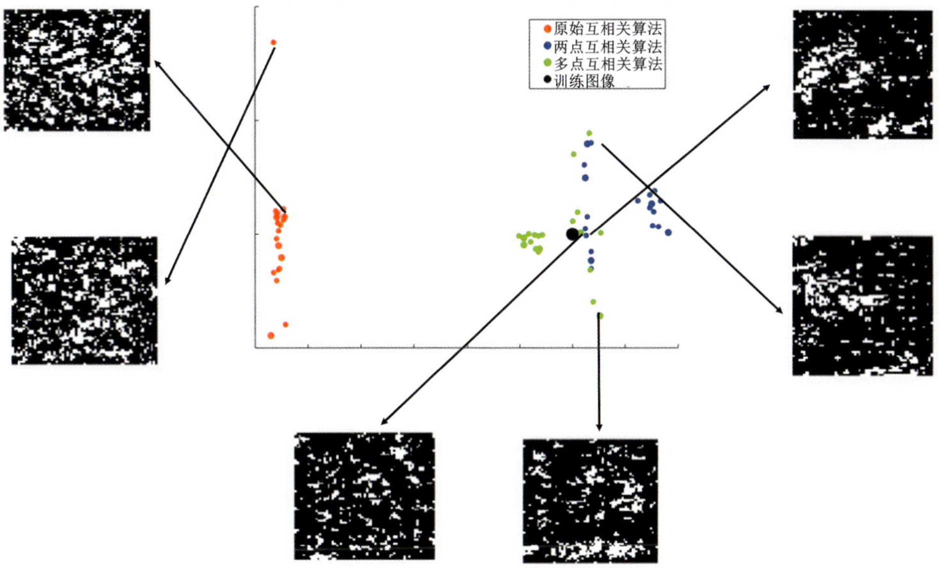

图 5-9　利用 MDS-ANODI 方法比较 3 种算法结果

为了进一步评估各个算法的精度，首先将图 5-8 中各个算法得到的重构结果之间的距离叠加在一起，得到$d_{g,k}^{\text{between}}$；然后把各重构结果与原始样品之间的距离叠加在一起，得到$d_{g,k}^{\text{within}}$；最后计算两者之间的比值 γ（Tan et al.，2014）。其计算过程如下：

$$d_{g,k}^{\text{within}} = \frac{1}{L}\sum_{l=1}^{L} d_{\text{JS},g}(re_k^{(l)},t_i) \tag{5-3}$$

$$d_{g,k}^{\text{between}} = \frac{1}{L(L-1)}\sum_{l=1}^{L}\sum_{l=1}^{L} d_{\text{JS},g}(re_k^{(l)},re_k^{(l')}) \tag{5-4}$$

式中：$d_{g,k}^{\text{within}}$ 为算法 k 在分辨率为 g 时得到的重构结果与原始样品之间的距离；$d_{g,k}^{\text{between}}$ 为算法 k 在分辨率为 g 时得到的重构结果之间的距离。在本书中 k 表示 CCSIM、CCSIM-TSStp、CCSIM-TSSmp 3 种算法。

Gardet 等（2016）指出，一个好的算法，应该使得 $d_{g,k}^{\text{within}}$ 尽量小（重构结果与原始样品之间的距离较小)，同时使得 $d_{g,k}^{between}$ 尽量大（随机算法的空间不确定性），即应该有较大的 γ。表 5-3 给出了 3 种算法之间的 γ 值的比较，可以看出 CCSIM-TSSmp 算法要优于 CCSIM-TSStp 算法，CCSIM 算法方法的效果最差。

表 5-3　3 种算法 CCSIM-TSStp、CCSIM-TSSmp 和 CCSIM 的定量距离分析

空间不确定性	CCSIM-TSSmp：CCSIM-TSStp：CCSIM	1：0.7606：0.9348
复制模式	CCSIM-TSSmp：CCSIM-TSStp：CCSIM	1：0.8175：1.3025
比值（between/within）	CCSIM-TSSmp：CCSIM-TSStp：CCSIM	1：0.9305：0.7177

为了进一步评价数字岩心建模效果，分别对实际岩心和 3 种算法建模结果的连通性进行了对比分析。如图 5-10 所示，CCSIM 方法的建模结果与原始岩心的互相关函数有一定的偏差，而加约束之后的两种算法的建模结果要好一些，并且分散性也要优于 CCSIM 算法，这个与前面 ANODI 的计算结果相一致。

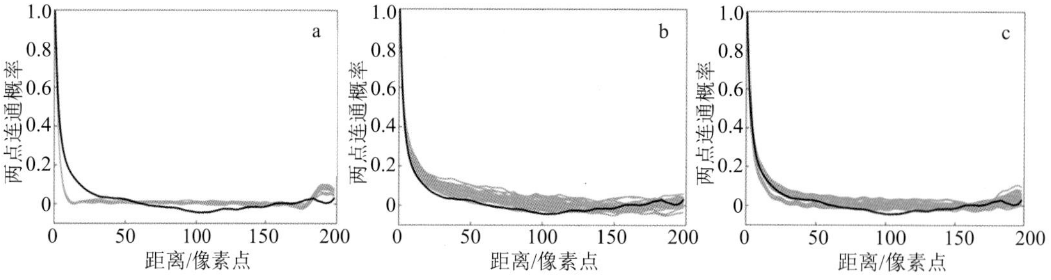

图 5-10　3 种算法重构结果的互相关函数和原始样品的对比

a—CCSIM；b—CCSIM-TSStp；c—CCSIM-TSSmp

前文提到岩样 C1 孔隙空间的非均匀性比较强，这里考察重构结果的孔隙半径分布。如图 5-11 所示，CCSIM-TSSmp 和 CCSIM-TSStp 两种算法的重构结果较为真实地反映了原始样品的孔隙半径分布，并且前者的精度要高于后者。渗透率是岩石的一个重要物理参数，也是衡量重构结果好坏的一个重要指标，因此接下来比较一下重构结果的渗透率值。表 5-4 列出了 3 种算法 30 个重构结果不同方向的绝对渗透率。从表中可以看出，绝对渗透率的结果再次验证了 CCSIM-TSSmp 算法要优于 CCSIM-TSStp，加入约束之后的建模结果要明显优于原始的 CCSIM 方法。

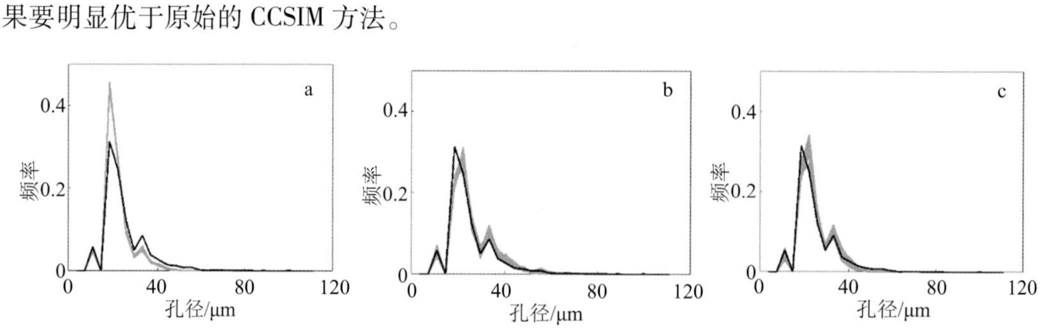

图 5-11　3 种算法重构结果的孔隙半径分布

a—CCSIM；b—CCSIM-TSStp；c—CCSIM-TSSmp

表 5-4　3 种算法重构结果的绝对渗透率的比较　　单位：$10^{-3}\mu m^2$

绝对渗透率	CCSIM			CCSIM-TSStp			CCSIM-TSSmp		
	k_x	k_y	k_z	k_x	k_y	k_z	k_x	k_y	k_z
最大值	1451	1566	832	168	1202	482	605	2100	461
前 25% 值	1176	1487	686	97	783	295	493	1446	255
后 25% 值	977	1378	583	48	295	147	137	344	130
最小值	856	1275	515	0	63	46	87	183	41
中值	1089	1440	651	64	475	211	253	456	204

从前面的讨论可知，CCSIM-TSSmp 算法和 CCSIM-TSStp 算法要明显优于不加约束的 CCSIM 算法。下面通过 4 个岩石样品重构结果的对比分析来进一步考察两种算法 CCSIM-TSSmp 和 CCSIM-TSStp 的适用范围。

首先，针对每个样品分别选取 3 个方向的典型二维片，并分别提取垂向上的连通特性；然后，利用前文所述算法进行重构。为了对比分析，图 5-12 给出了 3 个样品 C2、C3

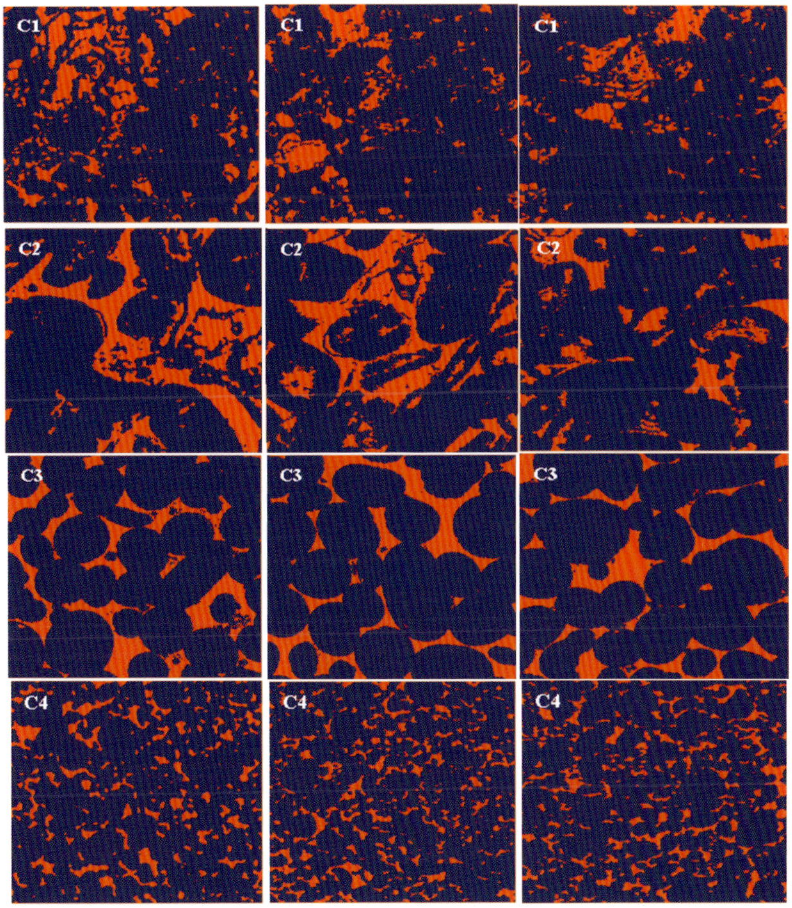

a. *xy* 平面　　b. *xz* 平面　　c. *yz* 平面

图 5-12　选取 4 个样品用于重构的 3 个方向二维片

和 C4 重构时提取的 3 个方向的二维片，C1 的选片就不再重复。可以看出，C3 的非均质性要高于 C2；C4 3 个方向的二维片几乎是一致的，均质性最好。

采用两种算法，针对 4 种样品分别重构了 30 个数字岩心，对重构结果进行统一对比分析。为了细致地考察两种算法的精度，仍然采用 MDS-ANODI 方法来衡量两种方法建模结果的好坏。图 5-13 给出了两种算法分别重构的 C1、C2、C3 和 C4 的 30 个数字岩心与 CT 扫描图像（黑色的点）的比较。可以看出，就每个样品而言，CCSIM-TSSmp（绿色点）的 30 个重构结果分散在原始样品附近，而 CCSIM-TSStp（蓝色点）距离原始样品则相对较远。为了进行定量的比较，表 5-5 给出了每个样品两种算法的 d^{within}、$d^{between}$ 和 γ。结合图 5-13 可以得出，就两种算法比较而言，CCSIM-TSSmp 算法的精度要优于 CCSIM-TSStp 算法；就几个样品的重构结果而言，样品 C3 的 CCSIM-TSSmp 算法的重构结果相较于 CCSIM-TSStp 算法的优势更为明显，样品 C2 次之，样品 C1 再次之，样品 C4 两种算法的重构结果之间的差异最小。结合前文 4 种样品孔隙空间结构特征和连通性特征的分析可以得出，非均匀多孔介质非均匀性越强，连通性越复杂，则 CCSIM-TSSmp 算法的重构结果相较于 CCSIM-TSStp 算法的优势越明显。特别地，将 4 个样品两种算法的比值 γ 随样品孔隙半径分布方差与均值的比值 V 画在一张图上（图5-14）。可以发现，γ 随 V 值几乎呈线性变化。这说明，随着样品非均质性的增强，CCSIM-TSStp 算法的精度不断降低，这主要是因为两点连通概率函数不能准确地描述非均匀样品的连通特性。

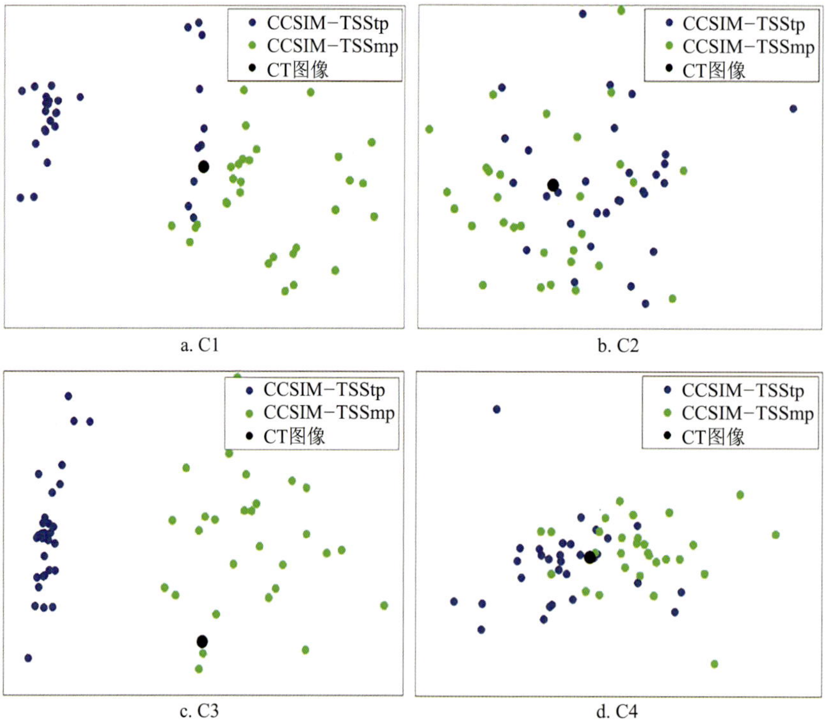

图 5-13　利用 MDS-ANODI 方法对每个样品两种算法重构结果进行比较

考察 CCSIM-TSSmp 算法重构数字岩心的孔隙半径分布情况。为了进行对比分析，图 5-15 分别给出了重构的 C1、C2、C3 和 C4 数字岩心的孔径分布和真实样品的孔隙半径分布。从图中可以看出，CCSIM-TSSmp 算法能够较为真实地反映非均匀样品的孔隙半径分布情况。

表 5-5　4 个样品两种算法 CCSIM-TSStp 和 CCSIM-TSSmp 重构结果的定量距离分析

参数	CCSIM-TSSmp：CCSIM-TSStp			
	C1	C2	C3	C4
空间不确定性	1：0.7606	1：0.8156	1：0.7181	1：0.9242
复制模式	1：0.8175	1：1.0178	1：0.9494	1：0.9662
比值（between/with）	1：0.9305	1：0.8014	1：0.6315	1：0.9505

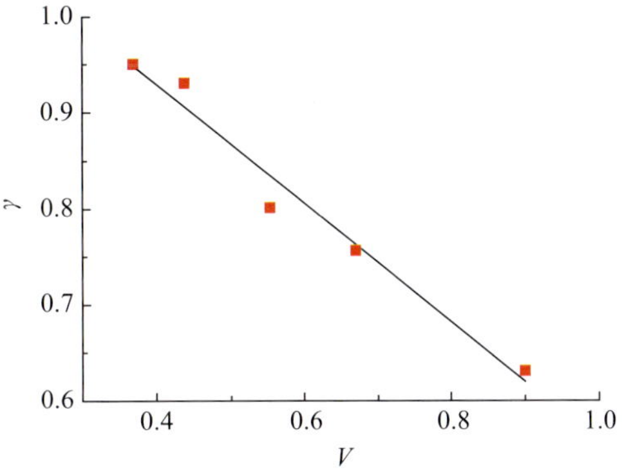

图 5-14　γ 随 V 值的变化规律

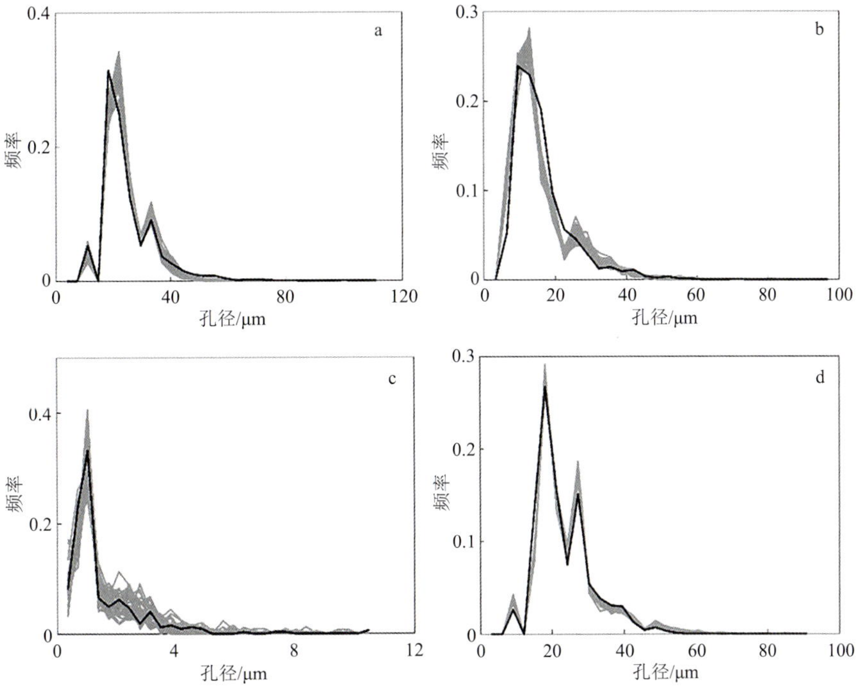

图 5-15　利用 CCSIM-TSSmp 得到的 C1、C2、C3 和 C4 重构结果的孔隙半径分布

a—C1；b—C2；c—C3；d—C4

二、后期优化算法

如前文所述，虽然 CCSIM-TSS 方法重构的三维数字岩心具有较高的精度，但是其结果具有一定的随机性，并且与实验测量结果有一定差异。因此，本书发展了基于多目标模拟退火法的后期优化算法。该算法以前文得到的重构数字岩心作为初始输入模型，以 SEM 片中提取的两点连通概率函数、实验得到的孔隙半径分布函数和渗透率值为约束条件，将选取的对象点与孔隙骨架边界点交换生成新系统，通过对初始岩心不断的迭代调整以得到与真实岩心的物性参数较为接近的最优解。

1. 算法介绍

算法的具体流程如图 5-16 所示。

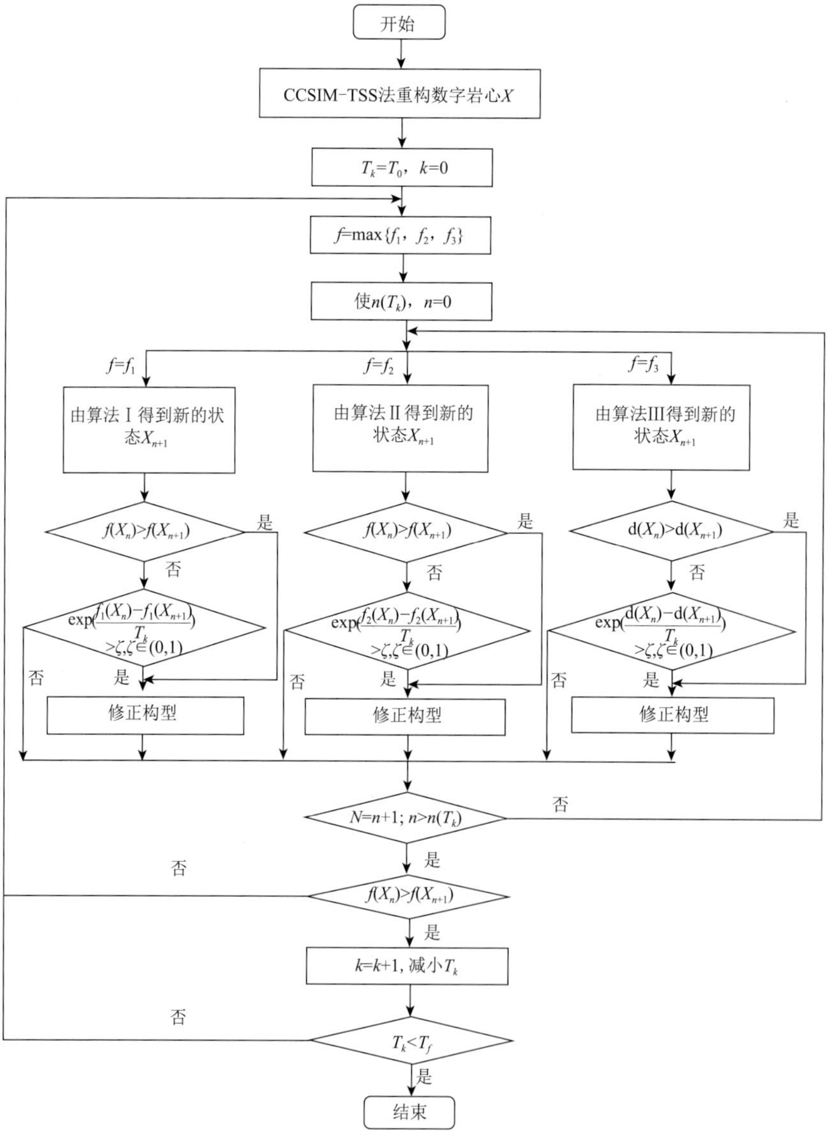

图 5-16　后期优化算法流程

1）以 CCSIM-TSS 方法重构的数字岩心作为输入模型，计算系统的初始目标函数 E_0。系统目标函数 f 的定义如下：

$$
\begin{aligned}
f_1 &= \sum_i \alpha_i (S_{xi}^{r} - S_{xi})^2 + \sum_i \beta_i (S_{yi}^{r} - S_{yi})^2 + \sum_i \gamma_i (S_{zi}^{r} - S_{zi})^2 \\
f_2 &= \sum_i k_i (P_i^{r} - P_i)^2 \\
f_3 &= \eta_x (k_x^{r} - k_x)^2 + \eta_y (k_y^{r} - k_y)^2 + \eta_z (k_z^{r} - k_z)^2
\end{aligned}
\tag{5-5}
$$

式中：α_i、β_i、γ_i、η_x、η_y、η_z为不同约束函数的权重值；f 为系统的目标函数；S_{xi}^{r}、S_{yi}^{r}、S_{zi}^{r}为真实岩心 3 个方向（x，y，z）的两点连通概率函数；S_{xi}、S_{yi}、S_{zi}为重构数字岩心 3 个方向的两点连通概率函数；P_i^{r}、P_i分别为真实岩心和重构数字岩心的孔隙半径分布函数；k_x^{r}、k_x、k_y^{r}、k_y、k_z^{r}、k_z为真实岩心和重构岩心 3 个方向的渗透率值。同时，也可以根据实际情况，适当增加和减少目标函数中约束条件的数量。

两点连通概率函数是与图像结构相关的函数，也是评价图像结构性质的重要函数。两点连通概率函数的定义为：系统中任取两个点，这两点同时分布于同一相中的概率。其计算公式如下：

$$
S_j(r_1, r_2) = \overline{Z_j(r_1) \times Z_j(r_2)} \tag{5-6}
$$

式中：r_1、r_2 为系统中相距一定距离的任意两点；j 为多相系统中的第 j 相；Z_j 为点（r_1）属于 j 相的概率，S_j 为两点同时分布于同一相中的概率。

需要特别说明的是，本书采用新的孔隙网络抽提算法——AB 算法来抽提新系统的孔隙网络（Yi et al.，2017），并在此基础之上统计新系统的孔隙半径分布函数。使用 AB 算法的原因在于该方法计算效率高，同时该算法还考虑了孔喉迂曲度及孔喉壁面粗糙度，其抽提的孔隙网络能够真实地反映页岩的孔隙结构特征。

2）依据对象点的选取准则选取对象点，并将之与孔隙和骨架的边界点交换，生成新系统。特别地，对象点的选取准则有两种：针对连通性的对象点选取准则和针对孔隙半径的对象点选取准则。

针对连通性的对象点选取准则：在如图 5-17a 所示 D3Q19 模型网络结构中，若其 19 领域中体素的状态值与中心体素相反的个数大于等于 n，则将该中心体素判定为选取的对象点。n 的取值根据具体情况而定，若 n 取值过高，会导致符合条件的点越来越难选取，从而使程序在寻找对象点上花费过多时间。若 n 的取值过低，则数字岩心的连通性被破坏，导致优化后模型与实际岩心孔隙形态相差较大。在本书中，孔隙与骨架边界点的判定方法：若中心体素点的状态为孔隙，且周围 18 个邻域点的状态均为孔隙，则中心体素点为完全孔隙点，其空间位置用（i，j，k）表示。如图 5-17 所示，用 $A \sim F$ 表示以点（i，j，k）为中心点的 6 个不同方向，A 代表 x 轴正方向，B 代表 x 轴负方向，同理 C、D 和 E、F 分别代表 y 轴和 z 轴的正、负方向。则随机选取一个方向，如选取方向 C，那么计算按照 y 轴的正方向进行，即 x、z 坐标值不变，令 $j=j+1$，若此时点（i，$j+1$，k）的状态仍为孔隙，则继续判定（i，$j+2$，k）点的状态，当找到（i，$j+n$，k）点的状态为骨架时循环结束，此时可以判定（i，$j+n$，k）点即为孔隙与骨架的边界点。若计算超出所建模型的范围且没找到满足条件的边界点，则重新随机选择其他方向进行计算。

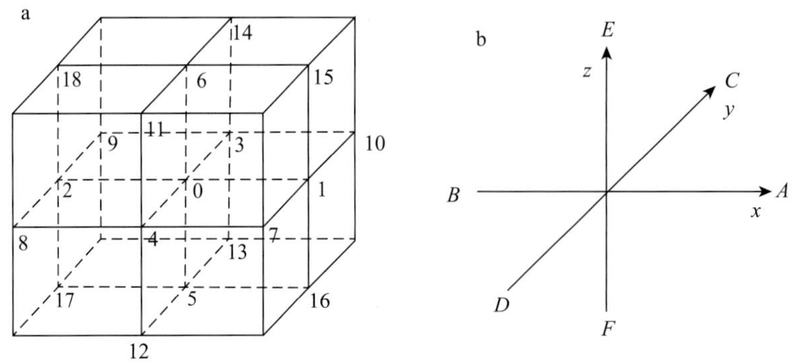

图 5-17　D3Q19 模型网格结构（a）和随机方向选择示意图（b）

针对孔隙半径分布的对象点选取准则：利用 AB 抽提算法抽提出重构数字岩心的孔隙网络，统计孔隙半径分布，并将之与真实岩心的孔隙半径分布（可由氮吸附实验获得）比较。记下分布差异较大的半径点，将这些点分成两个集合 $U1$ $\{r_1, r_2, \cdots, r_n\}$ 和 $U2$ $\{r_1^0, r_2^0, \cdots, r_n^0\}$。其中，$U1$ 内的任意一点 r_i 表示重构数字岩心中半径为 r_i 的孔隙数量占比大于真实岩心中该半径的孔隙数量占比，$U2$ 内的任意一点 r_i^0 表示重构数字岩心中半径为 r_i^0 的孔隙数量占比小于真实岩心中该半径的孔隙数量占比。在生成新系统时，从集合 $U1$ 中任取一个半径 r_i，并从之前抽提好的孔隙网络中选取任意一个以 r_i 为半径的孔隙，记录下该空隙的圆心点 O_1；同理，从集合 $U2$ 中任取一个半径 r_i^0，并从之前抽提好的孔隙网络中选取任意一个以 r_i^0 为半径的孔隙，记录下其圆心点 O_2（图 5-18）。显然，根据 AB 算法的抽提原理，O_1 和 O_2 为完全孔隙点。分别以 O_1 和 O_2 为中心，沿如图 5-18b 所示的 6 个方向搜索，得到 6 个方向的边界点，将 O_1 边界点的孔隙与 O_2 边界点的基质交换，生成新的系统。

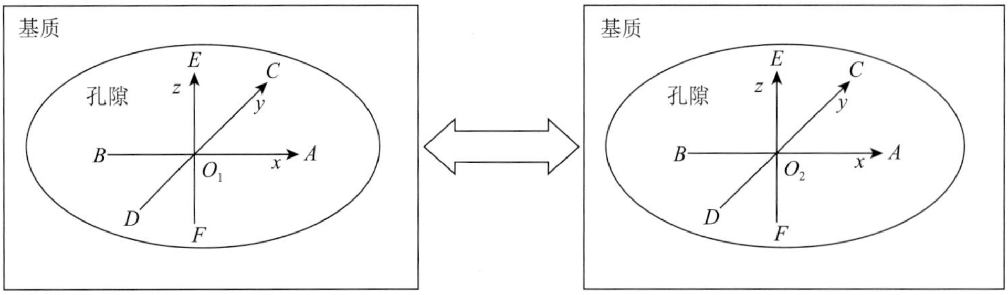

图 5-18　针对孔隙半径的对象点选取准则

需要说明 3 点：①如果重构的数字岩心与真实岩心在某一方向的两点连通概率函数差异较大，比如 y 方向差异较大，则在搜索边界点随机选择方向时（图 5-17b），应该适当控制随机参数，使得 y 方向被选中的概率大一些，重点调整 y 方向边界点，以增加收敛速度；②如果系统（数字岩心）为多相介质，则在搜索边界点和对象点时，必须保证两者的孔隙必须是同相的；③在生成新系统时，对象点选取究竟按照上述两个对象点选取准则中的哪一个，需要根据真实岩心和重构数字岩心的孔隙半径分布函数和两点连通概率函数的差异判断，如果孔隙半径分布函数的差异较大，则优先按照针对孔隙半径的对象点选取准则选取对象点，反之，则按照针对连通性的对象点选取准则对象点。

3）计算新系统的3个目标函数的值，并且定义 $f=\max(f_1, f_2, f_3)$，判断 f 是否满足 Metropolis 准则，若不满足则重新产生新系统，若满足则更新系统。

4）重复步骤2）和3），直到3个目标函数都满足循环终止条件，即新系统的两点连通概率函数、孔隙半径分布函数、渗透率值与已知真实岩心的参考值足够接近。

2. 算法验证

为了验证算法的正确性，选择上一小节中样品C1的任意一个重构结果进行优化调整。图5-19给出了CCSIM-TSS方法的重构结果，接着计算了该重构结果3个方向的两点连通函数、孔隙半径分布和渗透率的值，并将之和微米CT扫描图像的两点连通函数、孔隙半径分布函数、渗透率的值进行对比。可以看出，重构结果的两点连通函数和CT扫描结果有一定差异，而两者的孔隙半径分布结果则差异较大。重构结果3个方向的渗透率分别为 $140\times10^{-3}\mu m^2$，$201\times10^{-3}\mu m^2$ 和 $117\times10^{-3}\mu m^2$。这说明，CCSIM-TSS方法的重构结果虽然在统计意义上与真实值较为接近，但由于结果的随机性，个体值和真实值仍然会存在较大差异。为了克服随机算法的这个固有缺点，需要对重构结果进行调整和优化。

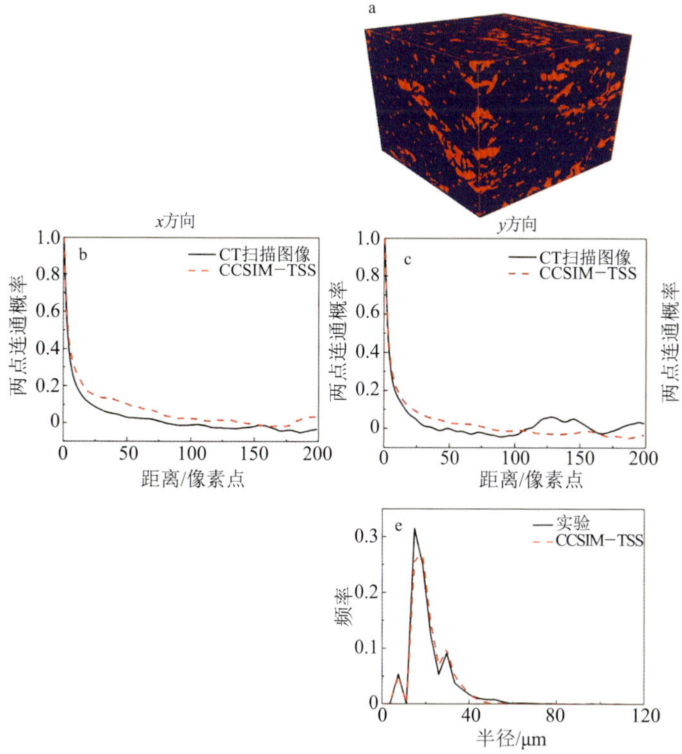

图5-19　CCSIM-TSS方法重构结果分析

a—CCSIM-TSS方法的重构结果；b，c，d—该重构结果3个方向的两点连通函数和微米CT扫描图像的对比；e—孔隙半径分布对比

观察图 5-19 可以发现，在 $r\geqslant 20\mu m$ 时，重构值和真实值的两点连通概率函数差异较大，因此当 $r\geqslant 20\mu m$ 时，设置 a、b、g 值是 $r<20\mu m$ 时的两倍。同样地，在后期优化时，对于孔隙半径范围在 $10\mu m\leqslant r\leqslant 30\mu m$ 内时的 k 设置为 $r<10\mu m$ 和 $r>30\mu m$ 时的两倍。在 238 次迭代之后，可以得到误差在接受范围之内的重构结果。同样计算了最优优化结果的 3 个方向的两点连通函数、孔隙半径分布和渗透率的值，并和 CT 扫描结果进行再次对比。由图 5-20 可以看出，优化后的结果和真实岩心的两点连通函数、孔隙半径分布较为吻合。表 5-6 列出了不同迭代次数得到的优化结果的渗透率值以及 CT 图像计算而得到的渗透率值。可以看出，随着迭代次数的增加，重构的数字岩心和真实岩心的渗透率值逐渐接近。这证明，本书优化算法效果良好，通过优化调整可以得到与真实值更接近的数字岩心。

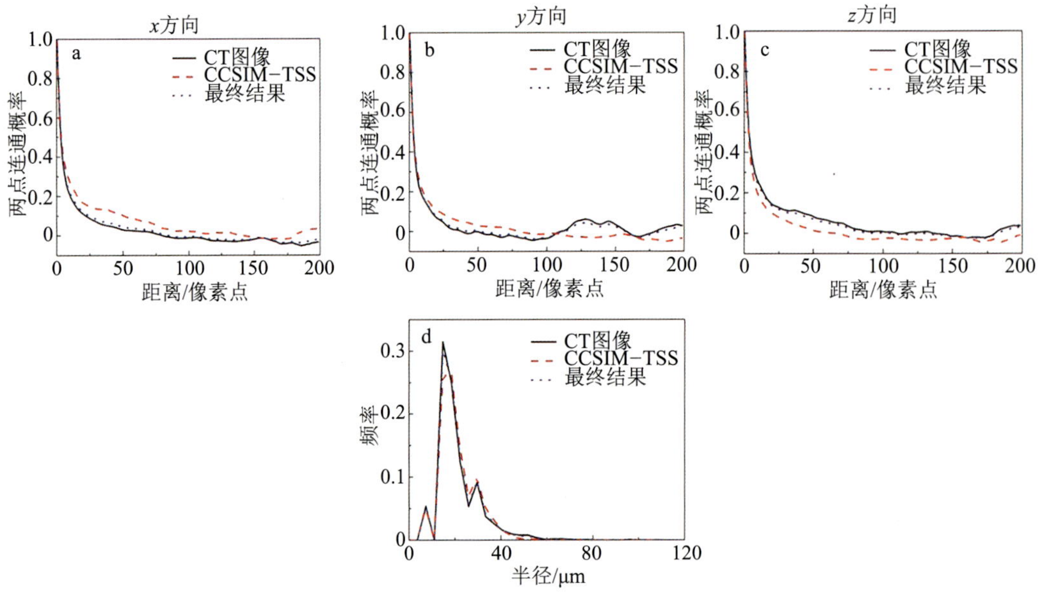

图 5-20　CCSIM-TSS 方法重构优化后结果分析

a，b，c—3 个方向上 CCSIM-TSS 方法的重构结果、优化后的最终结果以及 CT 图像的 3 个方向上两点连通函数对比；d—孔隙半径分布对比

表 5-6　CT 扫描图像和不同迭代次数得到的优化结果的渗透率对比

渗透率/$10^{-3}\mu m^2$	CT 图像	迭代次数		
		1	100	238
k_x	198	140	160	204
k_y	323	201	263	308
k_z	248	117	204	209

图 5-21 所示为重构结果在优化前、后的孔隙网络对比。结果显示，基于多目标模拟退火算法的优化算法只是改变了孔隙结构的局部特性，并没有改变主要孔隙结构，该优化算法只是对重构结果进行了局部微调。

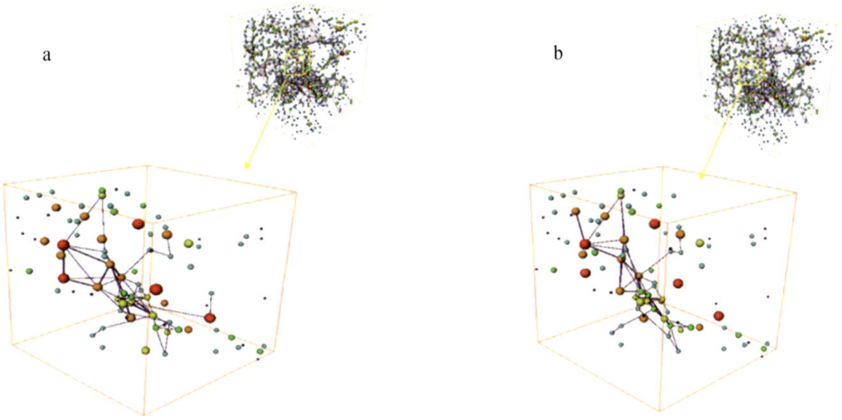

图 5-21　CCSIM-TSS 方法的重构结果（a）和优化后的数字岩心孔隙网络（b）对比

三、致密砂岩重构实例

下面以新疆的一个致密砂岩样品为例，分别利用 CCSIM-TSS 方法和后期优化算法对该致密砂岩进行重构。该致密砂岩的 SEM 图像如图 5-22 所示，图像大小为 1000 像素点×1000 像素点，最大分辨率为 50nm，同时给出了其阈值划分之后的图像。从图中可以看出，致密砂岩内部存在大量的微纳米孔隙，并且孔隙结构较为复杂。从 SEM 图像中提取两点连通函数，如图 5-23 所示，接下来将以该两点连通函数为约束，基于 SEM 片进行三

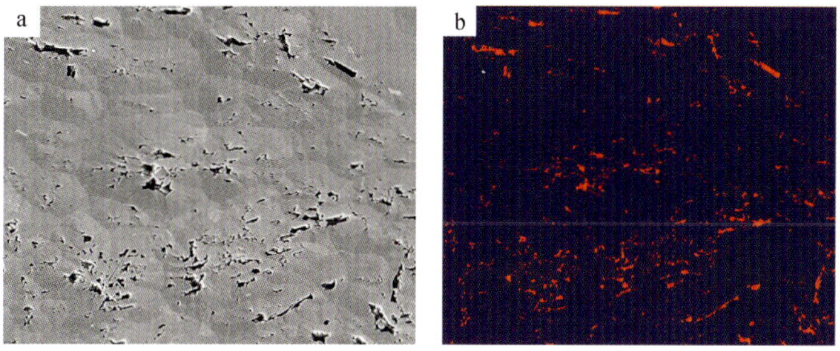

图 5-22　致密砂岩的 SEM 图像（a）及其阈值划分之后的图像（b）

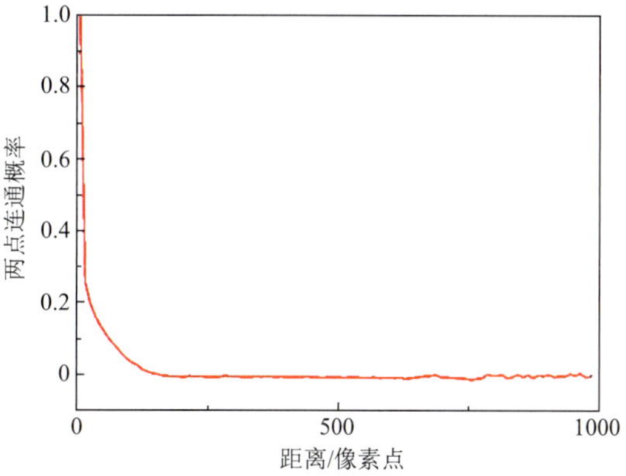

图 5-23　致密砂岩的 SEM 图像提取的两点连通函数

维数字岩心的重构。

通过实验可以测得该致密砂岩的孔隙度为 4.2%。利用多功能脉冲衰减气体渗透率分析仪在温度为 38℃、有效压力为 30MPa 时测得该样品的有效渗透率，并基于 Klinkenberg 方程将之转化为绝对渗透率，可得该样品的绝对渗透率为 $1.25\times10^{-3}\mu m^2$。利用高压压汞实验，可以得到该致密砂岩的孔隙半径分布。这些实验值在后期优化算法中将作为约束条件，对重构的数字岩心进行调整。

图 5-24 给出了 CCSIM-TSS 方法的重构结果。从图中可以看出，重构结果能够很好地反映二维 SEM 图像的孔隙结构特征。同时，分别计算了该重构结果的两点连通函数和孔隙半径分布，并将之与真实岩心的实验值进行对比。如图 5-25 所示，重构数字岩心的两点连通函数和孔隙半径分布与真实岩心之间存在一定差异。

图 5-24　利用 CCSIM-TSS 方法重构的致密砂岩数字岩心

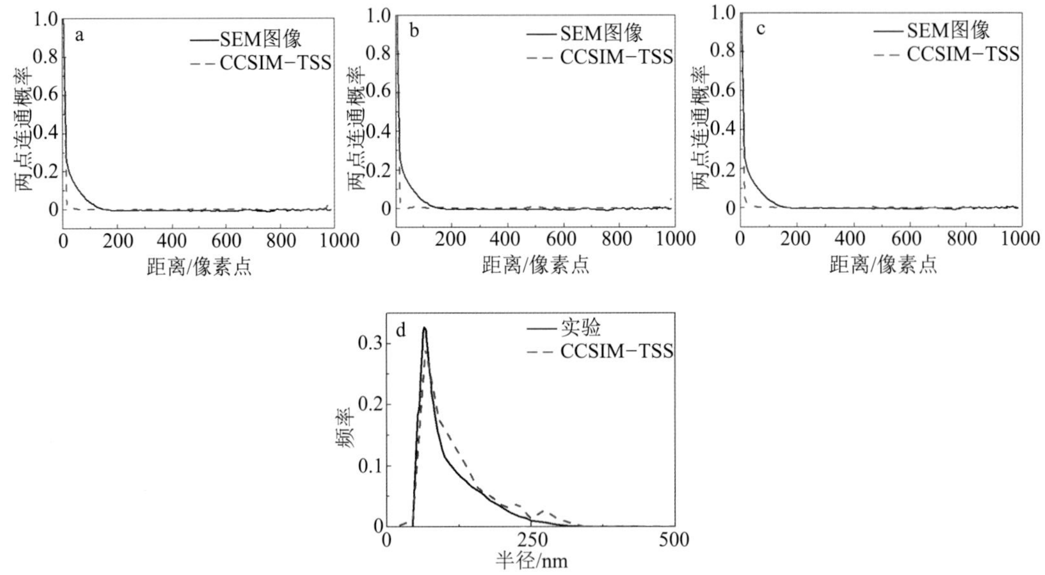

图 5-25　CCSIM-TSS 方法重构致密砂岩分析

a，b，c—利用 CCSIM-TSS 方法重构的致密砂岩数字岩心和 SEM 图像的两点连通函数在 3 个方向的对比；d—孔隙半径分布对比以 SEM 片中提取的两点连通概率函数、实验得到的孔隙半径分布函数、渗透率为约束条件，利用后期优化算法对重构结果进行优化调整，以得到和真实岩心最为接近的三维数字岩心。通过和真实岩心实验测得的参数进行对比，来评价该数字岩心的精度。同样地，计算了最后优化得到的数字岩心的两点连通概率函数、孔隙半径分布曲线，并和实验值进行对比，如图 5-26 所示。从图中可以看出，优化后数字岩心的连通性、孔径分布和实验值吻合得很好。这说明该数字岩心能够真实反映样品的连通性和孔径大小。计算了不同迭代次数下得到的数字岩心的渗透率，如表 5-7 所示。可以看出，随着迭代次数的增加，优化的数字岩心和真实岩心的渗透率在不断地接近。

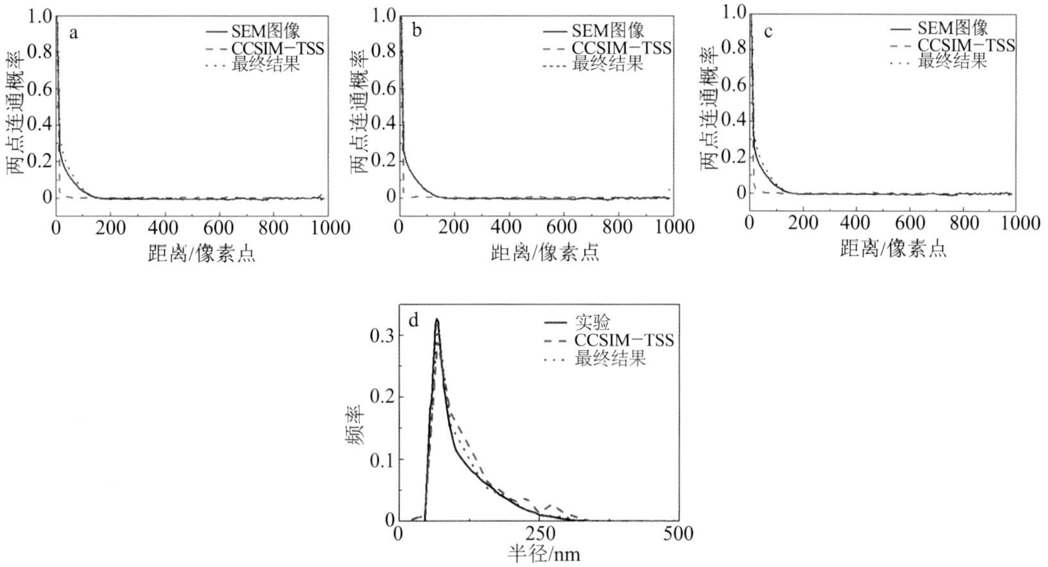

图 5-26　CCSIM-TSS 方法重构优化后的致密砂岩分析

a，b，c—最后优化后得到的致密砂岩数字岩心和真实岩心的两点连通函数对比；d—孔隙半径分布对比

表 5-7　实验测得的渗透率和不同迭代次数得到的优化结果的渗透率的对比

渗透率/$10^{-3}\mu m^2$	实验值	迭代次数		
		1	600	1365
k	1.25	0.54	0.82	1.03

综合上述分析可以得出：利用本书提出的 CCSIM-TSS 重构算法和后期优化算法重构的致密砂岩数字岩心可以很好地反映样品真实的孔隙结构。该算法只需要利用二维 SEM 图片和实验测试数据，就能够重构出精度较高的致密岩石三维数字岩心，节省了大量的成本，且精度较现有方法得到了大幅提高。

四、三维拓展重构

如前文所述，在对岩石样品进行研究时，最好是对 REV 尺度的岩石样品进行分析。但是，由于目前三维成像技术条件的限制，针对致密砂岩、致密碳酸盐岩、页岩等非均匀性较强、孔隙结构较为复杂、孔隙半径分布范围较广的岩石样品，很难直接得到既满足高分辨率要求、又满足成像视野足够大（REV 尺度）的三维图像。由二维图像重构三维图像是一种得到高分辨率、大视野的三维图像的途径，同时也可以直接利用合适的三维图像进行三维拓展重构，来得到高分辨率、大视野的 REV 尺度的三维图像。下面以致密碳酸盐岩为例，对该算法进行说明。

本研究对新疆的致密碳酸盐岩样品进行了 CT 扫描，得到如图 5-27a 所示的图像。数据体大小为 1000 像素点×1000 像素点×1000 像素点，分辨率为 17.52μm。对扫描图像进行阈值划分，可以得到如图 5-27b 所示的三维图像。从图中可以看出，该碳酸盐岩样品内部存在几条大裂缝和较多的孔洞，孔洞和裂缝共同构成了流体流动的主要通道。

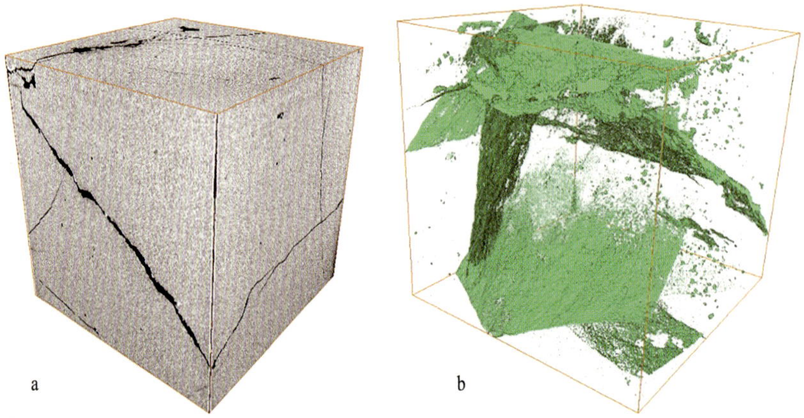

图 5-27　碳酸盐岩样品的 CT 扫描图像（a）和阈值划分图像（b）

对该扫描结果进行 REV 分析，如图 5-28 所示。横坐标为块体边长的像素点数，纵坐标为孔隙度。分别从三维图像的 8 个顶点出发，计算孔隙度随着块体大小的变化规律。从图中可以看出，孔隙度在 1000 个像素点处并没有达到稳定，这说明该三维图像并没有达到 REV。

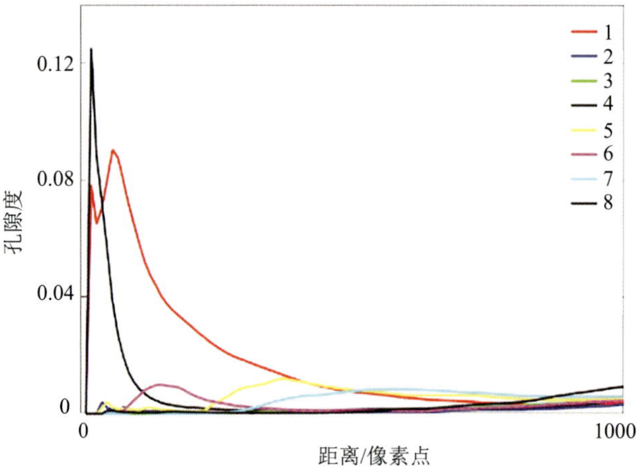

图 5-28　碳酸盐岩样品的 CT 扫描图像的 REV 分析

图例 1~8 为 8 个顶点

这就是前文所说的，实际 CT 扫描得到的岩心三维图像由于成像设备扫描区域大小的限制，没有达到 REV，这样会影响对岩石物理性质的研究分析。为此，本研究发展了基于 CCSIM3D 算法的三维数字岩心拓展重构方法，将已有的扫描结果扩展重构为达到 REV 的三维岩心图像，以便于后期研究。

具体重构过程如图 5-29 所示。首先，以现有的 17.5mm×17.5mm×17.5mm 的三维 CT 图像为待重构区域的中心点，利用基于 CCSIM3D 算法的三维数字岩心拓展方法，向前、后、左、右、上、下 6 个方向重构，将其拓展到 REV 尺度的三维数字岩心。

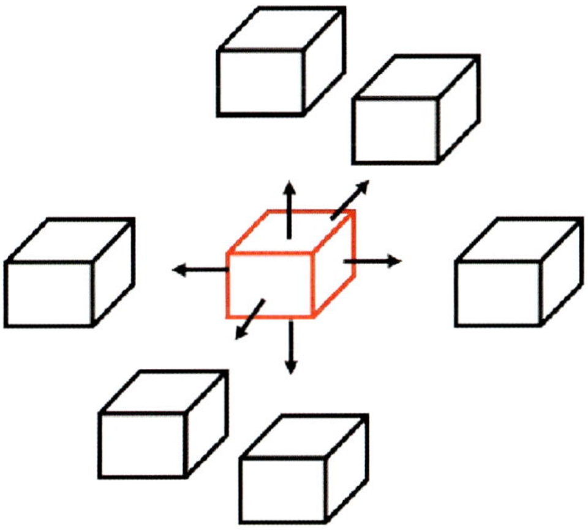

图 5-29　三维拓展重构示意图
红色为现有 CT 扫描图像

需要强调的是，在扩展重构的过程中要保持边界的连续性。本研究通过使待重构区域与其周围相邻的区域有一部分重叠区域（*OL*）来保持相邻区域的孔隙、裂缝的连通性。在三维拓展重构过程中，可能出现的连通区域情况如图 5-30 所示。

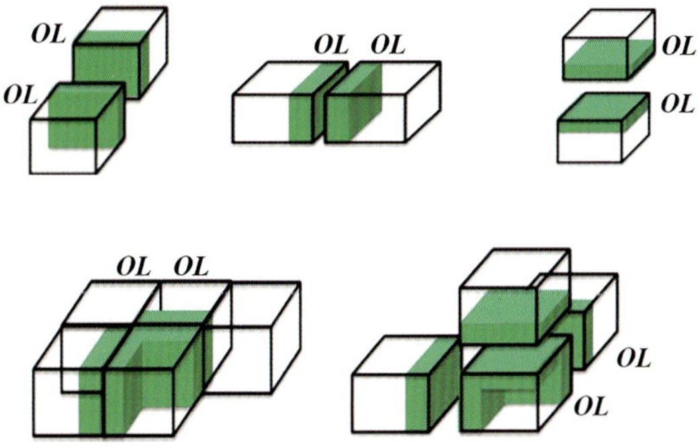

图 5-30　扩展重构过程中保持边界连续性示意图

然后，利用熵准则和网格嵌套方法，从待重构区块相邻边界的连通区域 *OL* 中提取重构的约束点。网格嵌套方法如图 5-31 所示。计算每个网格内的熵，$s=\sum_{i=1}^{n}p_i\ln p_i$，其中 p_i 为该网格内第 i 个组分的含量。以熵的大小判断该网格是否要细化，如果熵较大，则网格进行细化，细化的方法是将网格平均分为 4 份，重复上述步骤，直到每个网格内的熵达到要求。完成后，按一定比例，随机提取每个网格内的点，作为下一步重构时的约束点。接着，以上面约束点为限制条件，利用第二节中的基于互相关函数的重构算法，重构待求解区域的孔隙结构。以此类推，直到得到拓展好的数字岩心。

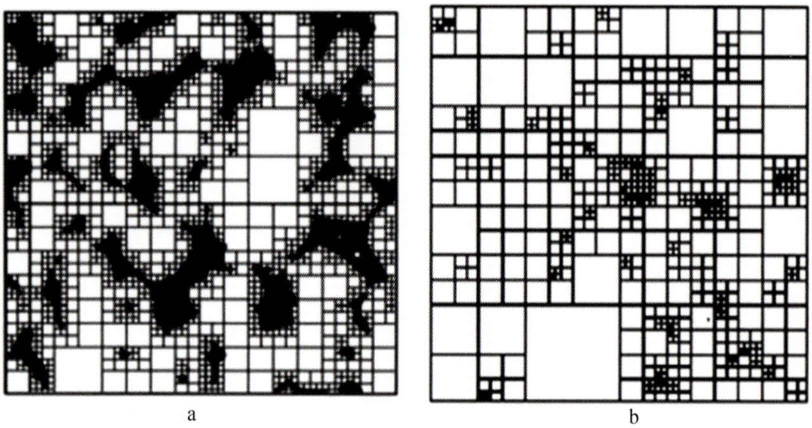

图 5-31　网格嵌套示意图（a）和网格嵌套提取结果（b）

最后，得到了如图 5-32 所示的 52. 5mm×52. 5mm×52. 5mm 的扩充三维图像，该图像数据体的大小为 3000 像素点×3000 像素点×3000 像素点。对该图像重新进行 REV 分析，可以看出该三维图像在 2500 像素点×2500 像素点×2500 像素点大小时可以达到 REV。

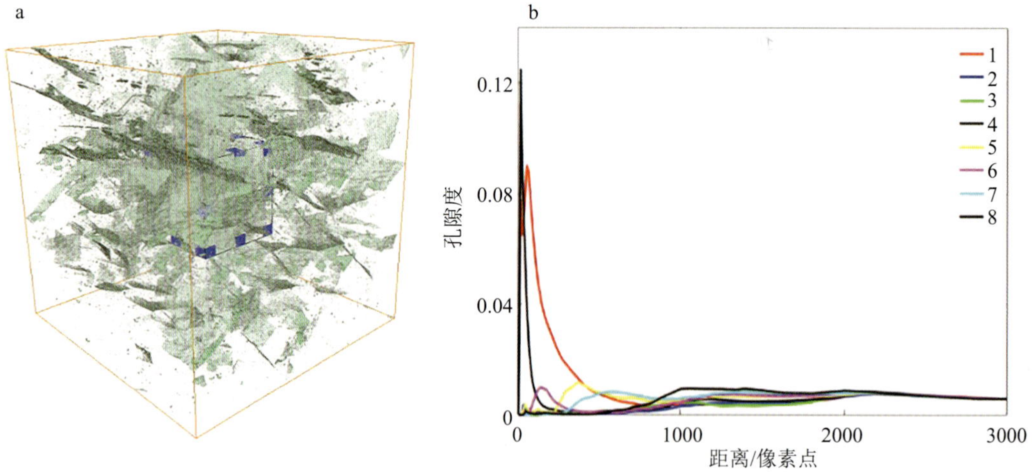

图 5-32　扩展重构结果（a）及其 REV 分析（b）

图 b 中图例为 8 个顶点

为了更进一步考察该算法的优越性，将扩展重构结果（图 5-32）与目前普遍用的镜像法得到的结果（图 5-33）进行对比。图 5-33 表明，镜像法得到的三维图像的孔隙度随着块体的增大，其差异并不是逐渐减少，而是会出现周期性震荡，这说明该三维图像并没有达到 REV。通过对比分析说明，扩展重构算法明显优于镜像法。

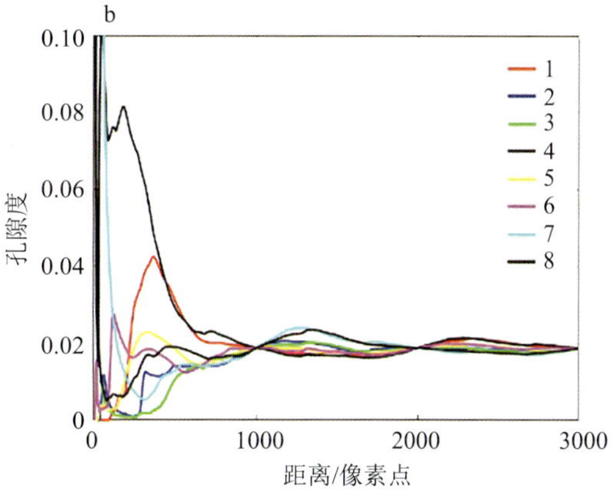

图 5-33 镜像法结果（a）及其 REV 分析（b）

图 b 中图例为 8 个顶点

第三节 高精度孔隙网络抽提

一、高效、高精度孔隙网络抽提（AB）算法

1. AB 算法原理与特点

综合分析中轴线法 MA 和最大球法 MB 的优缺点，本书提出了适用于低渗透岩石三维图像的高效、高精度的孔隙网络抽提算法——AB（Axis Ball）算法。

该方法的完整流程如图 5-34 所示，主要分为载入阈值划分后的图像数据、建立内切球、识别中轴线、在中轴线上建立大球、孔隙和喉道定位、分割孔隙空间、计算孔隙孔喉参数和形成输出文件 8 个步骤。

该算法的创新性在于将 MA 和 MB 方法的优点结合，同时通过对关键环节的改进，大幅提高结果的精度和稳定性。主要的改进如下：

（1）改进 LKC（打薄）算法，更准确提取中轴线

中轴线被广泛应用于模式识别、图像处理、孔隙网络抽提等领域（Jiang et al.，2007）。针对孔隙网络抽提研究，中轴线主要可以分为两类算法：“燃烧”算法（Burning Algorithm，BA）（Baldwin et al.，1996；Lindquist et al.，1999）和“打薄”算法（Thinning Algorithm，TA）（Lindquist et al.，1999；Liang et al.，2000）。

对人造哑铃数据体进行测试发现（图 5-35），BA 算法并不能确保对所有的数据体都能识别出严格的中轴线，这是因为对于“燃烧”算法，当某一个方向上像素层数为偶数，那么最中间的两层像素都会满足判别条件，所以都被识别为中轴线像素。对于哑铃状数据体也得不到严格的中轴线。实际的多孔介质空隙空间远比这个简单数据体要复杂，通过 BA 算法得到严格的中轴线比较困难。所以本书以“打薄”算法来提取中轴线。

LKC 算法是 TA 算法的代表，传统的 LKC 方法从上、下、左、右、前、后 6 个方向确定中心像素，效率很高，但是没有加上距离约束，所得中轴线并不严格居中。本书引入了

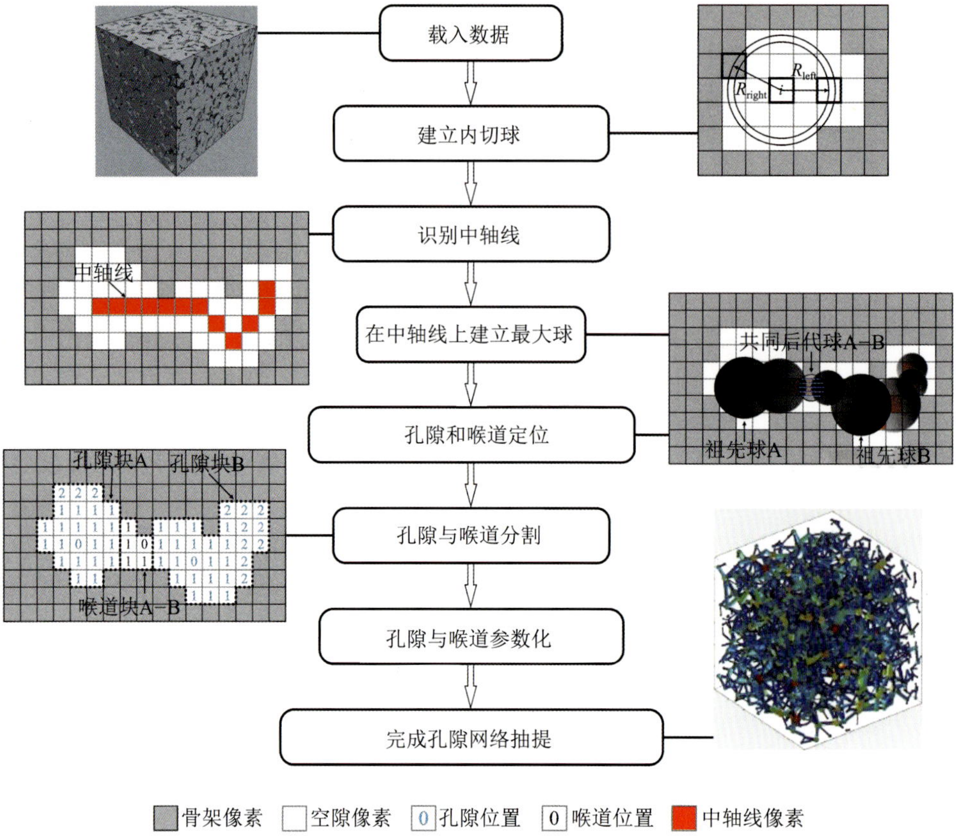

图 5-34　AB 算法的完整流程

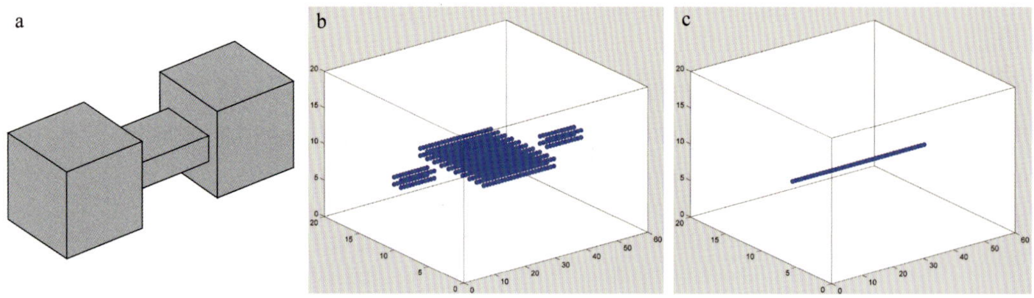

图 5-35　人造哑铃数据体测试

a—人造哑铃示意图；b—BA 中轴线结果；c—TA 中轴线结果。图中数值单位为像素点

内切球用于确定中心像素，同心圆式地搜索计算每个像素所对应的内切半径，不会有像素重复判断。该改进算法在保证连通性质和拓扑性质不变的前提下，总是优先判断半径小的像素是否能被标记成基质像素，所以剩余的中轴线像素会更加居中。传统算法和改进算法的结果差异如图 5-36 所示，改进 LKC 算法的内切球半径大于传统 LKC 算法结果，表明改进 LKC 算法所得中轴线位于更优势路径上。

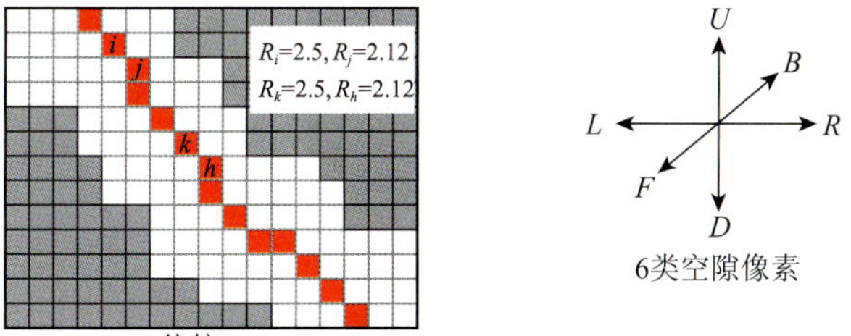

a. 传统LKC

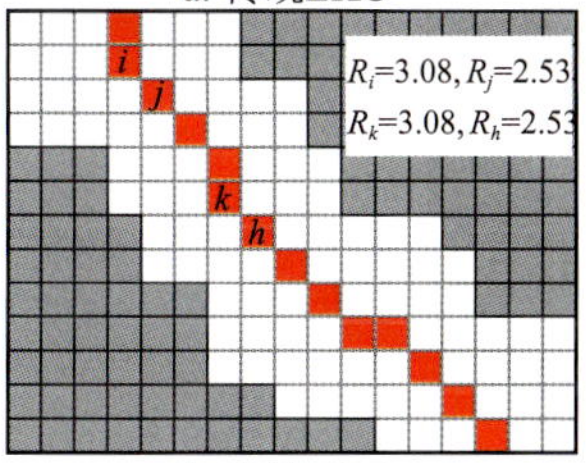

算法	像素	内切半径	像素	内切半径
传统LKC	a	3.00	c	2.83
改进LKC		3.16		3.16
传统LKC	b	2.24	d	2.24
改进LKC		2.83		2.83

b. 改进LKC

■ 骨架像素　□ 空隙像素　■ 中轴线像素

图 5-36　改进 LKC 算法和传统 LKC 算法结果对比

（2）提出同心圆法，提高建立内切球的效率

最大球是抽提算法中一个很重要的元素。对于一个三维的数字岩心，从任意一个空隙像素出发，到达最近的基质像素所形成的球即为该空隙像素所对应的内切球。所以有多少个空隙像素就会对应同样数量的内切球。但是这些内切球有的会被其他大一点的内切球所完全包含，所以这部分球是多余的，需要去掉，最终剩余的内切球则被称为最大球。而如何建立这些内切球是建立最大球之前需要解决的问题。

Dong 等（2007，2009）曾提出一种以膨胀-收缩算法来建立内切球，做法是：①从中间像素出发，沿着 26 个方向（6 个轴向，12 个对角线方向，8 个顶点方向）往外寻找最近的基质像素，这一步为膨胀过程。该过程是为了确定一个最大搜索范围。②执行收缩过程，即在搜索范围以内遍历所有的像素，找到最远的空隙像素。由于数字岩心为离散数据，很难确定内切球的实际半径，所以 Dong 等对每个内切球分配了两个半径，即 R_{left} 和 R_{right}。从中心像素出发到最近基质像素的距离即被定义为 R_{left}。在 R_{left} 范围以内从中心像素到最远空隙像素的距离则被定义为 R_{right}。该内切球的实际半径满足 $R_{left} \leqslant R < R_{right}$。

如图 5-37 所示，传统的用于确定内切球的方法为膨胀-收缩算法，有的像素在膨胀过程和收缩过程中会被重复判断，所以会影响算法的效率，尤其是当空隙像素很多、需要建立很多内切球时，这种重复判断所带来的时间消耗就更不能忽视。为了避免这种额外的时间成本，本书用一种同心圆式的搜索方法来建立内切球，从中心像素出发，一层一层往外寻找内切球最小和最大半径，一步到位。该方法只会按照距离从近到远搜索，一旦碰到基质像素或者边界像素就会退出循环，不会有任何像素会被重复判断，节省了时间。

（3）提出在中轴线上建立最大球，孔隙、喉道位置识别更合理

得到中轴线后，需要在中轴线上建立最大球。具体做法是：首先将非中轴线像素所对应的内切球一律删除。然后对于中轴线像素上的内切球，如果该球被其他内切球所包含，

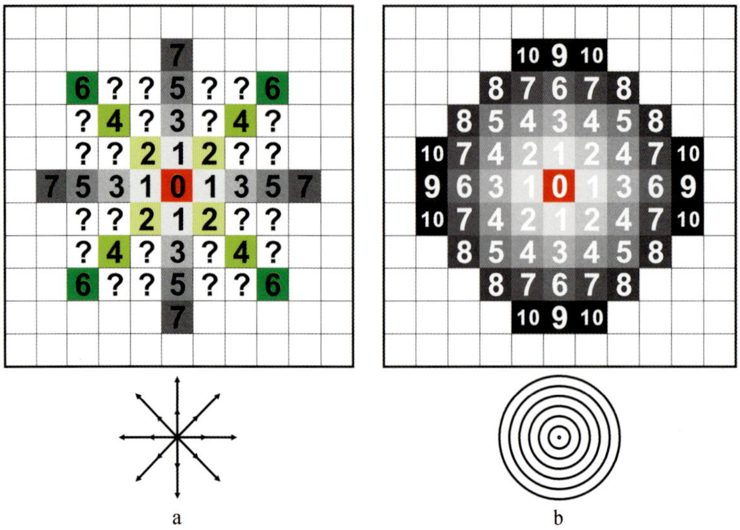

图 5-37　建立内切球方法示意图

a—膨胀-收缩算法示意图；b—同心圆算法示意图

那么这一部分内切球也被删除掉。假设两个内切球的中心像素分别为 B_i 和 B_j，如果满足条件 dist（B_i，B_j）$\leqslant$（R_i-R_j），那么球 B_j 完全被球 B_i 所包含，所以球 B_j 是多余的，故被删掉。在此基础上，采用 Dong 等提出的运用家族树的概念来确定孔隙与喉道位置。该算法效率比较高，可以快速定位孔隙与喉道位置。

AB 算法依赖中轴线保留空隙空间的形态，在中轴线约束下建立最大球并运用最大球方法寻找孔隙、喉道位置，这样得到的喉道形态会与实际情况更加接近。如图 5-38 所示，针对这个哑铃状物体，用 AB 算法来抽提后可以发现喉道形态与实际情况更加接近。除此之外，由于利用了最大球算法的优点来识别孔隙与喉道的位置，所以也避免了像中轴线算法那样识别出不合理的孔隙位置（图 5-39）。

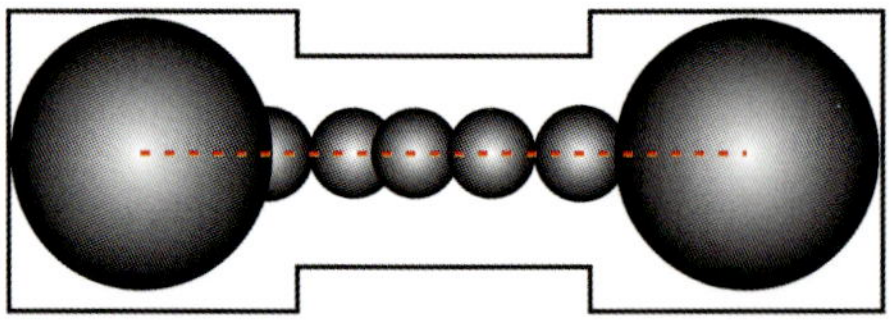

图 5-38　AB 算法针对哑铃状数据体抽提得到的孔隙-喉道结果

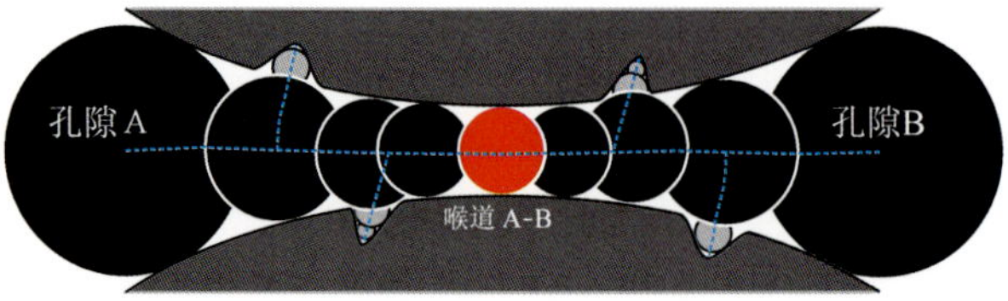

图 5-39　AB 算法识别孔隙喉道位置示意图

（4）提出双速膨胀法，实现孔隙、孔喉划分唯一

确定好孔隙与喉道位置之后，需要划分各个孔隙喉道的范围。Dong 等（2009）在 MB 算法中，根据最大球与祖先球的相对大小，将所有的最大球标记为孔隙属球或者喉道属球，同一属性最大球对应范围内的像素形成一个喉道块或者孔隙块。这种方法效率高但是过于粗糙，会导致结果存在离散像素，与实际情况不符。而且 AB 算法只在中轴线上建立最大球，这些球并不能包含整个空隙空间。从这两个方面来看，通过最大球方式来分割孔隙喉道都是不合适的。本书在最大球方法的基础上改进了划分规则，使得孔隙和孔喉划分更为准确。从所有的孔隙位置开始同时往外膨胀一次，需要注意的是孔隙块每次往外膨胀两层像素，而喉道块每次往外只膨胀一层像素。所有孔隙块往外膨胀一次后接着从所有喉道块往外膨胀一次（图 5-40）。孔隙块和喉道块交替往外膨胀，从孔隙位置和喉道位置连续地往外识别像素并归为相应的孔隙块或者喉道块，避免结果存在离散像素、与实际情况不符的问题。孔隙膨胀速度是喉道膨胀速度的两倍是为了确保孔隙块占据大部分空隙空间，因为一般认为孔隙是存储流体的主要场所，应占据绝大部分空间（Silin et al.，2003，2006）。经测试，以这种 2∶1 速率膨胀最终能够能确保所有的样品孔隙所占体积都能达到 80% 以上，符合一般的定性认识。

3	3	3	3	3	3	3	3	3	3	3
3	2	2	2	2	2	2	2	2	2	3
3	2	2	2	2	2	2	2	2	2	3
3	2	2	1	1	1	1	1	2	2	3
3	2	2	1	1	1	1	1	2	2	3
3	2	2	1	1	0	1	1	2	2	3
3	2	2	1	1	1	1	1	2	2	3
3	2	2	1	1	1	1	1	2	2	3
3	2	2	2	2	2	2	2	2	2	3
3	2	2	2	2	2	2	2	2	2	3
3	3	3	3	3	3	3	3	3	3	3

a

5	5	5	5	5	5	5	5	5	5	5
5	4	4	4	4	4	4	4	4	4	5
5	4	3	3	3	3	3	3	3	4	5
5	4	3	2	2	2	2	2	3	4	5
5	4	3	2	1	1	1	2	3	4	5
5	4	3	2	1	0	1	2	3	4	5
5	4	3	2	1	1	1	2	3	4	5
5	4	3	2	2	2	2	2	3	4	5
5	4	3	3	3	3	3	3	3	4	5
5	4	4	4	4	4	4	4	4	4	5
5	5	5	5	5	5	5	5	5	5	5

b

图 5-40　孔隙、孔喉双速膨胀法示意图（a）和孔隙、孔喉划分（b）

（5）推导变截面孔喉长度等价公式

考虑流动模拟过程时通常会遇到不同的物理问题，需要区别对待。以绝对渗透率和地层因素为例，喉道等效长度就会涉及两个阻力概念。一个为电阻，表征的是喉道充满液体时对于电子流动的阻碍作用；另一个为粘性阻力，表征液体在喉道内流动时受到的阻碍作用。前者在计算多孔介质的地层因素时考虑；后者在计算绝对渗透率时考虑。因此，建立了两个等效喉道长度：电学等效喉道长度和水力学等效喉道长度。水力学等效喉道长度与电学等效喉道长度完全不同。针对渗透率计算和地层因素计算时不能使用同一个喉道等效长度。

具体做法为：假设沿着喉道走向，喉道形状因子不发生改变，而且喉道半径满足线性变化。以变截面圆管为例，将孔隙-喉道-孔隙链路等效为等径直管，根据粘性阻力和电阻的定义，沿着喉道走向通过积分得到对应的等效液阻和等效电阻，依据等效前、后的喉道液阻和等效电阻保持相等，分别求得水力学和电学等效喉道长度。从公式上看，两者并不相等（图 5-41）。

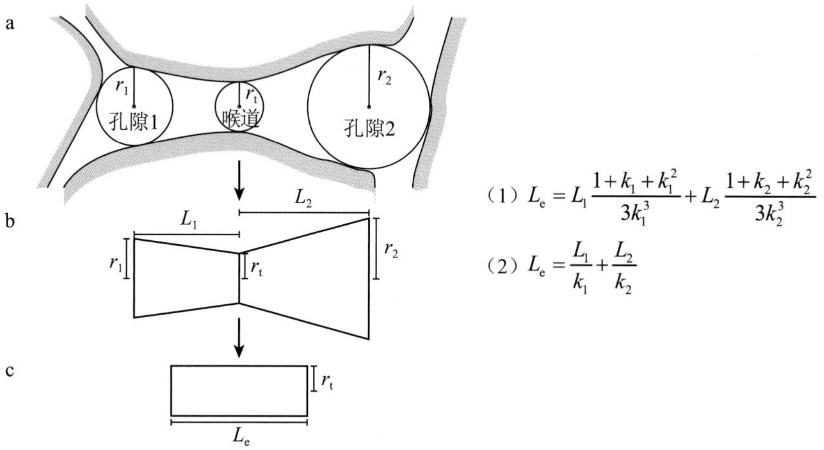

图 5-41 变截面孔喉等效示意图和水力学、电学等效喉道长度公式

a—真实孔隙空间的孔隙与喉道划分；b—变截面孔隙和喉道等效示意；c—单一直径、长度等效喉道示意。r_1、r_2、r_t 分别为第 1、第 2 个孔隙和喉道的半径；L_1、L_2 分别为两端喉道长度；$k_1=r_1/r_t$，$k_2=r_2/r_t$，为两端的孔喉比；L_e 为等效喉道长度。（1）为水力学等效喉道长度计算公式；（2）为电学等效喉道长度计算公式

2. AB 算法验证对比

已知致密岩石三维成像数据的条件下，采用孔隙网络模型开展流动模拟认识油气在致密储层中的渗流规律从计算效率上来说是完全可行的。现存的主要问题在于现有孔隙网络抽提方法应用于低渗岩石成像数据的孔隙网络流动模拟误差较大。格子玻尔兹曼方法（Lattice Boltzmann Method，LBM）一般用于基于数字图像进行绝对渗透率的计算，作为在实验数据缺失条件下的标杆值；已有研究发现，当图像分辨率较高时，LBM 结果与实验值十分接近。但是，对于岩石三维成像数据其孔隙分辨率一般有限，采用常用的单松弛时间的 LBM-BGK 模型试验发现，所得渗透率随着使用松弛因子和格子分辨率而变化，不稳定，使用其作为标杆值可能存在较大误差。针对这一问题，本书将双松弛时间的 LBM-TRT 模型（Pan et al.，2006）试用于岩石三维数字图像，发现其可以有效地克服上述问题。

本书选取了 3 类一共 13 个样品来开展研究，包括 1 个人造砂岩样品 A1、10 个砂岩样品（Berea、S1～S9）和 2 个碳酸盐岩样品（C1、C2），样品的数字岩心来源于英国帝国理工大学 Blunt 教授课题组（http：//www3. imperial. ac. uk/earthscienceandengineering/research/perm/porescalemodelling/micro-ct% 20images% 20and% 20networks）。样品 CT 图像如图 5-42 所示，样品基本信息参见表 5-8。

对帝国理工大学公开的 13 个标准岩石样品进行测试的结果如表 5-9 所示。现有的 BGK-0.6（松弛因子取 0.6）的模型普遍低估渗透率值，低估范围为 14%～87%。因此，使用 LBM-TRT 模型模拟岩石三维数字图像表征的孔隙空间内的达西流动，获得绝对渗透率值可以作为标杆值，检验其他方法结果的准确性。

13 个样品的抽提结果如图 5-43 所示，其中球体表示孔隙，圆柱表示喉道，颜色表示孔隙和喉道的直径相对大小。通过上述几个方面的改进，确保孔喉处于优势路径上，因此抽提得到的孔隙网络更接近于真实情况：在保证连通性不变的前提下，确保喉道唯一。

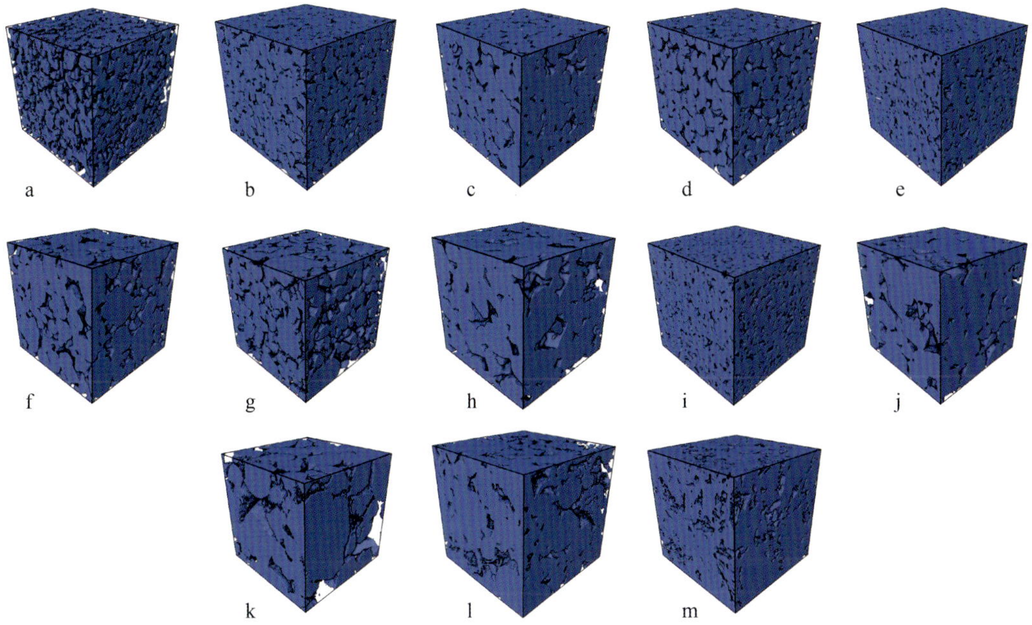

图 5-42　13 个样品的 CT 图像一览

a—A1；b—Berea；c~k—S1~S9；l—C1；m—C2

表 5-8　样品基本信息

样品名称	分辨率/μm	大小/像素点	样品孔隙度/%
A1	3.850	300×300×300	42.87
Berea	5.345	400×400×400	19.65
S1	8.683	300×300×300	14.13
S2	4.956	300×300×300	24.63
S3	9.100	300×300×300	16.86
S4	8.960	300×300×300	17.13
S5	3.997	300×300×300	21.13
S6	5.100	300×300×300	23.96
S7	4.803	300×300×300	25.05
S8	4.892	300×300×300	33.98
S9	3.398	300×300×300	22.17
C1	2.850	400×400×400	23.26
C2	5.345	400×400×400	16.83

基于建立的孔隙网络，可以开展数字岩心的水力学和电学特性计算，获得绝对渗透率和地层因素，具体计算过程如下：

（1）绝对渗透率计算

绝对渗透率是反映空隙空间结构的另外一个参数。不妨将 3 个方向的绝对渗透率分别

记为 k_x、k_y、k_z，样品的平均绝对渗透率定义为这 3 个方向绝对渗透率的几何平均数，即 $k_{avg}=(k_x+k_y+k_z)/3$。地层因素与空间传导性质呈反比，而绝对渗透率与空间传导性质呈正比。也就是说，在一般情况下，当绝对渗透率比较大时，地层因素会比较小。

表 5-9　帝国理工大学 13 个标准岩石样品的 LBM 计算结果

样品名称	BGK-0.6（现有方法）			TRT-1.0/0.6			现有方法偏差/%		
	x 方向	y 方向	z 方向	x 方向	y 方向	z 方向	x 方向	y 方向	z 方向
A1	8272	7977	5412	9607	9293	6524	-13.9	-14.2	-17.0
Berea	1360	1304	1193	1872	1801	1659	-27.4	-27.6	-28.1
S1	1969	1752	1312	2740	2513	1976	-28.1	-30.3	-33.6
S2	4318	3983	3394	5252	4814	4270	-17.8	-17.3	-20.5
S3	143	420	109	784	1185	723	-81.8	-64.6	-84.9
S4	273	289	215	573	597	415	-52.4	-51.6	-48.2
S5	4638	4874	4440	6223	6462	6474	-25.5	-24.6	-31.4
S6	11289	10683	10951	18246	15065	13995	-38.1	-29.1	-21.8
S7	7268	7594	6037	9349	10235	7621	-22.3	-25.8	-20.8
S8	13063	13507	12936	15610	16298	15322	-16.3	-17.1	-15.6
S9	2735	2093	1844	3319	2694	2357	-17.6	-22.3	-21.8
C1	785	1469	1053	1185	2355	1400	-33.8	-37.6	-24.8
C2	38	161	18	161	319	138	-76.4	-49.5	-87.0

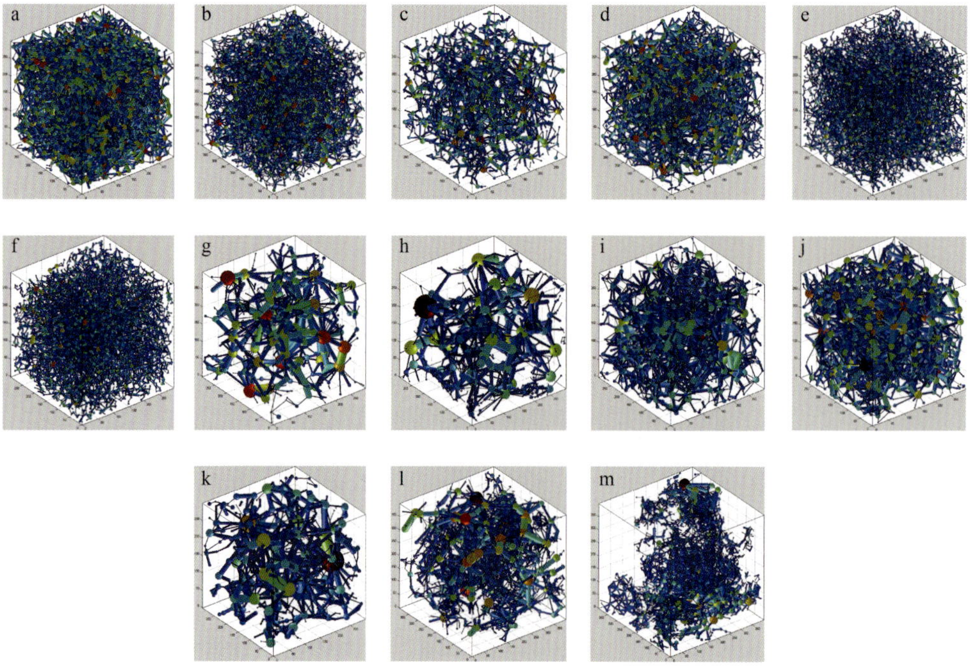

图 5-43　13 个样品的抽提结果

a—A1；b—Berea；c~k—S1~S9；l—C1；m—C2。球体表示孔隙，圆柱表示孔喉，颜色表示直径大小。数值单位为像素点

如图 5-44 所示，对于一段水力学喉道，其等效半径为 r_e（m），水力学等效喉道长度为 $L_{e,hydraulics}$（m）。根据 Patzek 等（2001）的研究结果可以知道，喉道的液阻与喉道截面形态相关：当截面为三角形时（$G\leqslant 0.048$），$R_{tri,hydraulics}=L_{e,hydraulics}\mu/(0.6A^2G)$；当截面为矩形时（$0.048<G\leqslant 0.0625$），$R_{rec,hydraulics}=L_{e,hydraulics}\mu/(0.5623A^2G)$；当截面为椭圆形时（$G>0.0625$），$R_{ell,hydraulics}=8L_{e,hydraulics}\mu/(0.5623A{r_e}^2)$。其中，$R_{tri,hydraulics}$、$R_{rec,hydraulics}$、$R_{ell,hydraulics}$分别为流经三角形、矩形和椭圆形喉道截面时的总液阻（Pa·s/m³），A 为喉道的截面面积（m²），μ 为流体粘度（Pa·s）。假设两端孔隙的压力分别为 p_1(Pa)、p_2(Pa)，根据达西定律可知：

1）当截面为三角形时，流经该喉道的流量 Q（m³/s）满足：

$$Q=\frac{\Delta p}{R_{tri,hydraulics}}=\frac{0.6A^2G(p_1-p_2)}{L_{e,hydraulics}\mu} \tag{5-7}$$

2）当截面为矩形时，流量为

$$Q=\frac{\Delta p}{R_{rec,hydraulics}}=\frac{0.5623A^2G(p_1-p_2)}{L_{e,hydraulics}\mu} \tag{5-8}$$

3）当截面为椭圆形时，流量为

$$Q=\frac{\Delta p}{R_{ell,hydraulics}}=\frac{Ar_e^2(p_1-p_2)}{8L_{e,hydraulics}\mu} \tag{5-9}$$

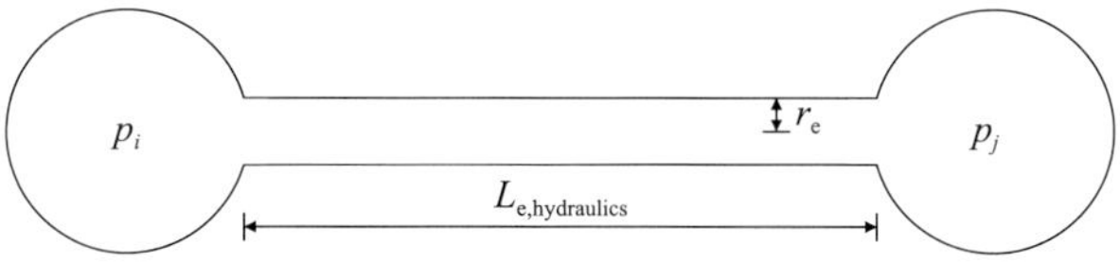

图 5-44　水力学喉道示意图

对于任意一个孔隙 K_i，流进、流出该孔隙的流量需满足守恒：

$$\sum_{j=1}^{n}Q_j=\sum_{j=1}^{n}(p_i-p_j)g_{hydraulics,\ j}=0 \tag{5-10}$$

式中：n 代表与该孔隙相连的喉道数；$g_{hydraulics,j}$与喉道截面形状相关，m³/Pa·s。当喉道截面为三角形时，$g_{hydraulics,j}=0.6A^2G/(L_{e,hydraulics}\mu)$；当喉道截面为矩形时，$g_{hydraulics,j}=0.5623A^2G/(L_{e,hydraulics}\mu)$；当喉道截面为椭圆形时，$g_{hydraulics,j}=A{r_e}^2/(8L_{e,hydraulics}\mu)$。根据式（5-10）可以得到：

$$p_i=\left(\sum_{j=1}^{n}p_jg_{hydraulics,\ j}\right)/\left(\sum_{j=1}^{n}g_{hydraulics,\ j}\right) \tag{5-11}$$

样品两端给定初始压力值，并维持出口端和进入端压力恒定。通过高斯迭代求解压力场。以求解某样品 x 方向的绝对渗透率为例，假设样品该方向的长度为 L_x（m）、横截面积为 A_x（m²）、压差为 Δp（Pa）、入口截面上流量为 Q_x（m³/s），根据达西定律算出该方向的绝对渗透率为

$$k_x=\mu L_xQ_x/(A_x\Delta P) \tag{5-12}$$

应用 AB 算法对帝国理工大学的 13 个砂岩样品的绝对渗透率和结构因子计算发现，

其结果的相对误差均小于 10%，比现有方法 MA 和 MB 有了大幅度的提高（图 5-45），表明该方法对于常规岩心的孔隙网络抽提具有很高的精度，这说明 AB 算法对于孔隙喉道的定义、孔喉的参数化更为合理。

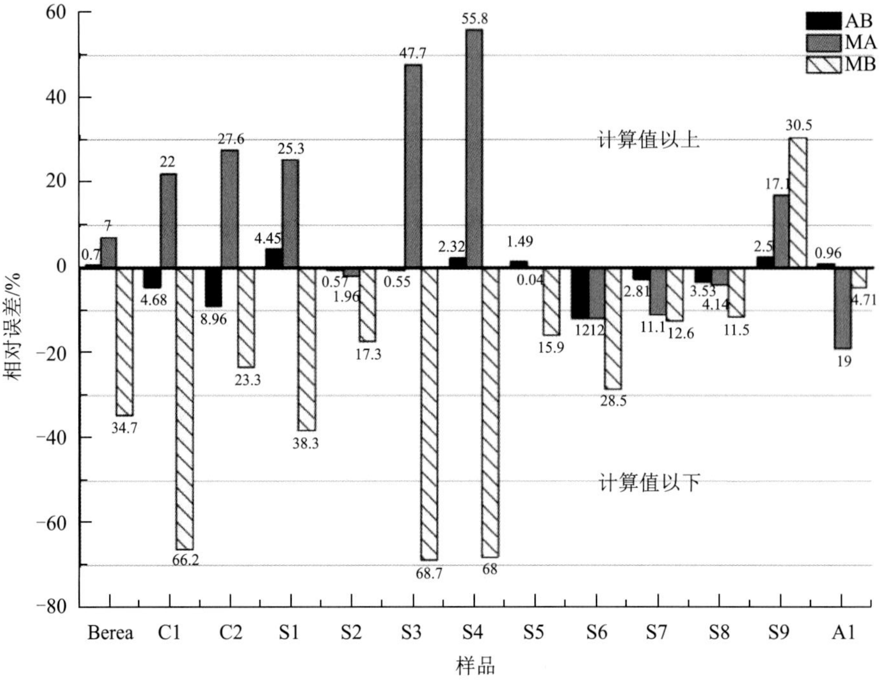

图 5-45　AB 算法计算 13 个样品的绝对渗透率的相对误差

（2）地层因素计算

假设样品空间中充满某种导电液体（该液体的电阻率为 σ_w（Pa・s）），而样品某一个方向（x 方向或者 y 方向或者 z 方向）整体电阻率为 σ_d（Pa・s），那么 $F=\sigma_d/\sigma_w$ 即为该方向的地层因素。从关系式中可以知道，地层因素是无量纲量，反映的是空间几何特征，与具体的充填液体无关。不妨将 3 个方向的地层因素分别记为 F_x、F_y、F_z，该样品的平均地层因素定义为这 3 个方向地层因素的调和平均数，即

$$\frac{1}{F_{avg}}=\frac{1/F_x+1/F_y+1/F_z}{3} \tag{5-13}$$

如图 5-46 所示，对于一段电学喉道，其电学等效半径为 r_e（m），电学等效喉道长度为 $L_{e,electric}$（m），那么该喉道的电阻为

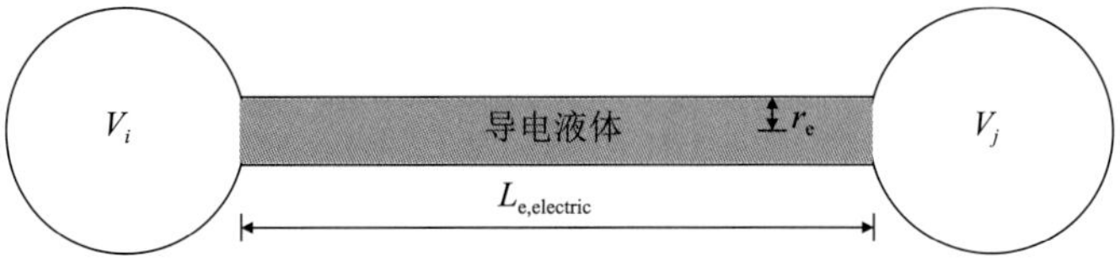

图 5-46　电学喉道示意图

$$R_{\text{electric}}=\frac{L_{\text{e,electric}}\sigma_{\text{w}}}{A} \tag{5-14}$$

式中：R_{electric}为某导电液体充满时该喉道的总电阻，Ω；A 为该喉道的截面面积，m^2。

假设两端孔隙的电压分别为 V_1（V）和 V_2（V），根据欧姆定律可知流经该喉道的电流I（A）：

$$I=\frac{\Delta V}{R_{\text{electric}}}=\frac{A(V_1-V_2)}{L_{\text{e,electric}}\sigma_{\text{w}}} \tag{5-15}$$

对于任意一个孔隙 K_i，流进、流出该孔隙的电流需满足守恒：

$$\sum_{j=1}^{n} I_j=\sum_{j=1}^{n}\frac{A(V_i-V_j)}{L_{\text{e,electric},j}\sigma_{\text{w}}}=0 \tag{5-16}$$

式中：n 为与该孔隙相连的喉道数。

根据式（5-16）可以得到：

$$V_i=\left(\sum_{j=1}^{n}V_j g_{\text{electric},j}\right)/\left(\sum_{j=1}^{n}g_{\text{electric},j}\right) \tag{5-17}$$

其中

$$g_{\text{electric},j}=\frac{A}{L_{\text{e,electric},j}\sigma_{\text{w}}} \tag{5-18}$$

样品两端给定电压初始值，并维持出口端和进入端电压恒定。可通过高斯迭代求解每个孔隙的电压得到样品的电压场。以求解某样品 x 方向的地层因素为例，假设样品该方向的长度为 L_x（m），横截面积为 A_x（m^2），电压差为 ΔV（V），入口截面上电流为 I_x（A），根据欧姆定律该方向的电阻率为：$\sigma_x=A_x\Delta V/(I_x L_x)$，则该方向的地层因素可根据 $F=\sigma_x/\sigma_{\text{w}}$求得（图 5-47）。

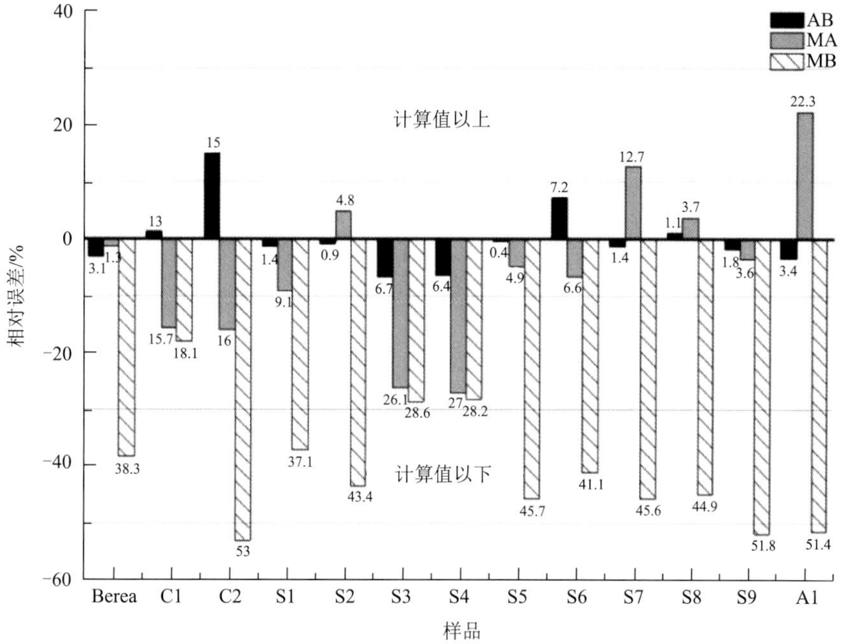

图 5-47　AB 算法计算 13 个样品的地层因素的相对误差

（3）相对渗透率计算

地层因素和绝对渗透率计算只需要考虑到喉道等效半径、等效长度和形状因子 3 个参数，而与孔隙与喉道的体积无关。为了考察双速膨胀算法分割孔隙喉道的有效性，需要通过模拟与孔隙、喉道体积相关的参数来实现，比如说相对渗透率。

相对渗透率曲线是建立在两相流模拟基础之上的。常用的两相流模拟方法主要分为两种：准静态模型和动态模型。准静态模型忽略流体流动所受到的粘性力，将驱替过程近似为一个静态过程，根据静力学平衡关系不断驱替孔隙或者喉道中的液体。准静态模型的基本假设为：流体不可混合，流体不可压缩，粘性力相比于毛管阻力可以忽略。与准静态模型不同的是，动态模型考虑了粘性力对于流动的影响。本书所用两相流求解器是基于准静态模型实现的（Valvatne et al.，2004，2005）。模拟过程如下：

A. 油驱水过程

圈闭在被油气充注之前由于初始饱和水的存在，岩石基质表面具有强亲水性质，作为驱替相的油相是非润湿相，毛管力属于阻力。在不考虑重力的前提下，假设喉道为圆管，根据杨-拉普拉斯方程可知毛管压力为

$$p_{\text{threshold}} = \frac{2\sigma\cos\theta}{r_{\mathrm{e}}} \tag{5-19}$$

式中：σ 为油水界面张力，N/m；θ 为接触角，（°）；r_{e}为喉道等效半径，m。

在常规样品中圆形喉道并不常见，所以常采用多边形毛管压力计算公式：

$$p_{\text{threshold}} = \frac{\sigma\cos\theta(1 + 2\sqrt{\pi G})}{r}F_{\mathrm{d}}(\theta,\ G,\ \beta) \tag{5-20}$$

式中：G 为形状因子；F_{d}为无量纲修正系数。

式（5-20）由 Mayer，Stowe 和 Princen 提出，随后又经 Oren 等（1998）改进（Patzek et al.，2001）。

对于油驱水过程，样品空间中初始充满了水，油相缓慢驱替水相。设定样品驱替相（油）两端压力差，并非常缓慢地提高进入端的油相压力，使油水界面总是以非常缓慢的速度前进。在这个过程中，油相总是会优先通过毛管力最小的喉道，一旦喉道被侵入，则与之相连的孔隙随即也被侵入。驱替过程按照毛管力阈值从小到大的过程侵入。油驱水模拟过程如下：

1）样品进入端界面为初始油水界面，油相进入毛管力最小的边界孔隙（一般来说这个孔隙也是边界最大的孔隙）。

2）搜寻油水界面。油水界面是由许多特定元素（孔隙或者喉道）组成的界面，这种特定元素需满足两端的流体类型不一致。计算油水界面处未被侵入的元素的毛管力。其中毛管力最小的元素被侵入。

3）重复第 2）步，直到达到初始含水饱和度，程序结束。

B. 水驱油过程

水驱油过程涉及的流动机制主要分为 3 类：活塞式驱替，卡段和孔隙充填。活塞式驱替分为两类：主动式驱替，即毛管压力为正值，水相会被自发吸入；被动式驱替，即毛管压力为负值，毛管力为阻力（上述油驱水过程即为被动式驱替）。卡段是因为不同油水界面不断往前进时相遇，导致油水界面不稳定，发生坍塌，导致整个元素（孔隙或者喉道）

被水充满。通常分为两种情形：第一种是处于最小角处的油水界面移到最大角处发生卡段；第二种是两个油水界面同时朝喉道中央运动时相碰。孔隙充填发生在水相自喉道进入孔隙时。静态模型常见的水驱油模拟过程概括如下：

1）假设进入端边界孔隙全部与水相相连。

2）围困效应是指被侵入相孤立后，该被侵入相与外界没有连通路径，压力不能得到更新，这部分液体不能被驱替。可以采用广度优先遍历算法来实现这个过程，即从出口端孔隙往回遍历，识别出被围困范围。对于油驱水过程，由于水是被驱替相而且岩心为强水湿系统，除非喉道为圆形，那么水相总是会通过喉道角落相连，无法被围困。这种圆形喉道基本是不存在的，所以围困对于强水湿系统油驱水过程并不重要。但是对于水驱油过程，油是被驱替相，角落处不会被油相所占据，所以油相很有可能被围困。所以第二步是确定围困范围，在此范围内的元素不参与驱替过程。

3）遍历所有可能被驱替的元素，包括油水界面处的孔隙与喉道，以及有可能发生卡段的元素。在这些元素中，最大毛管力的元素被侵入。

4）重复上两步，直到含水饱和度不再发生变化，程序结束。

图 5-48 为相渗曲线对比图。计算过程流体表面张力设定为 30×10^{-3} N/m，水的粘度设为 1.05×10^{-3} Pa·s，油的粘度设为 1.39×10^{-3} Pa·s。对于油驱水过程，后退角设定为

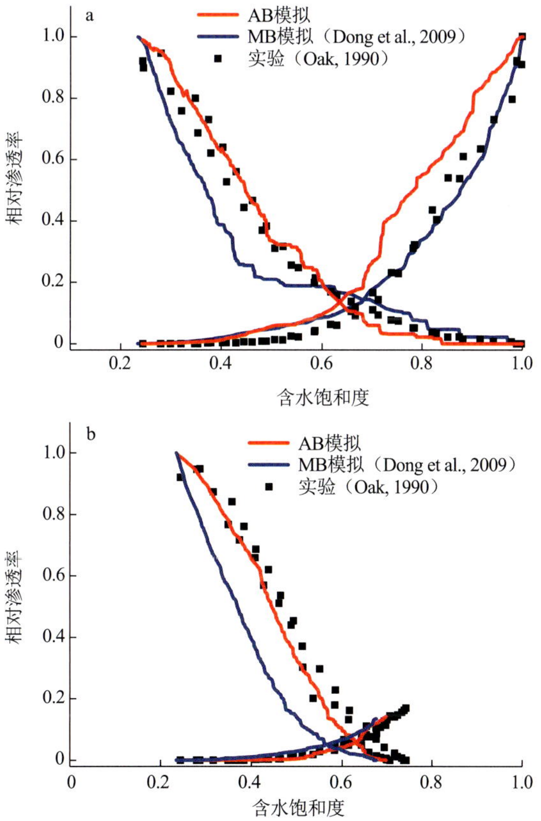

图 5-48　孔隙网络相渗曲线与实验结果对比

a—油驱水过程；b—水驱油过程

0°。水驱油过程，接触角设定为50°~70°之间的一个随机值。这些设置与 Dong 等（2009）的设置一致。从图中可以看到 AB 孔隙网络和实验结果吻合较好，而 MB 孔隙网络低估了油的相对渗透率。油驱水过程，MB 孔隙网络低估了油的相对渗透率，有可能是因为孔隙网络大、孔隙之间连通性较差。而水驱油过程有可能是因为 MB 孔隙网络中喉道形状因子较小、喉道尺寸较小，所以卡段现象比较明显，油相容易被围困，其相对渗透率会偏小。

（4）孔隙网络参数对比

为了考察 AB 孔隙网络结构特征，本书用该算法抽提 Berea 砂岩，并和 MB 孔隙网络（Dong et al.，2009）、PB（Process-Based，过程法）孔隙网络对比（Oren et al.，1998，2003；Dong et al.，2009）。

图 5-49a 是配位数分布。从图中可以看到，AB 孔隙网络与 MB 孔隙网络比较接近，但是 AB 孔隙网络峰值配位数（1 和2）小于 MB 孔隙网络（2 和 3），这是因为 AB 算法只在主干上搜寻孔隙和喉道，建立的通道数量要少于 MB 孔隙网络，所以整体配位数要比 MB 孔隙网络低。PB 孔隙网络由于合并了相邻的孔隙，所以峰值配位数比较高。

图 5-49b 是孔喉比分布。从图中可以看出，AB 孔隙网络与 PB 孔隙网络比较接近，而 MB 孔隙网络高孔喉比（大于 10）的比重很大，这是由于 MB 对于卫星球比较敏感，所以会产生比较多的细小喉道（Dong et al.，2009）。

图 5-49c 和图 5-49d 分别是孔隙半径和喉道半径分布。从图中可以看出，三者比较接近，但是 AB 孔隙网络孔隙最小半径要大于 MB 孔隙网络，而孔隙峰值半径要小于 PB 孔隙网络。AB 孔隙网络喉道半径整体略大于 MB 孔隙网络，与 PB 孔隙网络比较接近，但喉道最小半径要大于 PB 孔隙网络和 MB 孔隙网络。

图 5-49e 和图 5-49f 分别是孔隙体积与喉道体积分布。从图中可以看出，AB 孔隙网络孔隙体积与 MB 孔隙网络和 PB 孔隙网络存在较大的差异，这主要是因为不同模型孔喉分割方法不一致，从两相流模拟的结果来看 AB 算法的体积分配更为合理。AB 孔隙网络喉道体积分布和 MB 孔隙网络比较接近。而同 PB 孔隙网络相比，AB 孔隙网络中有体积更大的喉道。

图 5-49g 是孔间距分布，可以发现 AB 孔隙网络和 PB 孔隙网络很相似，而 MB 孔隙网络孔间距要大于 AB 孔隙网络，这很有可能是因为 MB 所建立的喉道长度会比实际情况要长，而 AB 算法由于加入了中轴线的约束，所以得到的喉道形态与实际情况更加接近。

二、含矿物分布致密油微观流动孔隙网络

致密砂岩孔隙壁面存在多种矿物，不同的矿物对不同油水组分的润湿性各不相同，直接影响其中的油水两相流动和饱和度分布等。现有的孔隙尺度的模型一般不考虑矿物的空间分布，或将矿物空间分布设为随机分布的方法，与真实情况存在差异，所以结果难以直接反映储层条件下的多相流动特征。基于多能谱的 CT 扫描结果，利用数据约束方法（Data Constrained Method，DCM）（Yang et al.，2013）可以获得成像的每一个像素内不同矿物的百分比含量数据。本书提出了将 AB 抽提方法与 DCM 数据相结合，构建含矿物分布的致密油微尺度流动计算模型，考虑矿物分布对流动的影响。

该方法在对 DCM 获得的含多矿物分布的数据采用 AB 抽提算法进行抽提的基础上，通过统计孔隙和喉道壁面像素上的矿物分布，赋予不同孔隙和孔喉的壁面矿物性质，生成

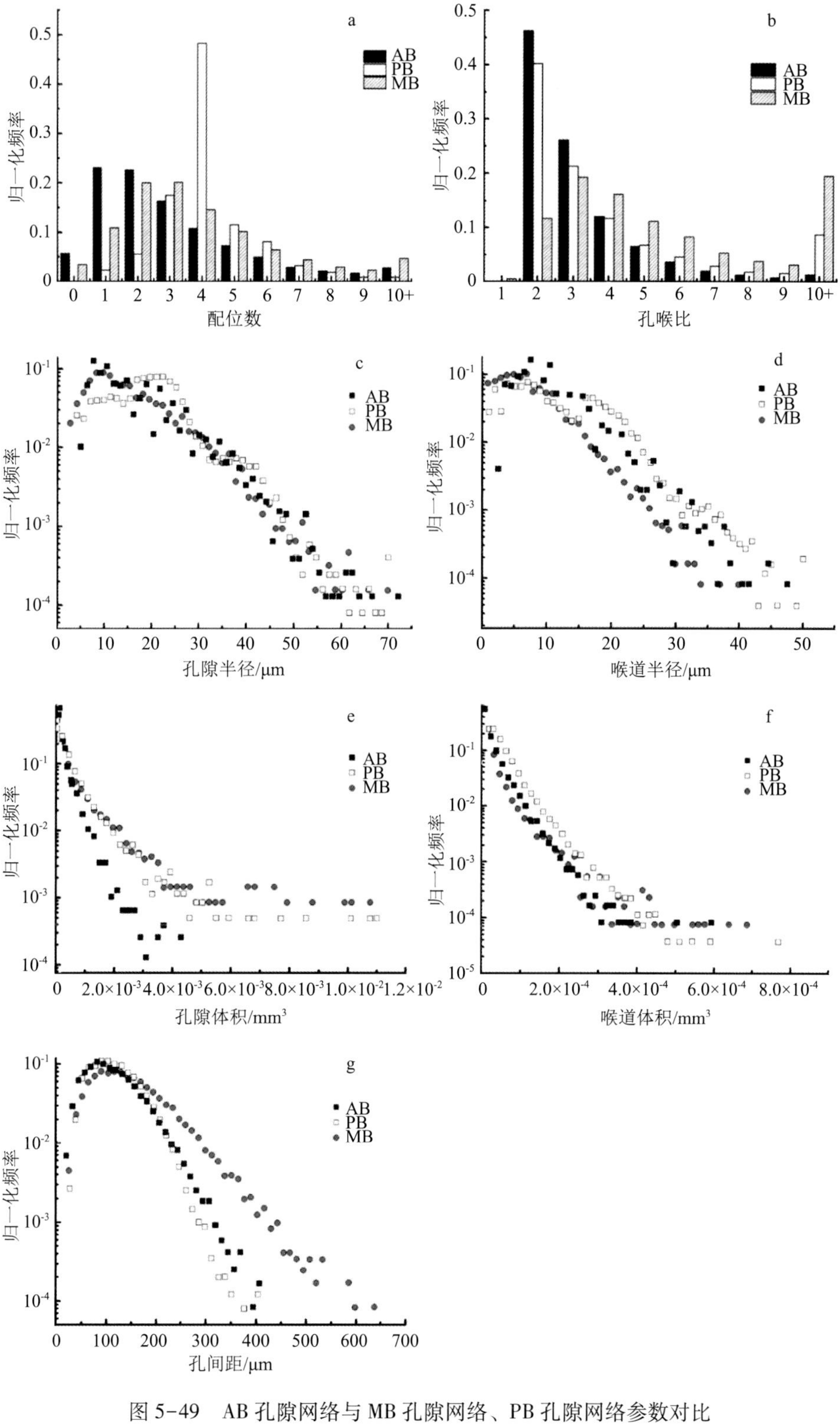

图 5-49　AB 孔隙网络与 MB 孔隙网络、PB 孔隙网络参数对比

a—配位数；b—孔喉比；c—孔隙半径；d—喉道半径；e—孔隙体积；f—喉道体积；g—孔间距

含矿物分布的孔隙网络，在进行孔隙网络两相流动模拟时孔隙和孔喉内的流动特征受其壁面矿物特性的影响，具体流程如图 5-50 和图 5-51 所示。

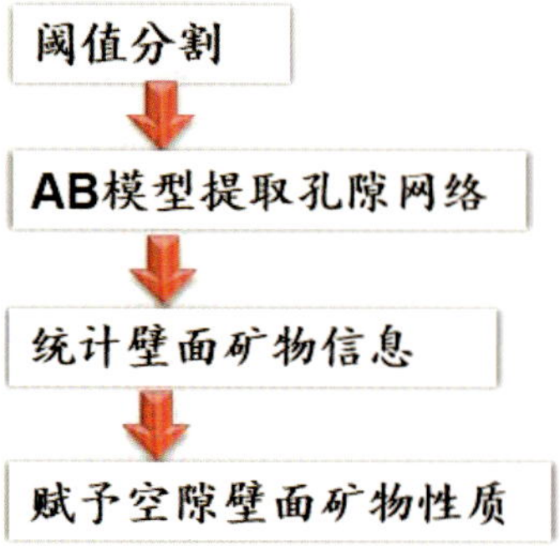

图 5-50　含矿物分布孔隙网络构建流程

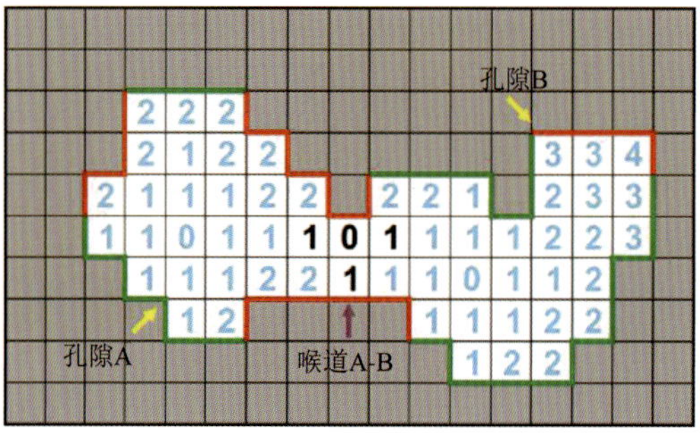

图 5-51　孔隙和喉道壁面矿物成分识别示意图

本书研究了两块实际的致密砂岩岩样，包括鄂尔多斯延长组致密砂岩样品和四川须家河组页岩样品（图 5-52）。致密砂岩的孔隙度为 5.29%，方解石体积占比为 22.3%，钠长石和石英 1∶1 混合物占比为 71.8%。页岩孔隙度为 6.45%，方解石体积占比为

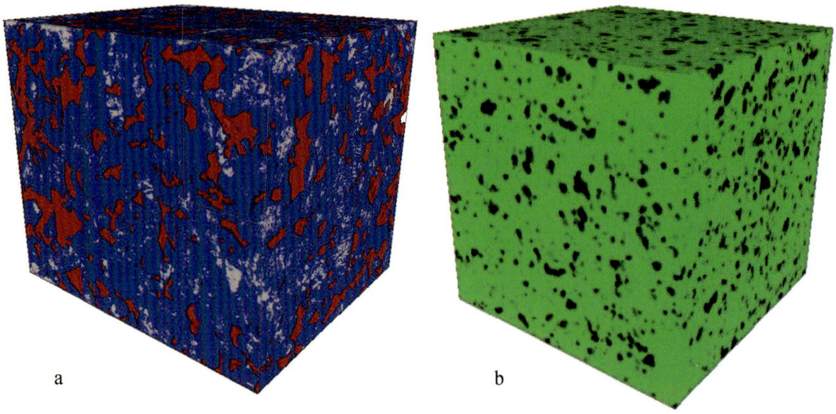

图 5-52　致密砂岩和页岩 DCM 数据

a—鄂尔多斯延长组致密砂岩样品（红色为方解石，蓝色为石英，白色为孔隙）；

b—四川须家河组页岩样品（绿色为石英，黑色为孔隙）

16.7%，二氧化硅体积占比为 76.9%。

从微米 CT 图像上看，当前分辨率条件下，致密砂岩（页岩）的连通性差，不存在贯通整个样品的流动通道。为了研究致密砂岩（页岩）中的石油流动特征必须提取连通子块（孔隙簇）开展研究。本书编写了连通子块识别和提取自动化处理程序，对致密砂岩的处理结果如图 5-53 所示。

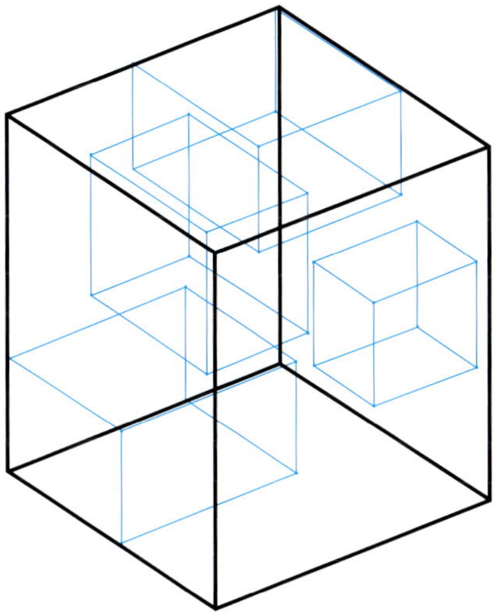

图 5-53　部分连通子块（蓝色）的位置示意图

对鄂尔多斯延长组致密砂岩样品进行含矿物分布的孔隙网络抽提发现，孔喉壁面石英占绝对优势；对四川须家河页岩样品进行处理发现（图 5-54），部分喉道壁面以方解石为主，部分喉道壁面以石英为主。

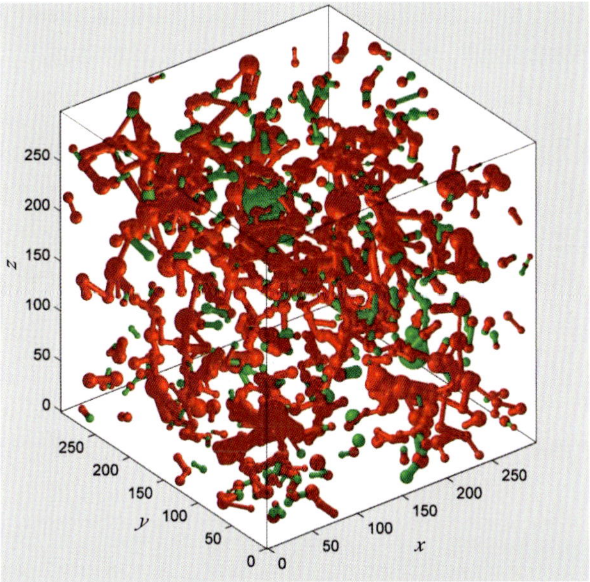

图 5-54　含矿物分布的孔隙网络抽提结果

红色为方解石壁面孔隙和喉道；绿色为石英壁面孔隙和喉道。数值单位为像素点

三、AB 算法在致密砂岩中的应用

1. 致密砂岩微米 CT 成像的孔隙、喉道参数提取

由于致密砂岩具有低孔低渗的特征。当前获取致密砂岩的三维孔隙结构的技术手段主要有微米 CT 成像、纳米 CT 成像和聚焦离子束电子扫描显微镜（FIB-SEM）等。纳米 CT 成像衬度较差且成像视野较小，聚焦离子束电子扫描显微镜成像可获得纳米分辨率的图像，但是需要对样品进行破坏且视野过小，用于致密砂岩成像较少。致密砂岩三维孔隙结构表征主要以微米 CT 为主。获得微米 CT 数据后，需要进行孔隙的识别和提取。这里采用本书提出的高效、高精度孔隙网络抽提算法对致密砂岩微米 CT 成像数据进行孔喉特征参数的提取，并与商业软件（如 Avizo®）常用的分水岭算法处理结果进行对比分析。

所分析的致密砂岩微米 CT 成像数据的 3 个方向的分辨率均为 1.0448μm，数据体大小为 1200 像素点×1200 像素点×1200 像素点。样品的孔隙度为 4.08%，微米 CT 仅能识别大于 2μm 的孔隙。在微米 CT 成像数据体中，大于 2μm 的孔隙显得彼此孤立。基于成像数据，可以获得直径在微米以上的孔隙的分布特征。提取结果如图 5-55 所示。其中，分水岭算法识别的孔隙簇以半透明红色块表示；AB 算法抽提获得了孔隙和喉道组成的孔隙网络用球和柱分别表示。从中可以看出，AB 算法得到的孔隙空间表征更为精细。

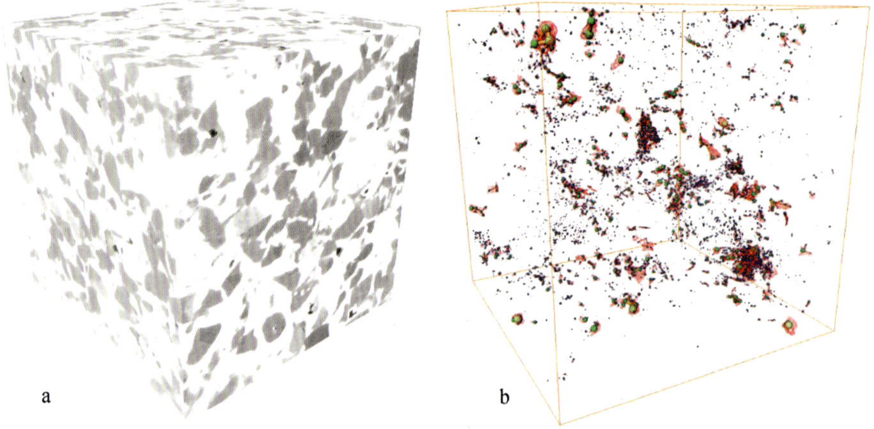

图 5-55 微米 CT 图像（a）和采用分水岭算法、AB 算法抽提孔隙（喉道）的结果（b）
图 b 中半透明红色块为分水岭算法识别的孔隙簇，里面的圆球和圆柱分别为 AB 算法细分的孔隙和喉道，颜色和大小均表示对应的孔隙和喉道半径的大小

究其原因在于分水岭算法采用单一阈值划分孔隙，所得单个“孔隙”实际为由许多孔隙和喉道组成的“孔隙簇（pore cluster）”。AB 算法可对分水岭算法提取的孔隙簇中孔隙和喉道进一步识别（图 5-56）。

两种方法提取得到的孔隙数量-直径分布如图 5-57 所示，孔隙体积-直径分布如图 5-58所示。从图中可以明显看出，由于 AB 算法可区分孔隙和喉道，峰值孔径较 Avizo® 分水岭算法的小；AB 算法的体积峰值孔径较 Avizo® 分水岭算法的小，没有超过孔径 50μm 的孔。

除此以外，将 Avizo® 分水岭算法和 AB 算法所得孔隙体积-直径分布形态与核磁共振 T_2 谱分布图进行了对比（图 5-59）。从图中可以看出，AB 算法抽提得到的孔隙体积-直径分布

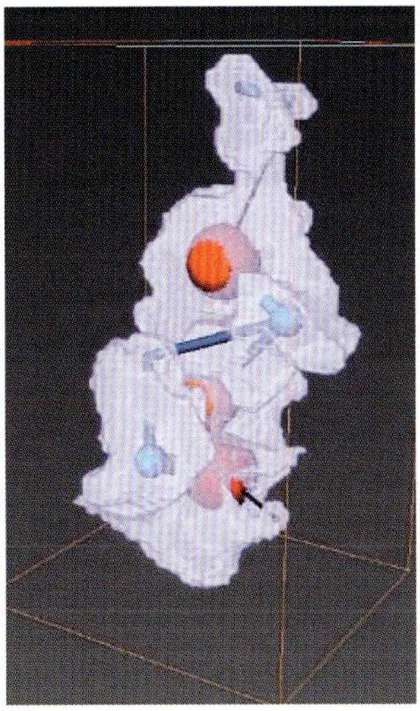

图 5-56　分水岭算法识别孔隙簇和 AB 进一步细分的孔隙和喉道

半透明为分水岭算法识别的孔隙簇，里面的圆球和圆柱分别为 AB 算法细分的孔隙和喉道，颜色和大小均表示对应的孔隙和喉道半径的大小

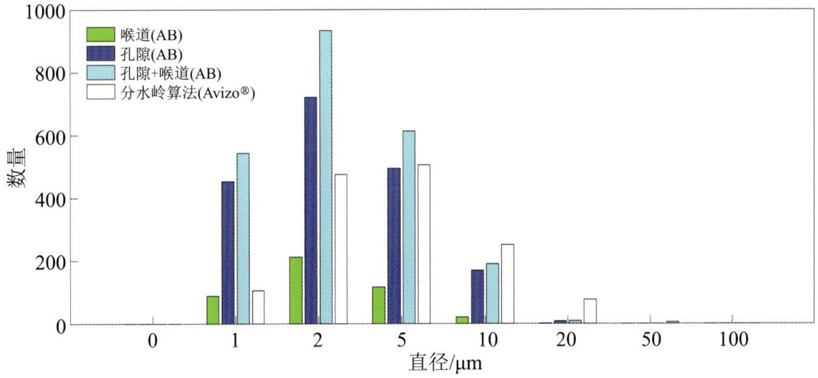

图 5-57　AB 算法和 Avizo®分水岭算法提取的孔隙数量-直径分布比较

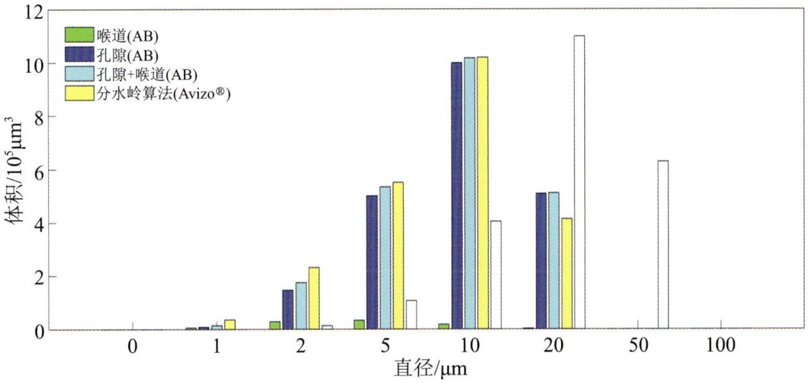

图 5-58　AB 算法和 Avizo®分水岭算法提取的孔隙体积-直径分布比较

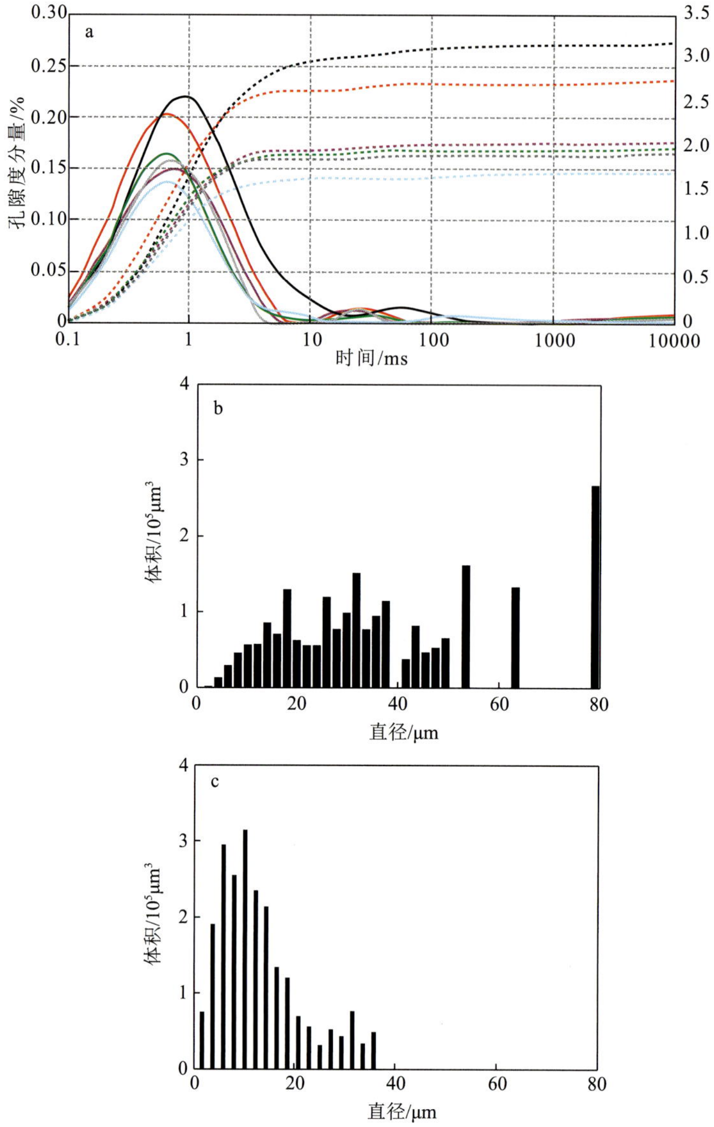

图 5-59 核磁共振 T_2 谱分布（a）、Avizo®分水岭算法和 PTM 抽提得到孔隙体积-直径分布（b，c）

较 Avizo®分水岭算法与核磁共振 T_2 谱分布图更为接近，均不存在体积占比高的大孔。

总的来说，针对孔隙，采用 AB 算法处理数字化图像（微米 CT 成像）较 Avizo®分水岭算法处理孔隙划分更为精细和准确；针对孔喉，采用 AB 算法处理数字化图像（微米 CT 成像）可以划分出孔隙和喉道；Avizo®分水岭算法无法划分做到。此外，AB 算法所得孔隙体积-直径分布形态相对 Avizo®分水岭算法结果与核磁共振 T_2 谱分布图相关性更高。采用 AB 算法进行致密砂岩 CT 成像数据的孔喉特征参数提取可更为准确地获取岩样的关键参数。

2. 连通孔隙簇内非牛顿流体孔隙网络流动模拟

基于孔隙网络计算模型模拟了非牛顿流体在致密砂岩的流动。抽提得到的孔隙网络中，每个孔隙内流动满足如下关系式：

$$\sum_j q_{ij} = \sum_j -\text{sign}(p_i - p_j)\frac{\pi r^3 \tau_0}{3\mu_p} - \frac{\pi r^4}{8\mu_p L}(p_i - p_j) - \frac{2\pi L^3 {\tau_0}^4}{3\mu_p}\left(\frac{1}{p_i - p_j}\right)^3 \quad (5-21)$$

式中：q_{ij}为连接编号为i的孔隙和编号为j的孔隙的孔喉中的流量；p_i和p_j分别为编号为i的孔隙和编号为j的孔隙中的流体压力；r和L分别为孔喉的半径和长度；μ_p为塑性黏度；τ_0为流体开始流动的屈服应力；sign为符号函数。

单一喉道内考虑非牛顿流体（孔祥言等，1999），存在启动压力梯度，其流量满足下述公式：

$$q = \frac{\pi r^4}{8\mu_p}\left(-\frac{dp}{dL}\right)\left[1 - \frac{4}{3}\left(\frac{2\tau_0/r}{|-dp/dL|}\right) + \frac{1}{3}\left(\frac{2\tau_0/r}{|-dp/dL|}\right)^4\right] \quad (5-22)$$

对同一致密砂岩内4个连通孔隙簇内流动进行模拟，获得了致密砂岩样品中流体分别为宾汉流体与牛顿流体的流动特征参数。取渗透率和迂曲度进行分析，将宾汉流体情况下的渗透率和迂曲度分别除以牛顿流体情况下的渗透率和迂曲度得到无量纲渗透率$k_{\text{Bingham}}/k_{\text{Newton}}$和无量纲迂曲度$\tau_{\text{Bingham}}/\tau_{\text{Newton}}$。如图5-60所示，宾汉流体的无量纲渗透率和无量纲

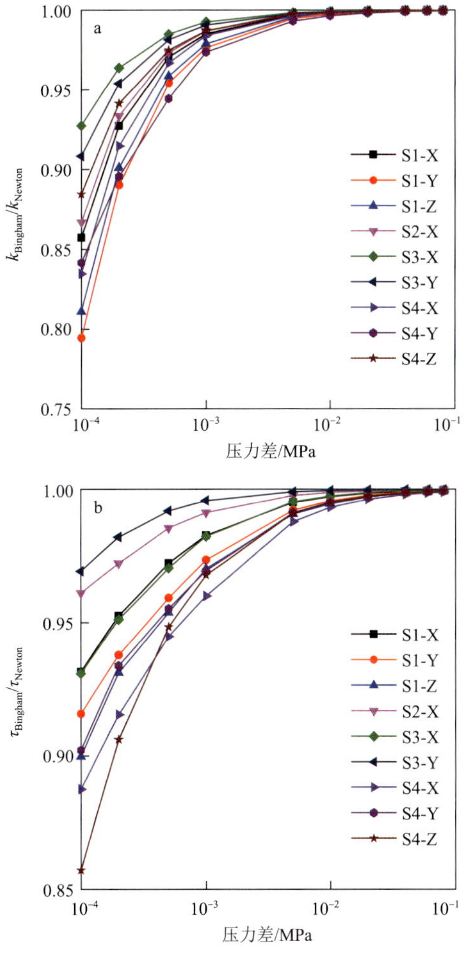

图5-60　无量纲渗透率（a）和无量纲迂曲度（b）

迂曲度随两端压力差增加而增加，压力差为 10^{-4}MPa 时，渗透率可能较牛顿流体情况减小 20%，由于启动压力梯度的存在，流体主要沿着孔径较大的主流通道流动，迂曲度将减小，可达接近 15%。

图 5-61 给出了孔隙网络内流体分别为牛顿流体和宾汉流体时可流动的孔隙喉道分布。宾汉流体情况下部分喉道无流动，这是由于存在启动压力梯度、部分喉道两端压力差小于启动压力梯度导致的。这里提出的模拟方法揭示了不同性质流体在孔隙尺度的流动路径存在明显差异，为分析致密油藏流动规律提供了有效的计算模型。

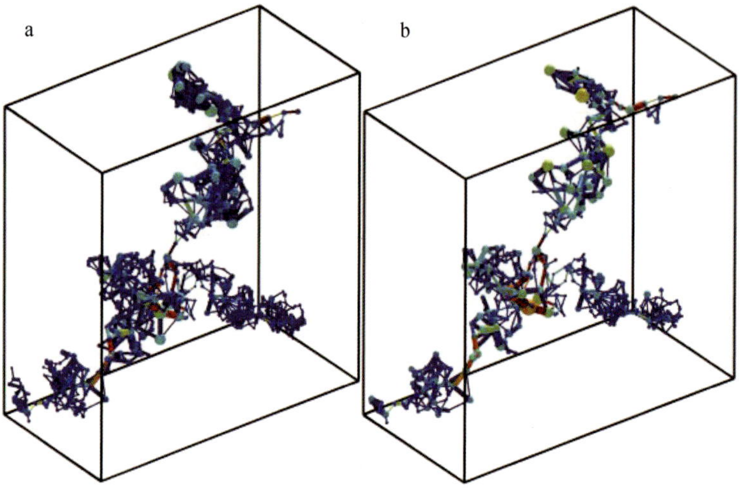

图 5-61　孔隙网络内流体分别为牛顿流体和宾汉流体时可流动的孔隙喉道分布

a—牛顿流体；b—宾汉流体。圆球表示孔隙，大小和颜色均表示孔隙半径，半径越大，圆球相对大小越大，颜色越接近红色；圆柱体表示喉道，大小和颜色均表示流量大小，流量越大，圆柱体直径越大，颜色越接近红色

第六章　泥页岩生烃过程孔隙演化

第一节　富有机质泥页岩生排烃动力学及主控因素研究

对比准噶尔盆地二叠系芦草沟组油页岩（YMS，Ⅰ型干酪根）、鄂尔多斯盆地三叠系铜川油页岩（TC，$Ⅱ_1$型干酪根）以及准噶尔盆地和什托洛盖夏尔哈格地区煤矿下侏罗统八道湾组的炭质泥岩（XJ，Ⅲ型干酪根）样品热模拟产物的演化过程和生排烃过程，研究了液态烃产率以及生排烃量的门限值，以及气体产率随温度和压力的变化规律。

含Ⅰ型和$Ⅱ_1$型干酪根的烃源岩样品具有类似的热模拟液态烃产物演化特征，排出油和残留油产物产率均呈先增大后减小的三段式的演化趋势（图 6-1）。随着模拟温度的升高，含Ⅰ型和$Ⅱ_1$型干酪根的烃源岩样品模拟排出油和残留油产物产率均呈先增大后减小的趋势，且 350℃时既为排出油产率升高的起点也为残留油产率的峰值点，所以其对应的也是液态烃"生油窗"的起始温度点。虽然含Ⅲ型干酪根的烃源岩样品原始有机碳（TOC）含量最高，但其液态烃产率值低于Ⅰ型和$Ⅱ_1$型有机质样品。

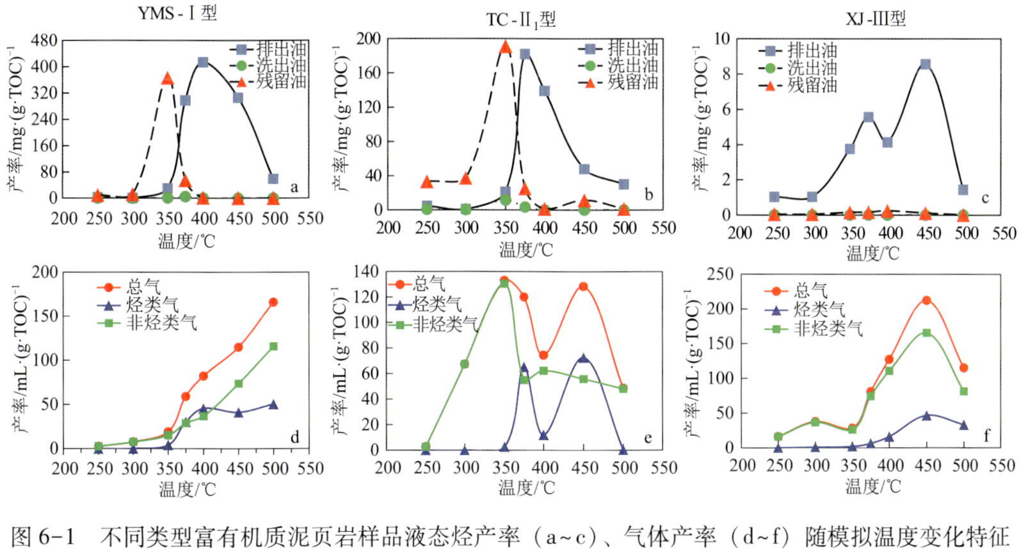

图 6-1　不同类型富有机质泥页岩样品液态烃产率（a~c）、气体产率（d~f）随模拟温度变化特征

含Ⅰ型和$Ⅱ_1$型干酪根的烃源岩样品气体产率随温度的增高均呈逐渐增大的趋势，总气、烃类气及非烃类气体产率的演化趋势基本相同，YMS 和 TC 样品的烃类气体的产气高

峰为500℃；含Ⅲ型干酪根的XJ样品总气、烃类气及非烃类气在450℃之前随模拟温度升高呈逐渐增大的趋势，并在450℃时达到产率峰值，同时产率均在450～500℃阶段下降（图6-1）。

从含Ⅰ、Ⅱ$_1$和Ⅲ型干酪根的烃源岩样品液态烃产物产率变化特征发现，水处于近临界及临界状态时，流体压力在一定范围内都有利于液态烃的生成，但超过此范围后则存在抑制作用（图6-2）。与液态烃特征不同，气态烃产物受流体压力的影响与水所处的状态有关。含Ⅱ$_1$型干酪根的烃源岩样品中，模拟温度为375℃，水已处于临界态，而在一定流体压力范围内促进了气态烃的生成，但超过此范围也存在抑制作用；与含Ⅱ$_1$型干酪根的烃源岩样品不同，含Ⅰ和Ⅲ型干酪根的烃源岩样品在350℃下的等温变压系列实验中，流体压力对气态烃产率的生成无显著变化（图6-2），进一步表明气态烃的产物变化特征受有机质类型影响不明显，而主要受控于"流体"所处的状态。

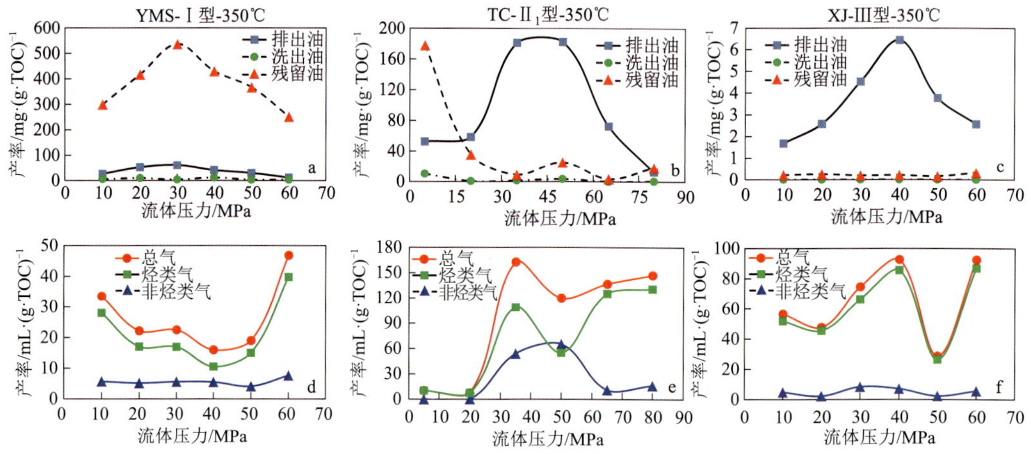

图6-2　不同类型富有机质泥页岩样品液态烃产率（a~c）、气体产率（d~f）随流体压力变化特征

第二节　不同温度、压力条件下孔隙演化特征

随着模拟温度的升高，有机质演化不断进行，*TOC*不断被消耗，总孔隙度逐渐增大，吸附量呈增加的趋势，模拟温度促进了孔隙结构的发育。XJ样品总的氮气吸附含量低于TC和YMS两样品，表明含Ⅲ型干酪根的烃源岩样品孔隙结构发育程度受成熟度的影响较含Ⅰ型、Ⅱ$_1$型干酪根的烃源岩样品差。随着流体压力的增大，氮气吸附量出现先增大后减小的趋势，在一定流体压力范围内有利于孔隙结构的发育，但超过此范围则起到抑制作用。这与流体压力对液态烃产物产率的影响是一致的（图6-3）。

随着模拟温度的增加，YMS样品和TC样品具有类似的孔隙演化规律，呈三段式变化（图6-4，图6-5）。①原样至300℃，该阶段有机质演化过程中孔隙结构基本不变的原因，认为存在以下两种可能：一是，原始样品中存在的原生孔隙量很少，而受人工熟化作用产生的热解产物（排出油、洗出油、残留油、烃类气及非烃类气体）则存储于这些未遭受

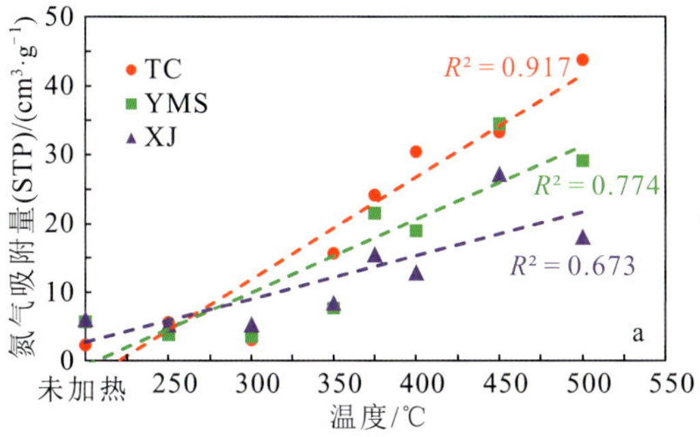

图 6-3 不同类型富有机质泥页岩样品总氦气吸附量随模拟温度（a）、流体压力（b）变化趋势

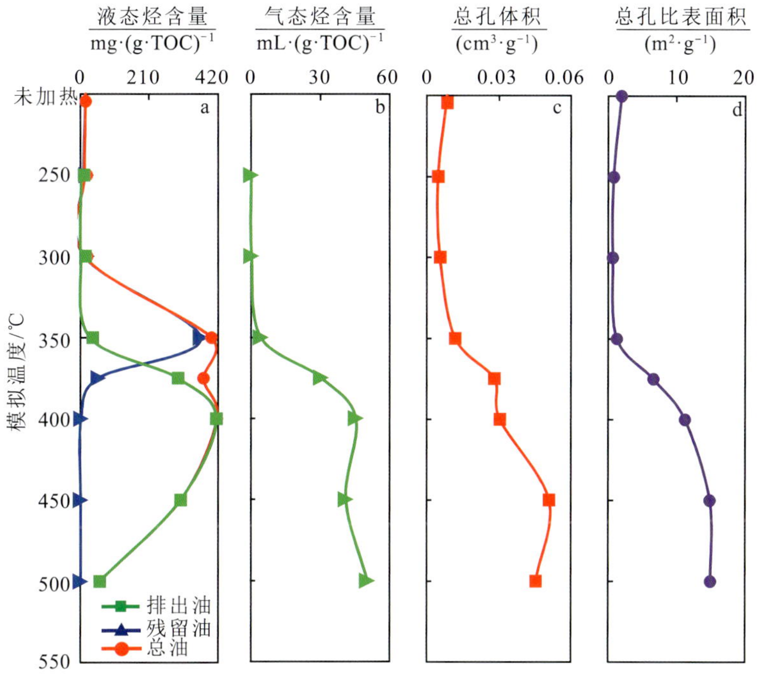

图 6-4 YMS 样品不同模拟温度下有机质演化与孔隙结构发育特征相关关系

a—液态烃含量；b—气态烃含量；c—总孔体积；d—总孔比表面积

到破坏的原生孔隙中；二是，有机质存在于这些原生孔隙中，而热解过程中所消耗掉的有机质产生的孔隙空间被新生成的热解产物重新充填，从而导致抽提后孔隙空间大小基本不变。②350～375℃阶段，微孔和中孔体积及比表面积呈逐渐增大的趋势，尤其是孔径为2～3nm 范围内的孔隙，而大孔中孔径大于150nm 的孔隙逐渐消失。可以说明，大-中孔孔隙的形成源于大于150nm 孔隙的减少。而相应的液态烃及气态烃产物产率在此阶段逐渐增大并达到峰值。③400～500℃，相对于第二阶段而言，此阶段中微孔孔隙增快幅度更大。虽然该阶段液态烃产物产率呈下降趋势，而气态烃产率随模拟温度升高先增大后减小，但是可以视为该阶段为油二次裂解成气阶段。所以，“生气窗”内会有次生纳米孔隙

的进一步形成。此外，这些增多的中-微孔也可能是油气运移过程中残留在页岩中的有机质或者沥青存储的孔隙空间。

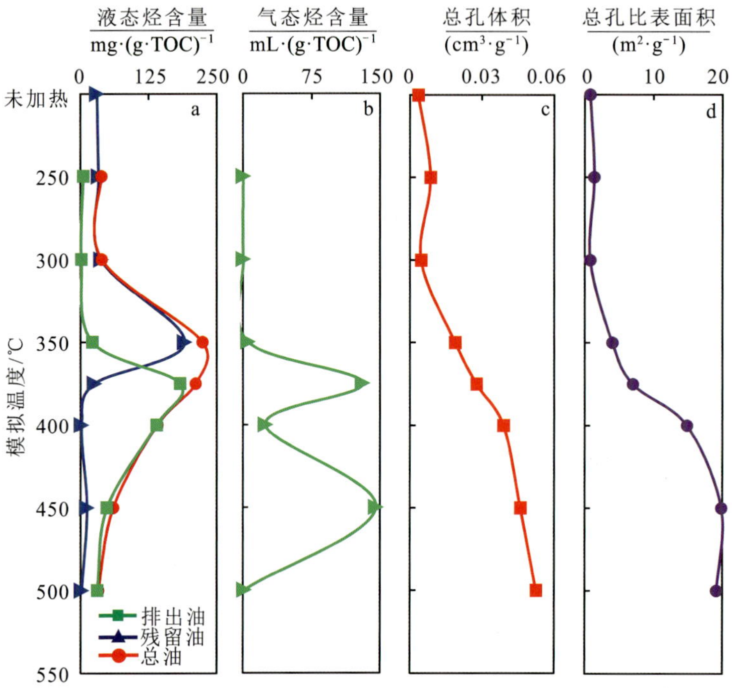

图 6-5　TC 样品不同模拟温度下有机质演化与孔隙结构发育特征相关关系

a—液态烃含量；b—气态烃含量；c—总孔体积；d—总孔比表面积

XJ 样品孔隙演化呈四阶段变化趋势（图 6-6）：①原始样品至 250℃温度点，孔隙出现小幅减小的现象；②250~350℃阶段，孔隙逐渐增大，此阶段总油和残留油产率都呈增大趋势，表明 *TOC* 为影响孔隙演化的重要因素；③350~450℃阶段，液态烃产率增加幅度较第二阶段更高，并且此阶段气态烃产率也是逐渐增大的，相应的孔隙大小增加的幅度也更大；④450~500℃阶段，液态烃产率逐渐降低，烃类气产率出现减小的趋势，而孔隙也出现降低的趋势。

不同有机质类型的烃源岩，热演化过程中受流体压力影响，相对应的孔隙发育特征也存在差异。①YMS 原始样品至 30MPa 阶段，总油产率逐渐增大，孔隙呈逐渐增大的趋势；30~60MPa 阶段，总油产率逐渐降低，孔隙逐渐降低，由此表明孔隙结构的发育与液态烃演化存在对应关系（图 6-7）。②TC 原始样品至 20MPa 阶段，孔隙变化趋势同残留油和总油产率一致；20~50MPa 阶段，孔隙变化趋势同排出油、总油和气态烃产率一致（图 6-8），所以，临界态流体压力在一定范围内有利于孔隙结构的发育，并且气液态烃类产率越大，孔隙连通性越好，孔体积也越大；65~80MPa 阶段，孔隙变化趋势同排出油、总油和气态烃产率一致，均有下降趋势。③XJ 样品与同相同实验条件的 YMS 样品相比，其液态烃及气态烃产率均较低，对孔隙结构演化的影响也不明显（图 6-9）。

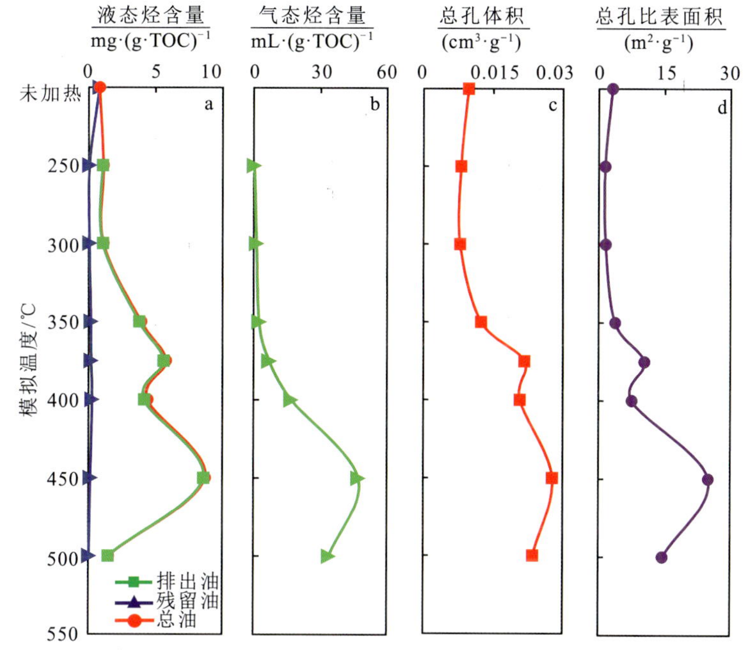

图 6-6　XJ 样品不同模拟温度下有机质演化与孔隙结构发育特征相关关系

a—液态烃含量；b—气态烃含量；c—总孔体积；d—总孔比表面积

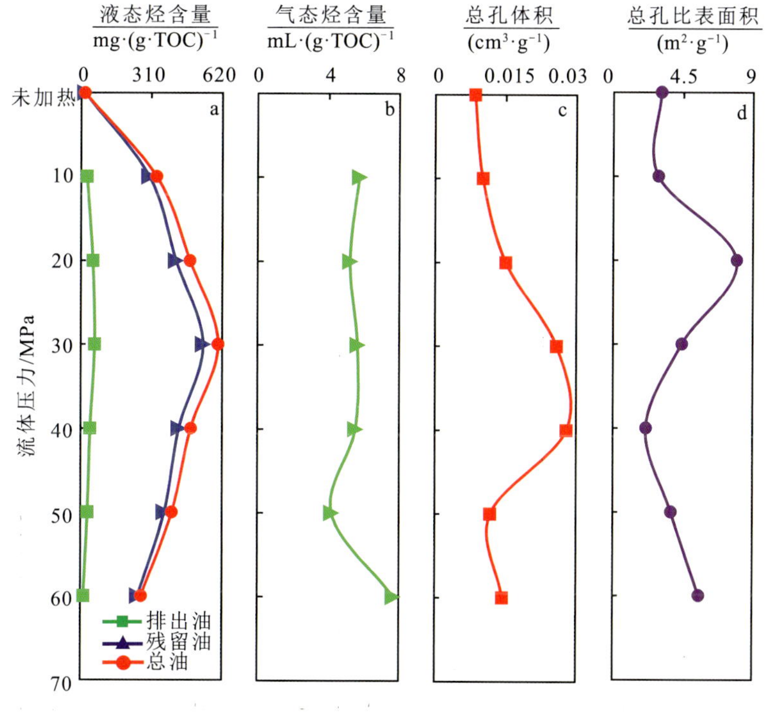

图 6-7　YMS 样品不同流体压力下有机质演化与孔隙结构发育特征相关关系

a—液态烃含量；b—气态烃含量；c—总孔体积；d—总孔比表面积

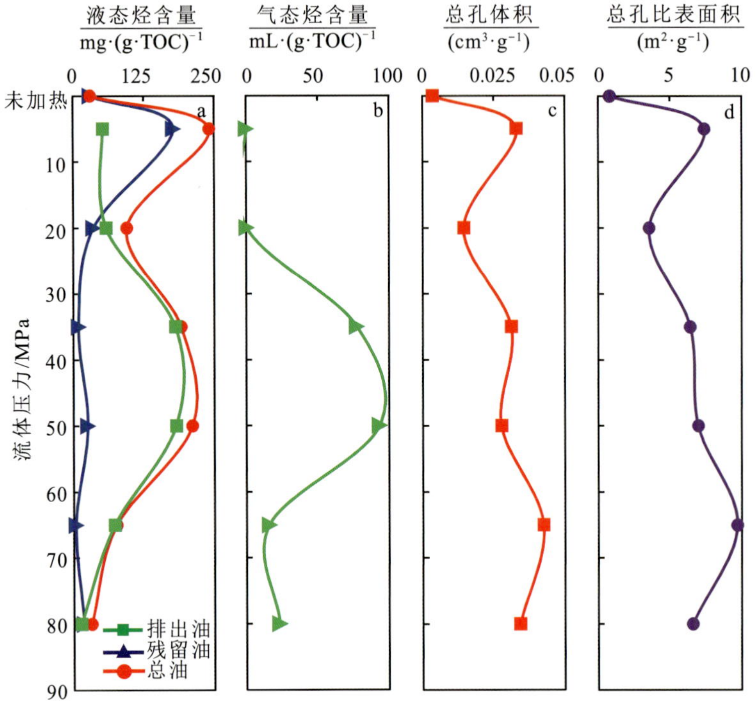

图 6-8　TC 样品不同流体压力下有机质演化与孔隙结构发育特征相关关系

a—液态烃含量；b—气态烃含量；c—总孔体积；d—总孔比表面积

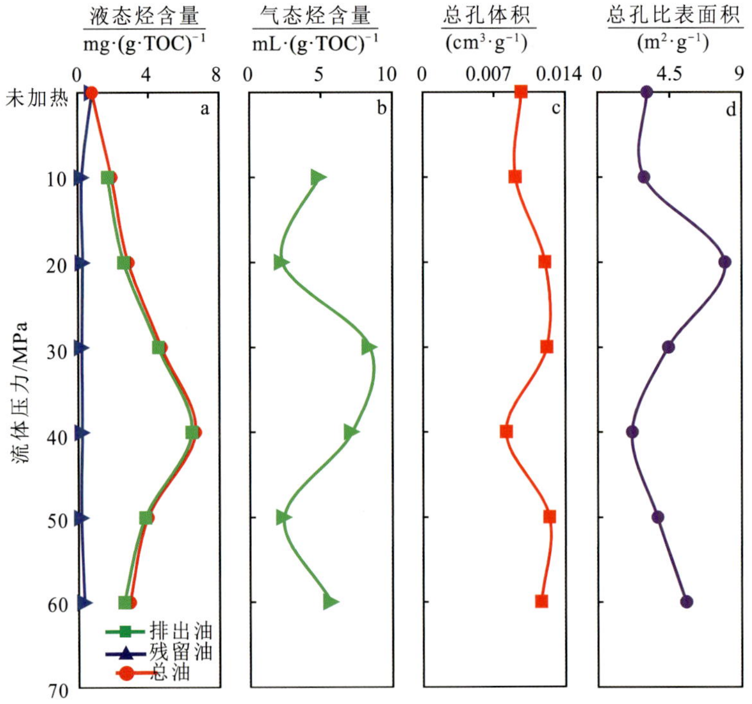

图 6-9　XJ 样品不同流体压力下有机质演化与孔隙结构发育特征相关关系

a—液态烃含量；b—气态烃含量；c—总孔体积；d—总孔比表面积

第三节　初步建立热演化过程中孔隙演化模式

通过对不同类型富有机质泥页岩生烃特征及孔隙演化的研究，探讨了有机质演化过程同孔隙结构特征发育的对应关系，初步建立了Ⅰ和$Ⅱ_1$型富有机质泥页岩孔隙演化模型（图6-10），分为3个阶段：一为生油气高峰前期，由于热解产物存储于原生孔隙中，所以孔隙较原始样品变化不大，定为孔隙的重整阶段；二为生油气高峰期，大量油气的产生促使次生孔隙大量形成，从而使得孔隙快速增加，定为孔隙的形成阶段；三为热裂解生气阶段，液态烃裂解气的形成，促使次生孔隙进一步扩大致使孔隙急剧增加，定为孔隙的发展阶段。在含Ⅰ型和$Ⅱ_1$型干酪根的烃源岩样品中，可以明显地发现在低演化阶段液态烃产率的大小控制了孔隙的发育程度，而在高演化阶段气态烃产率大小则起到主要作用。

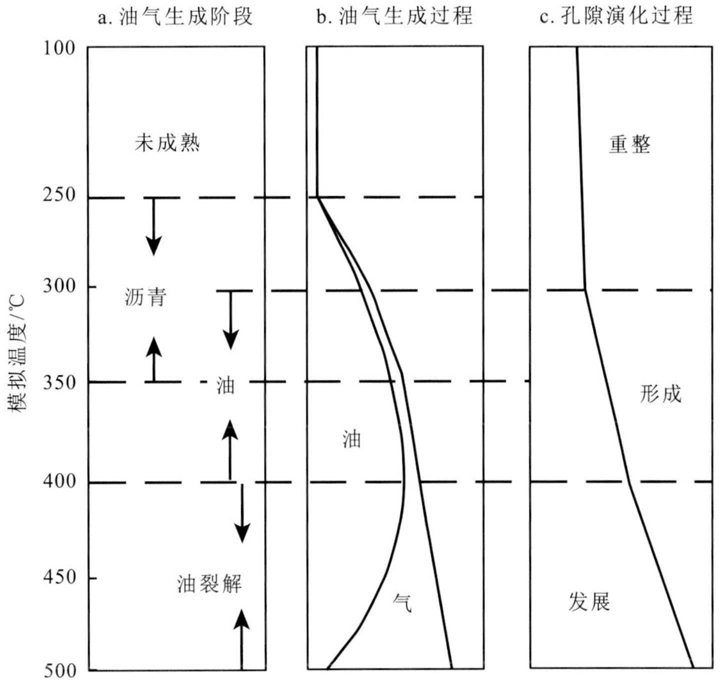

图6-10　Ⅰ型和$Ⅱ_1$型富有机质泥页岩有机质演化过程对孔隙演化的相关关系模型

在含Ⅲ型干酪根的烃源岩样品中，由于其生油潜力较差，而主要表现为生气的特征，所以在整个热演化阶段，液态烃和气态烃都是影响孔隙结构发育的重要因素，并且也表现出了同含Ⅰ型和$Ⅱ_1$型干酪根的烃源岩样品中类似的演化阶段性。Ⅲ型干酪根的烃源岩在450~500℃阶段，液态烃产率逐渐降低，烃类气产率出现减小的趋势，而孔隙也出现降低的趋势（图6-11）。

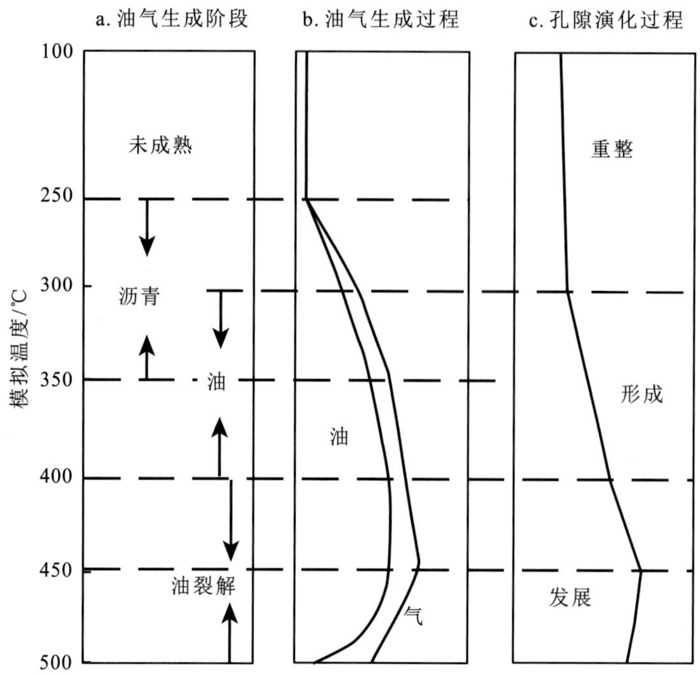

图 6-11 Ⅲ型富有机质泥页岩有机质演化过程对孔隙演化的相关关系模型

第七章　综合应用实例：准噶尔盆地芦草沟组致密储层表征

在此以准噶尔盆地吉木萨尔凹陷芦草沟组致密油储层为主要的应用实例，利用以上方法对芦草沟组致密油储层进行系统而精细的分析。准噶尔盆地地处我国西北，总面积约为 $13\times10^4km^2$（Luo et al.，2007），油气资源丰富，目前已勘探并开发了克拉玛依、夏子街、呼图壁和陆梁等 30 多个油气田，截至 2013 年底，已累计探明石油地质储量 23.34×10^8t、天然气 $1972\times10^8m^3$（白桦等，2016），属于中亚巨型复合造山带，在地质构造上属于晚古生代至中、新生代挤压构造环境下经多期改造而形成的多旋回叠合盆地（何登发等，2004），南北夹于依林黑比尔根山和青格里底山之间，西邻哈拉阿拉特山和扎伊尔山，东邻克拉美丽山和博格达山（图 7-1a），内部可划分 6 个一级构造单元，分别为乌伦古和中央两个大坳陷，陆梁、西部和东部 3 个隆起以及天山山前冲断带，进一步可划分为 44 个二级构造单元（杨海波等，2004）。

吉木萨尔凹陷位于东部隆起，北接沙奇凸起，西接北三台凸起，东接古西凸起，南邻天山山前冲断带，总面积约为 $1300km^2$，北部和西北部分别以老庄湾断裂和吉木萨尔断裂为界，西南部以西地断裂为界，南部以三台断裂和后堡子断裂为界，东部紧邻古西凸起（图 7-1b），总体呈西断东超的箕状形态，进一步细分为东部斜坡带和西部深洼带，深洼带中心位于西地断裂附近，最大埋深达 4500m，内部断裂相对不发育，以小规模断层为主，主要集中在东部斜坡带。

吉木萨尔凹陷发育于上石炭统褶皱基底之上，沉积地层自二叠系至新近系累计厚度可达 5000m，自下而上依次为二叠系井井子沟组（P_2j）、芦草沟组（P_2l）和梧桐沟组（P_3wt），三叠系韭菜园组（T_1j）、烧房沟组（$T_{1-2}sh$）和克拉玛依组（T_2k），侏罗系八道湾组（J_1b）、三工河组（J_1s）、西山窑组（J_2x）、头屯河组（J_2t）和齐古组（J_3q），白垩系吐谷鲁群（K_1Tg），古近系（E）。凹陷内沉积的地层受构造演化的影响，吉木萨尔凹陷内发育多期不整合，其中 P_3wt 与下伏 P_2l 不整合接触，T_1j 与下伏 P_3wt 不整合接触，J_1b在西部与下伏 T_2k 不整合接触、在东部与下伏 P_3wt 不整合接触，J_2t 与下伏 J_2x不整合接触，K_1Tg 与下伏 J_3q 不整合接触，E 自西向东依次与下伏 K_1Tg、J_3q、P_3wt、P_2l 和 P_2j 不整合接触。总体而言，吉木萨尔凹陷沉积地层具有西部厚、东部薄的特征（图 7-2）。

芦草沟组（P_2l）为吉木萨尔凹陷致密油的主要产层，遍布全凹陷，厚度分布在 200~

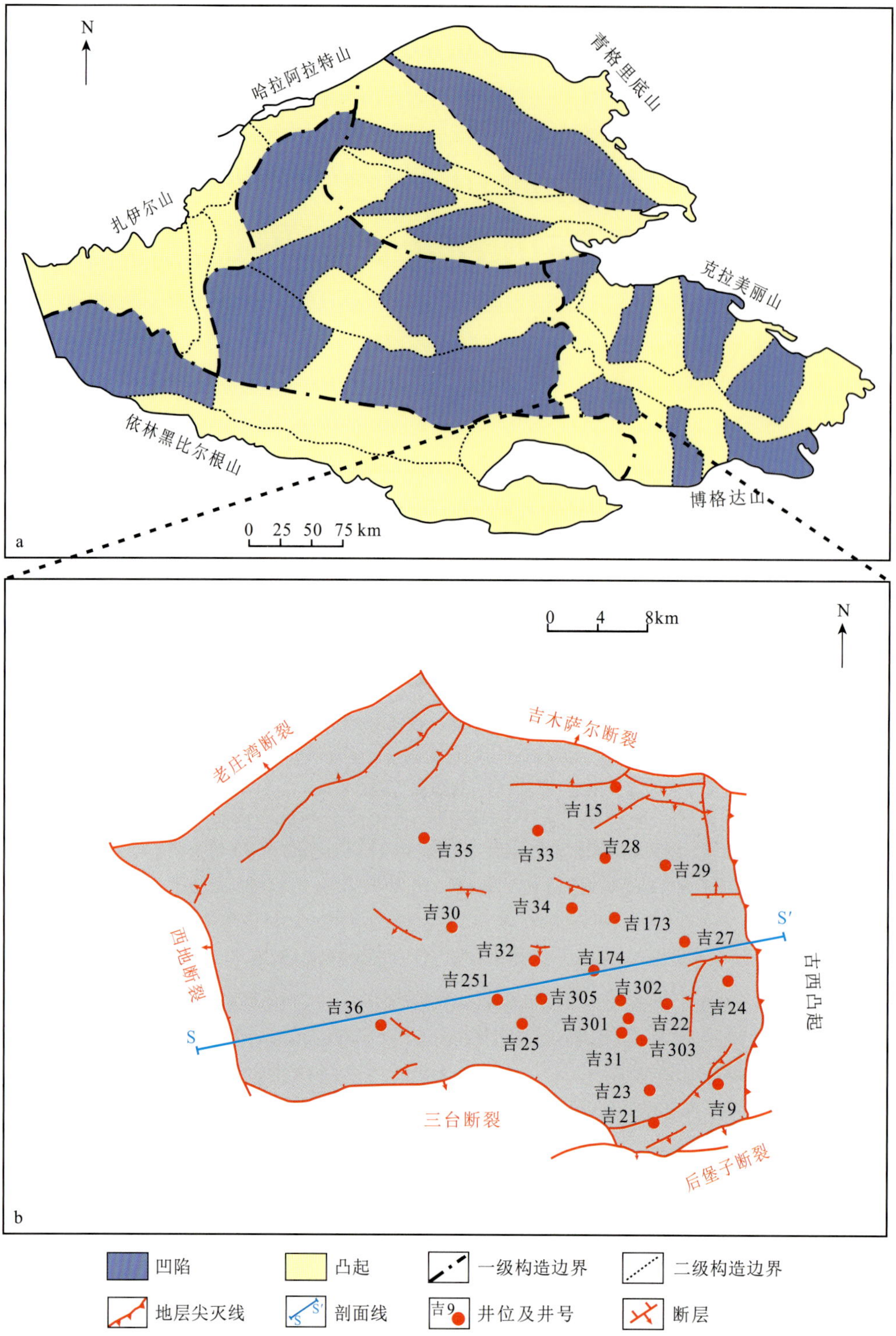

图 7-1 准噶尔盆地吉木萨尔凹陷位置和主要钻井井位

a—准噶尔盆地构造单元分布及吉木萨尔凹陷位置；b—吉木萨尔凹陷构造格架及主要钻井井位

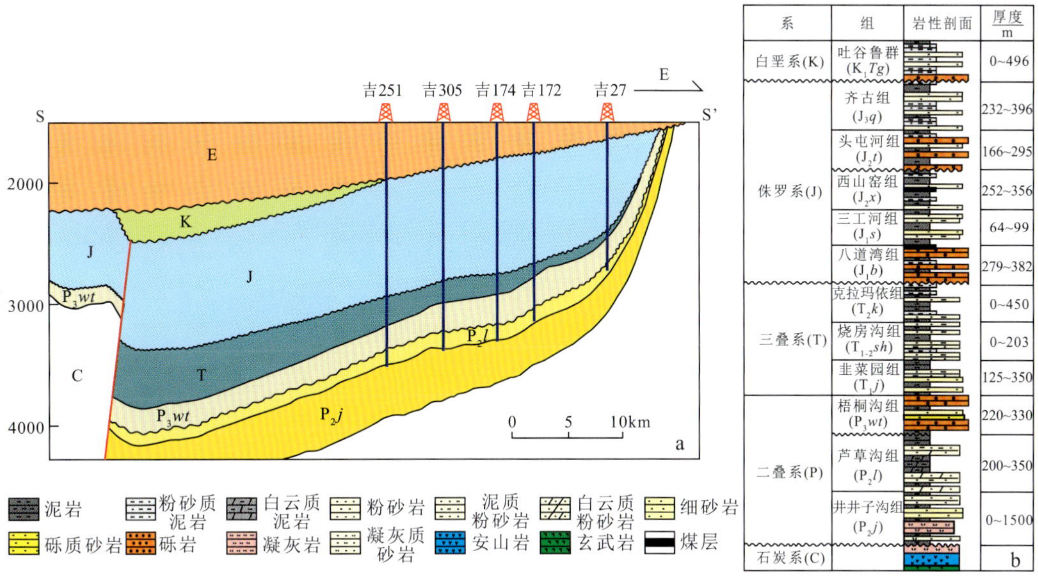

图 7-2　准噶尔盆地吉木萨尔凹陷典型构造剖面及地层格架

a—吉木萨尔凹陷典型构造剖面；b—吉木萨尔凹陷地层综合柱状图

350m 之间，自下而上可以细分为芦草沟组一段（P_2l^1）和芦草沟组二段（P_2l^2）（匡立春等，2012），吉 305 井相对靠近凹陷中部，钻穿整个芦草沟组，P_2l^1以灰色、深灰色泥岩、白云质泥岩为主夹灰色泥质粉砂岩和白云质粉砂岩，P_2l^2以灰色、深灰色泥岩、灰质泥岩、白云质泥岩、泥质白云岩为主夹灰色、深灰色泥质粉砂岩、泥灰岩（图 7-3）。总体而言，芦草沟组沉积于咸化湖盆，以深湖、半深湖、浅湖、三角洲前缘、滩坝等沉积相为主（斯春松等，2013；邵雨等，2015；匡立春等，2015；张亚奇等，2016，2017；马克等，2017）。

早在 20 世纪 80 年代中期，准噶尔盆地芦草沟组中就已发现致密油（王宜林等，2002）。2010 年，在吉木萨尔凹陷内部署钻探揭示芦草沟组的钻井均获得大段荧光显示和气测异常（匡立春等，2013）。2011 年，吉 25 井芦草沟组试油，日产油 11.86m^3。2012 年，吉 172-H 井水平井段经 15 级压裂后日产油 65t；继而对吉 32-H 井和吉 251-H 井水平井段进行 13 级压裂，投产后一个月平均日产油 33.3t；投产初期的 12 口直井日产油 0.7~11.6t，平均为 5.7t（吴承美等，2014）。吉 305 井为 2016 年所钻的新井，在上“甜点”段和下“甜点”段具有较高的含油性，含油饱和度普遍大于 30%，最高可达 61.57%；试油结果显示上“甜点”段中 3411.5~3444m 段日产油 18.21t，下“甜点”段中 3565~3580m 段日产油 5.76t，显示出良好的勘探开发前景；但投产后井口压力下降较快，产量下降快，除了在工程上进行改进以外，还需在致密储层微观非均质性等角度进行更深入和细致的研究。

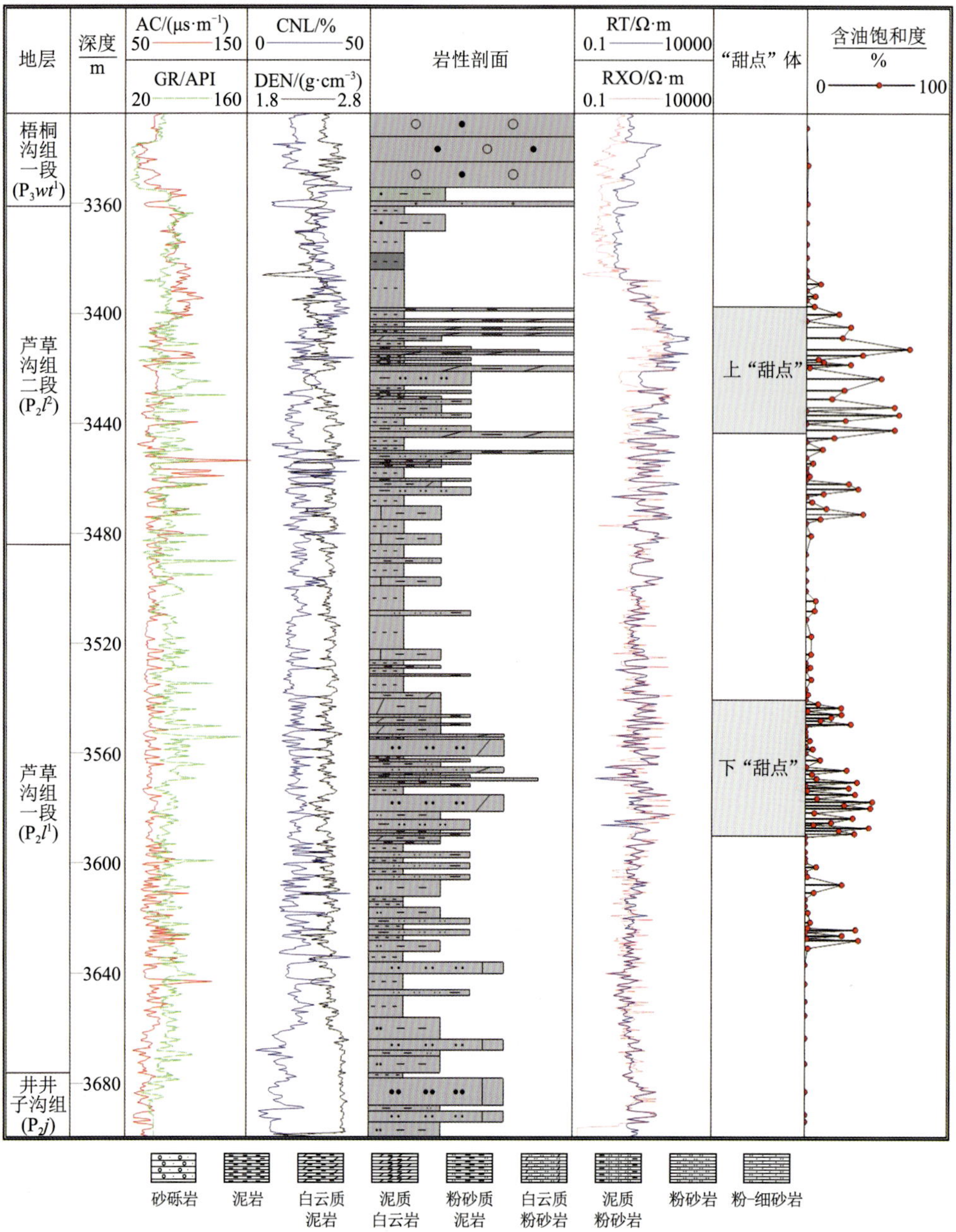

图 7–3 吉木萨尔凹陷吉 305 井芦草沟组地层综合柱状图

第一节 芦草沟组化学地层学分析

一、古环境特征

对于细粒沉积岩，沉积古环境不只影响有机质的分布，对储层的物性也有一定影响，其中古气候是湖盆水平面波动、水体盐度、生物有机质类型和沉积相类型的最重要控制因素之一（Yan et al.，2015；袁选俊等，2015），元素含量比值 Sr/Cu、Fe/Mn、Mg/Ca 和 Rb/Sr 已经成为指示古气候变化的有效指标，其中高 Sr/Cu、高 Mg/Ca、低 Fe/Mn 和低 Rb/Sr 指示半干旱的古气候条件，Sr/Cu>10 指示干旱气候，Sr/Cu<10 指示潮湿气候（Ratcliffe et al.，2010；Roy et al.，2013；刘刚等，2007；熊小辉等，2011；高拉凡等，2016）。在此重点选取 Sr/Cu 和 Fe/Mn 作为古气候参数，如图 7-4 和图 7-5 所示，在上“甜点”段，Sr/Cu 分布在 0.66~99.53 之间，平均为 10.41，集中在 2.73~10.79 之间；Fe/Mn 分布在 5.49~187.39 之间，平均为 42.69，集中在 21.54~53.76 之间。在下“甜点”段，Sr/Cu 分布在 0.97~89.48 之间，平均为 15.65，集中在 7.61~20.96 之间；Fe/Mn 分布在 6.23~194.07 之间，平均为 31.61，集中在 21.71~34.89 之间。未在图中体现的 Mg/Ca 和 Rb/Sr 在上“甜点”段平均值为 0.48 和 0.45，在下“甜点”段平均值为 0.30 和 0.19。总体上具有高 Sr/Cu、Mg/Ca 值和低 Fe/Mn、Rb/Sr 值的特点，表明总体为干旱的古气候条件；但在纵向上变化频繁，显示出古气候在干旱的大背景下出现短期潮湿的特征。在上“甜点”段 3417m 存在古气候明显差异界面，界面以上的上“甜点”段上部地层干旱程度最高，变化也最为频繁，泥岩、白云质泥岩和白云岩频繁交互，夹薄层泥质粉砂岩、细砂岩，可见泥裂构造，进一步表明地层在沉积时古气候总体干旱，偶尔在短期内变潮湿；在界面以下的上“甜点”段下部地层中 Sr/Cu 最低，Fe/Mn 最高，在岩性柱状图上以泥质粉砂岩为主，表明此段地层沉积时气候半潮湿，物源供应充足，沉积物粒度较粗。下“甜点”段与上“甜点”段相比总体 Sr/Cu 较低、Fe/Mn 较高；下“甜点”段总体以泥质粉砂岩和白云质粉砂岩为主，中间夹薄层泥岩和粉砂质泥岩，总体粒度粗于

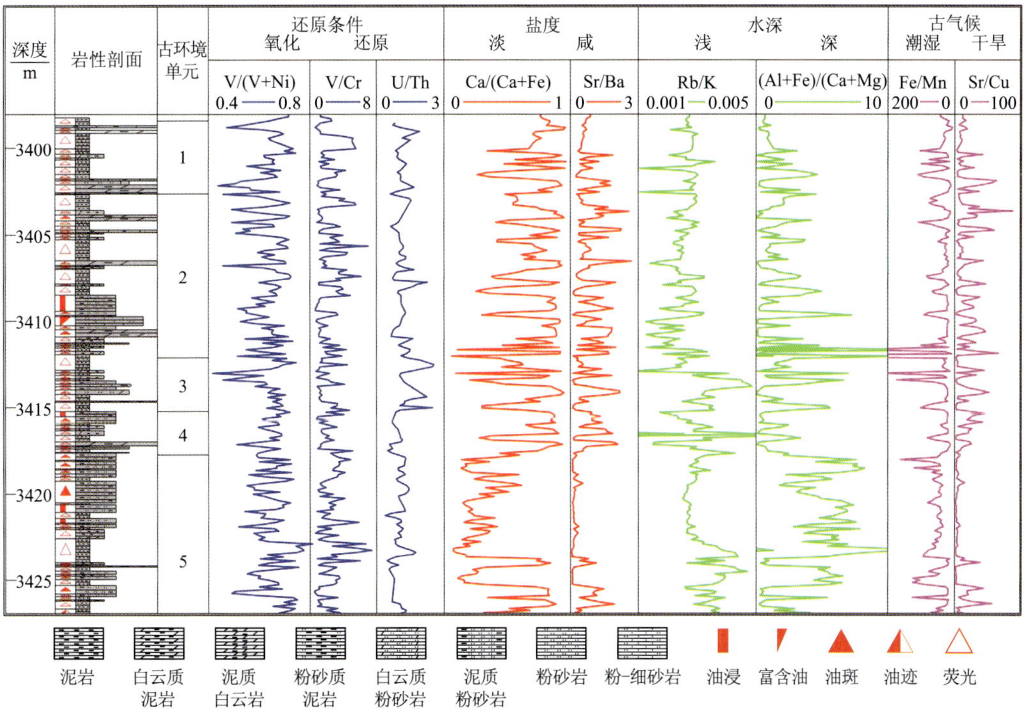

图 7-4 吉 305 井芦草沟组上“甜点”段（3398~3427m）古环境指标纵向分布

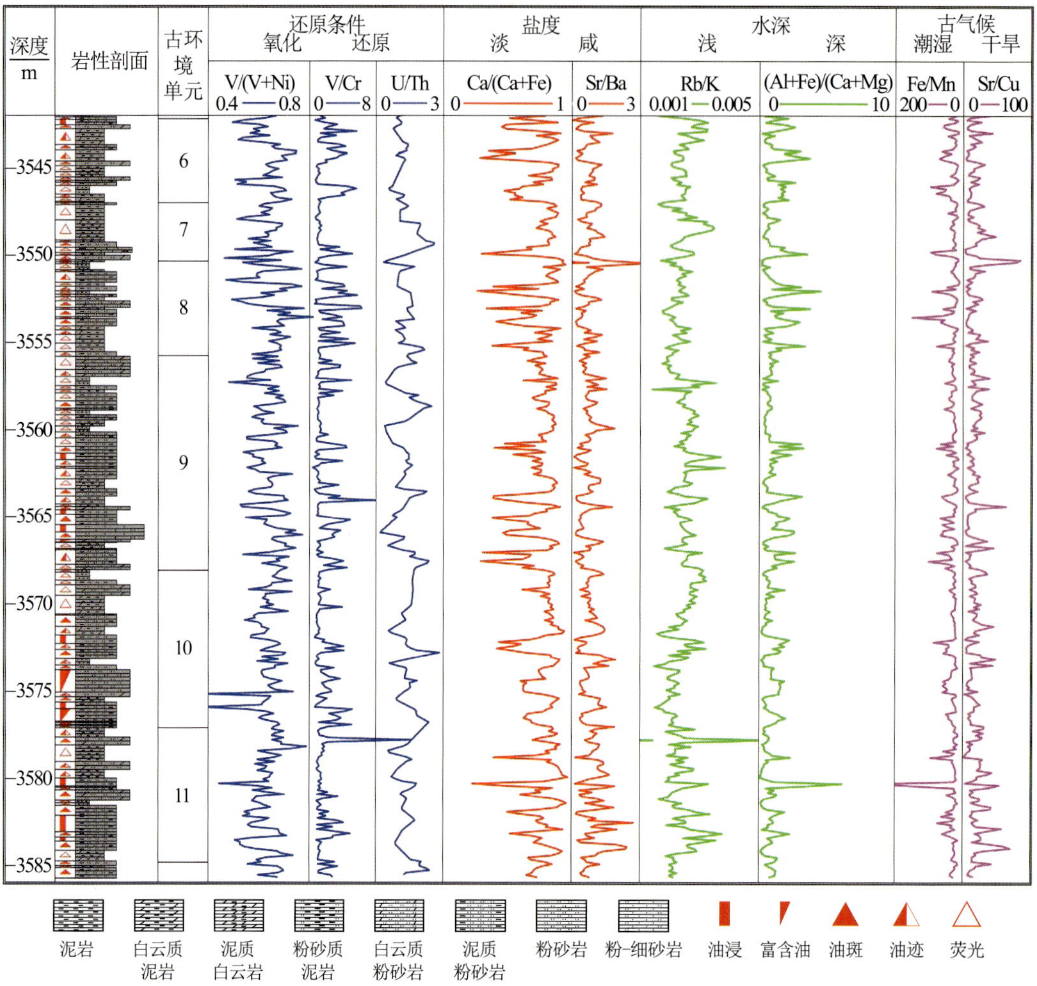

图 7-5　吉 305 井芦草沟组下“甜点”段（3542~3586m）古环境指标纵向分布

上“甜点”段上部，但细于上“甜点”段下部，表明下“甜点”段气候相对上“甜点”段上部潮湿，相对上“甜点”段下部干旱。但总体而言，芦草沟组上“甜点”段和下“甜点”段沉积时期为半干旱古气候。

古盐度对于古气候极为敏感，特别是对于内陆湖盆，古气候的蒸发/降雨量直接控制了古盐度，随着水体盐度的升高，会形成更多的白云石沉淀（赵俊青等，2004），Ca/(Ca+Fe) 和 Sr/Ba 已成为广泛应用指示古盐度的指标。其中，Ca/(Ca+Fe) 值越高，指示水体盐度越高（蓝先洪等，1987）；Sr/Ba<0.5 指示淡水，0.5<Sr/Ba<1 指示半咸水，Sr/Ba>1 指示咸水（郑荣才等，1999；雷开宇等，2017）。如图 7-4 和图 7-5 所示，在上“甜点”段，Ca/(Ca+Fe) 分布在 0.02~0.98 之间，平均为 0.59，集中在 0.33~0.85 之间；Sr/Ba 分布在 0.05~2.87 之间，平均为 0.65，集中在 0.17~0.98 之间。在下“甜点”段，Ca/(Ca+Fe) 分布在 0.01~0.99 之间，平均为 0.75，集中在 0.68~0.85 之间；Sr/Ba 分布在 0.03~2.78 之间，平均为 0.78，集中在 0.44~1.08 之间。总体上显示芦草沟组上

“甜点”段和下“甜点”段沉积于半咸水-咸水水体之中，古盐度在纵向上变化频繁，随着古气候从潮湿向干旱过渡，水体的盐度逐渐由淡变咸。该认识与蒋宜勤等（2015）在吉174井和曲长胜等（2017）在吉32井上的认识基本一致。在上“甜点”段3417m处存在一个古盐度差异明显的界面，与古气候的分界面基本一致：在界面之上的上“甜点”段上部古盐度最高；界面之下的上“甜点”段下部古盐度最低，受古气候的影响明显；下“甜点”段的古盐度总体低于上“甜点”段上部，高于上“甜点”段下部，受古气候的一定影响，但受影响程度低于上“甜点”段。

古水深变化规律复杂，受控于古气候、古构造和沉积物供给速率等因素的综合作用，(Al+Fe)/(Ca+Mg)和Rb/K可以作为指示沉积水体的有效参数（熊小辉等，2011），并获得了广泛应用。高（Al+Fe)/(Ca+Mg）和高Rb/K值指示深水环境。如图7-4和图7-5所示，在上“甜点”段，(Al+Fe)/(Ca+Mg）分布在0.07~9.98之间，平均为2.58，集中在0.43~4.34之间；Rb/K分布在0.00109~0.00487之间，平均为0.00286，集中在0.00254~0.00323之间。在下“甜点”段，(Al+Fe)/(Ca+Mg）分布在0.08~6.64之间，平均为0.96，集中在0.44~1.24之间；Rb/K分布在0.00111~0.00498之间，平均为0.00238，集中在0.00208~0.00263之间。结合岩心观察认识到，芦草沟组上“甜点”段和下“甜点”段主要沉积于半深水-浅水环境中。在上“甜点”段3417m处存在水深差异明显界面：在界面之上的上“甜点”段上部水体较浅，甚至出现泥裂等暴露沉积构造；在界面之下的上“甜点”段下部水体较深，同时沉积大量泥质粉砂岩，显示出较深水体中较高的可容空间；下“甜点”段水体较浅，出现较多的白云质粉砂岩。

古氧化还原条件控制了有机质沉积后的保存，在还原-强还原条件下，利于有机质的大量保存。芦草沟组致密油储层中泥质粉砂岩中也含有较多的有机质（Cao et al.，2017），因此古氧化还原条件也成为芦草沟组致密油成藏的关键因素。U、Th、V、Ni、Cr、Co和Mo是对氧化还原条件敏感的微量元素（Dean et al.，1997；Nicolas et al.，2006），目前基于这些元素已提出了多个可以有效表征古氧化还原条件的指标，其中V/Cr >4.25、U/Th>1.25、V/(V+Ni）>0.84指示还原条件；2.00<V/Cr<4.25、0.75<U/Th<1.25、0.60<V/(V+Ni）<0.84指示弱氧化-弱还原环境；V/Cr<2.00、U/Th<0.75、V/(V+Ni)<0.60表征氧化环境（Dill et al.，1988；Davis et al.，1999；Jones et al.，1994）。如图7-4和图7-5所示，在上“甜点”段，V/(V+Ni）分布在0.21~0.81之间，平均为0.59，集中在0.55~0.63之间；V/Cr分布在1.13~8.29之间，平均为2.96，集中在2.32~3.24之间；U/Th分布在0.08~3.38之间，平均为1.11，集中在0.84~1.34之间。在下“甜点”段，V/(V+Ni）分布在0.03~0.80之间，平均为0.57，集中在0.52~0.62之间；V/Cr分布在0.24~6.58之间，平均为2.73，集中在2.11~3.31之间；U/Th分布在0.15~2.83之间，平均为1.18，集中在0.86~1.28之间。总体而言，芦草沟组上“甜点”段和下“甜点”段主要为弱还原-强还原条件，还原条件基本一致，在纵向上会出现频繁变化，但基本未超出弱还原-强还原条件的范围。

综上，芦草沟组上“甜点”段和下“甜点”段总体沉积于半潮湿-半干旱-干旱气候条件下的半咸水-咸水水体之中，水体深度自浅水至半深水均有分布，氧化还原条件为弱还原-强还原，但在纵向上出现频繁变化，因此需要对纵向上的变化规律进行研究，划分古环境变化单元。

二、古环境单元划分

通过以上对古环境特征的分析认识到，芦草沟组上“甜点”段和下“甜点”段古环境在半潮湿-半干旱-干旱、半咸水-咸水、浅水-半深水和弱还原-强还原条件的基本框架内频繁变化，具有一定规律性，但直接通过原始的古环境参数曲线难以有效划分古环境变化单元（图7-4，图7-5）。为了更直观有效地在纵向上划分古环境单元，本书引入合成预测误差滤波分析（Integrated Prediction Error Filter Analysis，INPEFA）原理，利用Cyclolog软件对各古环境参数曲线进行数据处理获得INPEFA曲线。

基于以上原理，以上“甜点”段3398~3427m和下“甜点”段3542~3586m为处理深度窗口，利用Cyclolog软件分别对两个“甜点”段29m和44m的连续古环境参数曲线进行处理，获得INPEFA曲线，曲线可以直观展示出各古环境参数的变化趋势，其中古盐度、古水深和古气候参数INPEFA曲线表现基本一致的规律性。利用GR数据运算出的INPEFA曲线与古水深参数INPEFA曲线形态基本一致，表明在其他没有测量元素的井中可以利用GR运算INPEFA曲线与吉305井进行古环境单元的对比（图7-6，图7-7）。

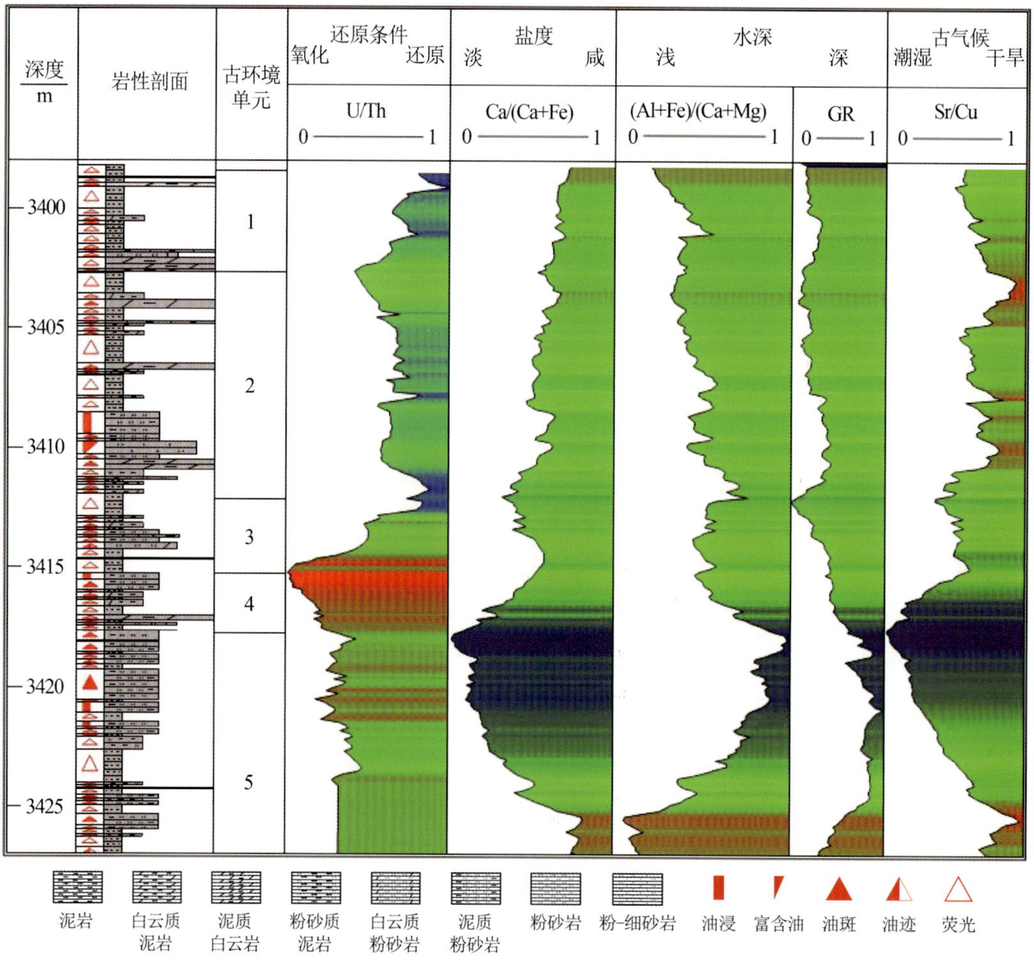

图7-6 吉305井芦草沟组上“甜点”段（3398~3427m）古环境INPEFA曲线及古环境单元划分

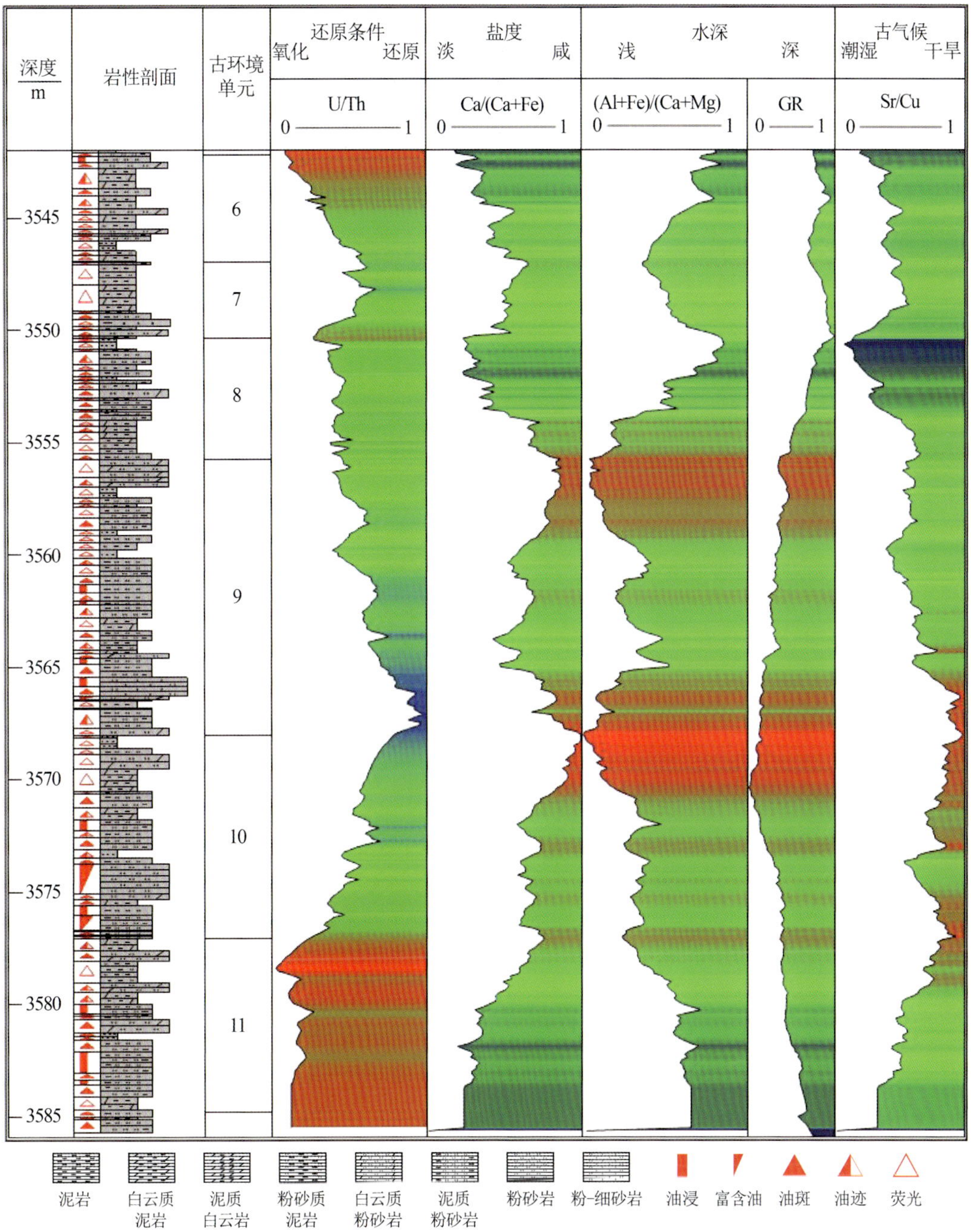

图 7-7　吉 305 井芦草沟组下“甜点”段（3542~3586m）古环境 INPEFA 曲线及古环境单元划分

综合各条 INPEFA 曲线的特征，以古水深曲线为主，将局部最大拐点作为各古环境单元的分界，将上“甜点”段划分为 5 个古环境单元，下“甜点”段划分为 6 个古环境单元，在各段内的轻微起伏为古环境的轻微变化。在上“甜点”段自下而上，5 号单元为 3417.73~3427.00m，总体表现为稳定的弱还原条件，自下而上盐度逐渐降低，水体加深，气候逐渐潮湿，5 号单元沉积时期随着气候潮湿，降水量增加引起水体加深，可容空间增大，同时水动力增强向湖盆中带入更多相对粗粒的沉积物，岩性以泥质粉砂岩为主，岩心中可见浪成交错层理和冲刷面等水动力较强条件下形成的沉积构造；4号单元为3415.23~3417.73m，自下而上总体表现为氧化程度增加，盐度增加，水体变浅，气候轻微变干旱，表明4号单元沉积时期气候逐渐由潮湿变为半干旱，会出现薄层白云质泥岩沉积，但总体仍以泥质粉砂岩为主，偶见由水动力偶然增强而形成的内碎屑；3号单元为3412.00~3415.23m，自下而上还原程度增强，盐度轻微降低，水体基本维持相对较浅的位置，气候维持在半干旱条件；2号单元为3402.63~3412.13m，自下而上基本保持在弱还原条件下，盐度逐渐增高，水体逐渐变浅，气候逐渐自半干旱变为干旱，中间会出现短期干旱程度降低时期，沉积岩性以泥岩为主，中间夹薄层白云质泥岩和泥质白云岩；1号单元为3398.00~3402.63m，自下而上还原条件进一步增强，水体盐度进一步增加，水体变浅，气候自干旱变为半干旱，下部岩性主要为白云质泥岩，干旱程度最高，气候自干旱向半干旱过渡，降水量略有增加，出现短期轻微的水体加深，盐度减低，开始沉积泥岩，但总体水体盐度进一步增加，在顶部再次开始沉积泥质白云岩。在下“甜点”段自下而上，11号单元为3577.09~3586m，一直处于弱还原条件，自下而上盐度逐渐升高，水体逐渐变浅，气候逐渐干旱，岩性自下部以泥质粉砂岩为主向上逐渐出现白云质粉砂岩夹层，进一步表明气候逐渐干旱，水体变浅，白云石沉淀增加；10号单元为3568.05~3577.09m，自下而上还原程度逐渐增强，在较长时期内盐度较高，后期盐度快速进一步升高，水体较长时期内稳定，后期快速变浅，气候在前期出现短期半干旱，但总体表现为较强的干旱程度，在岩性上虽然仍以粉砂岩-泥质粉砂岩为主，但出现较多白云质泥岩和白云质粉砂岩夹层；9号单元为3555.74~3568.05m，自下而上还原程度逐渐减弱，盐度和水深波动较强，在中期频繁出现短期较低盐度较深水环境，古气候自干旱变为半干旱，岩性下部以泥质粉砂岩为主，夹薄层白云质泥岩，顶部为一套白云质粉砂岩；8号单元为3550.34~3555.74m，自下而上稳定在弱还原条件，盐度快速降低，水体快速加深，气候快速潮湿，岩性自下部的白云质泥岩过渡为泥质粉砂岩；7号单元为3546.98~3550.34m，自下而上还原条件稳定，盐度增加，水体变浅，气候干旱程度增加，岩性以粉砂质泥岩和白云质泥岩为主，下部见泥质粉砂岩；6号单元为3542.21~3546.98m，自下而上还原程度减弱，盐度逐渐变小，水体加深，气候半潮湿，总体为白云质泥岩夹泥质粉砂岩和白云质粉砂岩，自下而上泥质粉砂岩厚度逐渐增加。

利用GR曲线计算钻遇芦草沟组其他各井的INPEFA曲线，选取典型剖面进行古环境单元的对比（图7-8），总体而言各井的上“甜点”段和下“甜点”段中各古环境单元INPEFA曲线形态相似性较高，具有较强的可对比性（图7-9至图7-13）。上“甜点”段1号单元在各个剖面中厚度基本稳定，孔隙度总体小于5%，*TOC*总体大于5%，含油饱和度总体小于10%。2号单元在A—B剖面中显示向北呈现增厚趋势，但岩性剖面中北部的吉33井粉砂岩厚度明显减少，在C—D和E—F剖面中显示自吉305井向两侧略有减薄，可以推测2号单元呈南北向的舌状，孔隙度明显高于1号单元，且具有向下逐渐升高的趋势，最高可达16.6%，含油饱和度最高达30%，*TOC*与1号单元基本一致，略有减小。3号单元在A—B剖面中显示向北略有增厚，在C—D和E—F剖面中显示厚度基本稳定，可以推测3号单元向北整体略有增厚，孔隙度较高，最高可达19.8%，存在低孔隙度的夹层，含油饱和度较高可达72%。4号单元最薄，在各剖面中稳定分布，厚度变化不大，孔

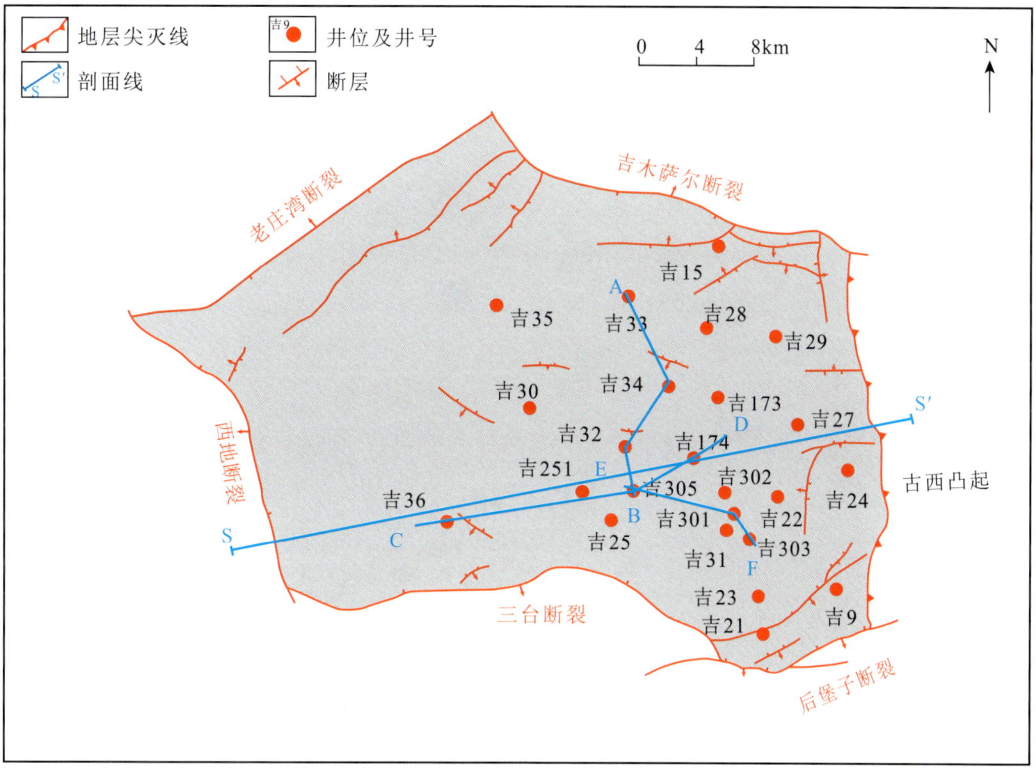

图 7-8 芦草沟组剖面线分布

隙度和含油饱和度明显低于 3 号单元，与 1 号单元相近，*TOC* 较高，最高可达 13%。5 号单元最厚，但厚度也基本保持不变，在 A—B 剖面向北泥质粉砂岩厚度减薄，粉砂质泥岩厚度增加，孔隙度和含油饱和度总体最高，与 3 号单元相近，孔隙度最高为 17.7%，含油饱和度为 52.21%。由于吉 301 和吉 303 井未钻遇下“甜点”段，因此下“甜点”段只有 A—B 和 C—D 两个剖面。6 号单元厚度基本稳定，孔隙度较高，最大可达 16.1%，含油饱和度最高仅为 24.96%，明显低于 5 号单元，*TOC* 最大可达 5.4%，但厚度很薄。7 号单元和 8 号单元厚度在下“甜点”段中最薄，厚度基本稳定，总体孔隙度相对 6 号单元减小，仅有薄层高孔隙度部位，7 号单元 *TOC* 和含油饱和度相对 6 号单元增加。9 号单元厚度明显增大，且在 A—B 剖面中向北略有增厚，但泥质粉砂岩厚度减薄，粉砂质泥岩和泥岩厚度增大，在 C—D 剖面中厚度基本不变，仅有薄层泥岩 *TOC* 达 10.3%，含油饱和度低于 10%，仅在下部出现 28.65% 的薄层，孔隙度总体大于 12%，存在较多低孔隙度的夹层，相对 7 号单元和 8 号单元孔隙度较大。10 号单元厚度相较 9 号单元略有减小，A—B 剖面显示在南北向上厚度基本稳定，但向北泥质粉砂岩厚度减小，泥岩和粉砂质泥岩厚度增加，C—D 剖面显示向西明显增厚，泥质粉砂岩厚度增加，*TOC*、孔隙度和含油饱和度总体均较高，*TOC* 具有自上而下逐渐升高的趋势，分布在 0.63%~9.02% 之间，孔隙度最高可达 20%，含油饱和度最高可达 50% 左右，存在较多低孔隙度、低含油饱和度夹层。11 号单元与 10 号单元厚度接近，总体厚度稳定，在 A—B 剖面中仅在吉 34 井部位出现加厚，向北泥质粉砂岩厚度减小，粉砂质泥岩和泥岩厚度增加，孔隙度和含油饱和度与 10

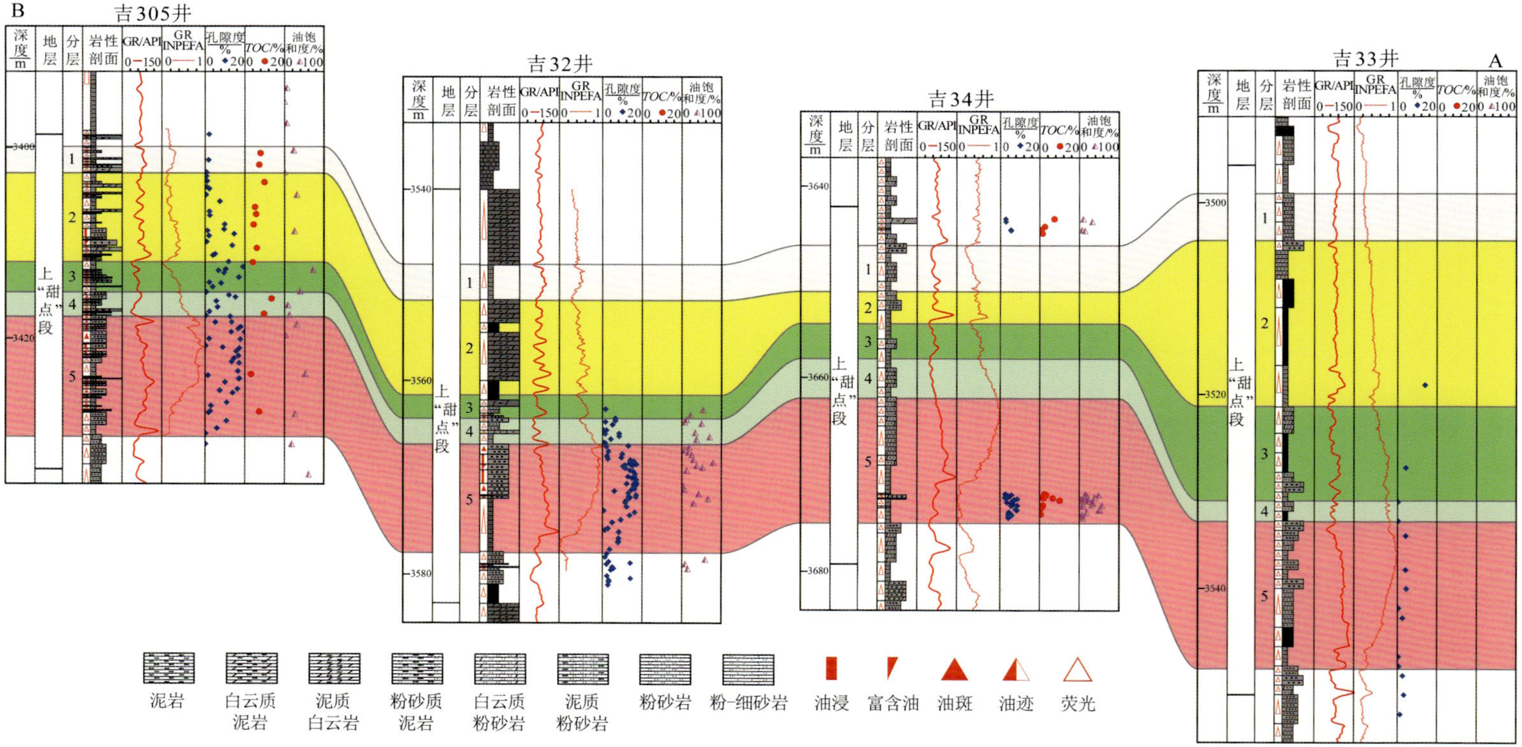

图7-9 吉305井—吉32井—吉34井—吉33井芦草沟组上“甜点”段古环境单元连井剖面（B—A）

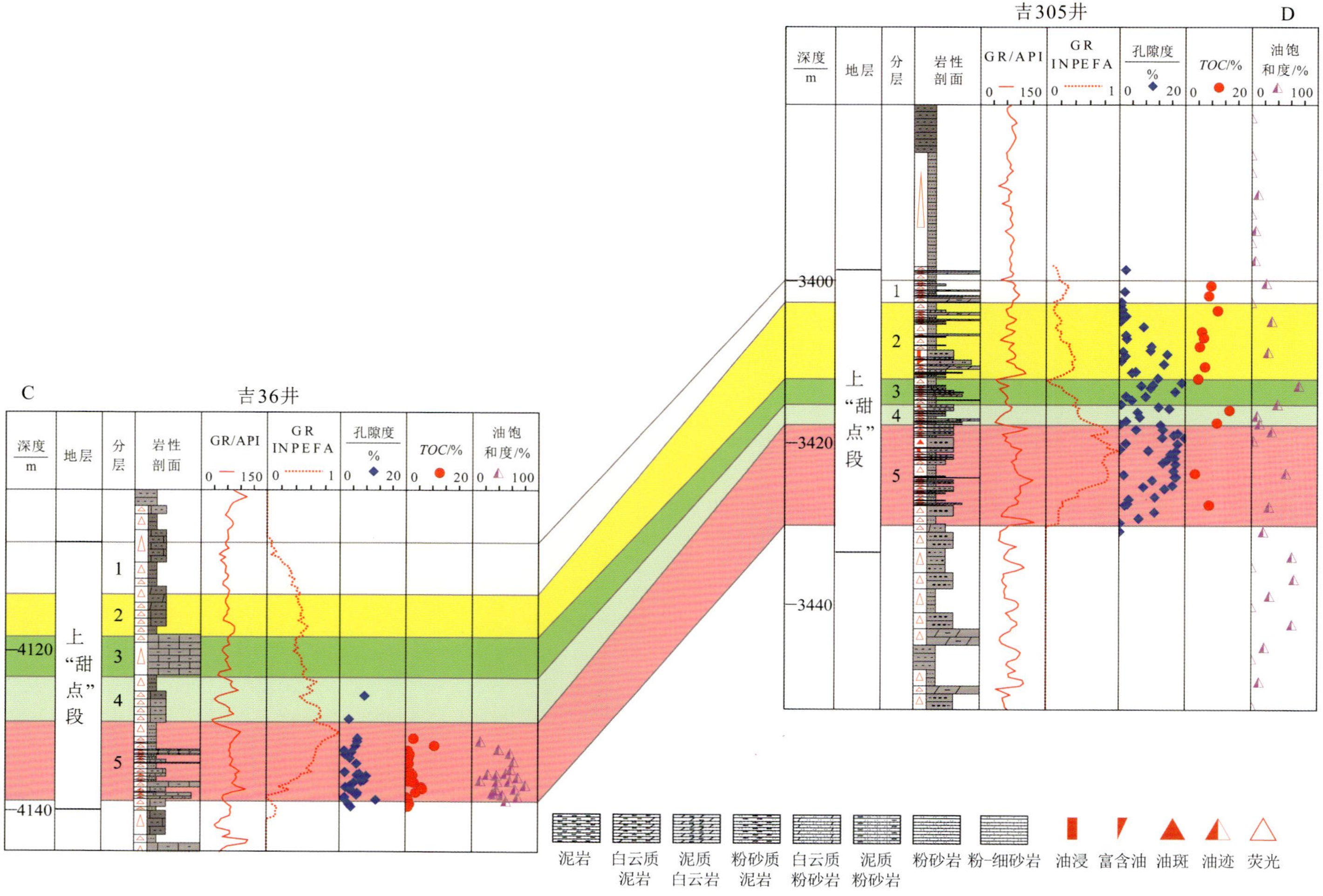

图 7-10　吉36井—吉305井芦草沟组上“甜点”段古环境单元连井剖面（C—D）

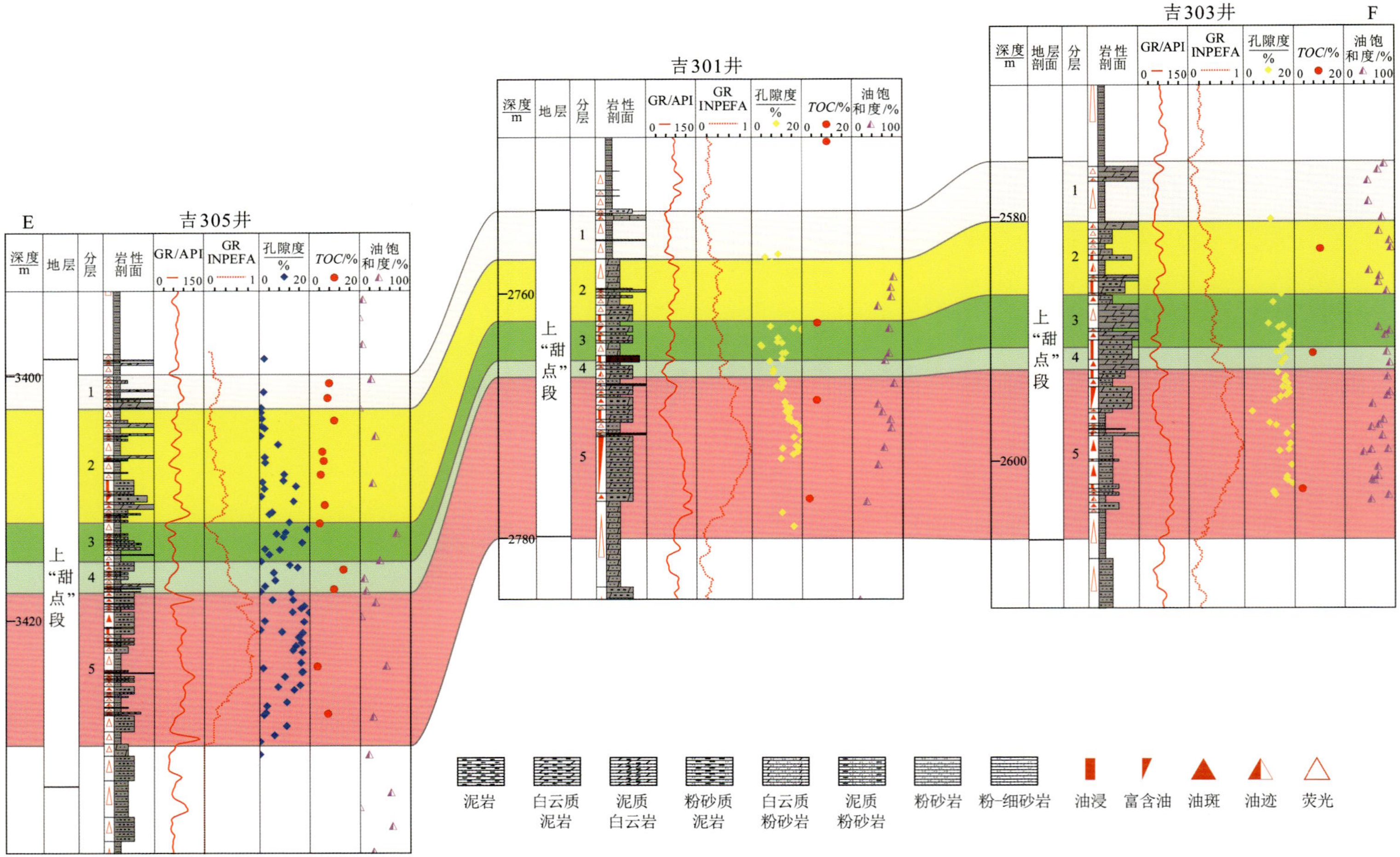

图7-11　吉305井—吉301井—吉303井芦草沟组上“甜点”段古环境单元连井剖面（E—F）

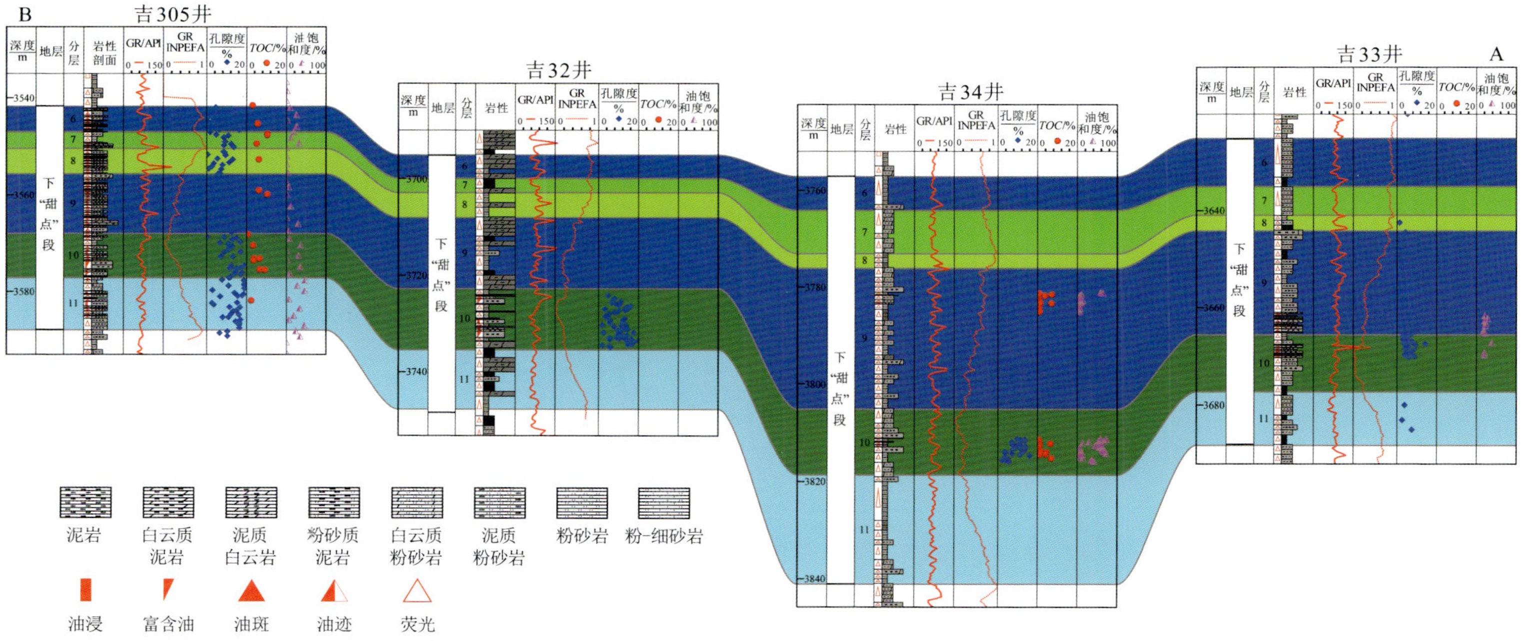

图 7-12　吉305井—吉32井—吉34井—吉33井芦草沟组下“甜点”段古环境单元连井剖面（A—B）

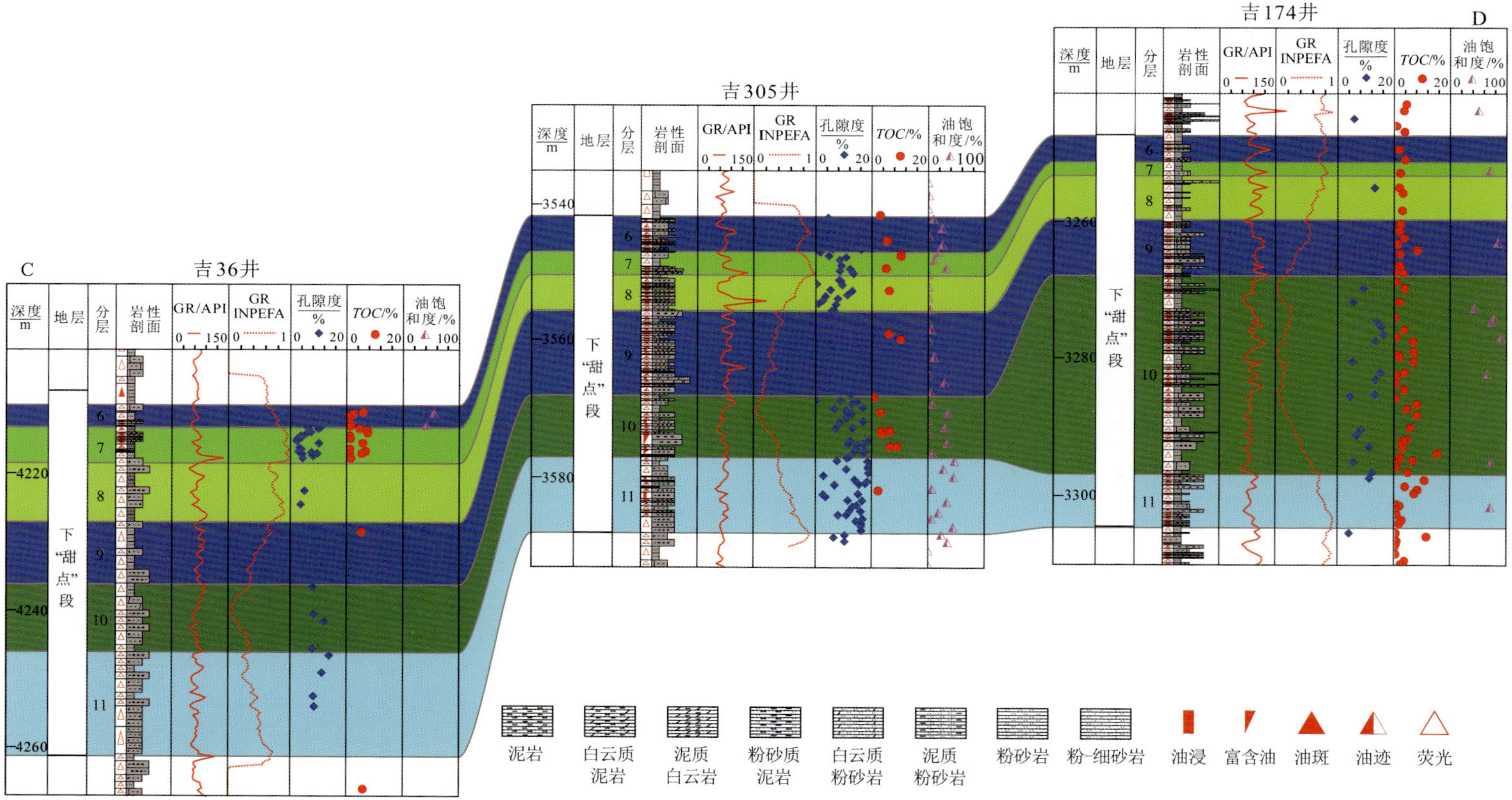

图7-13 吉36井—吉305井—吉174井芦草沟组下"甜点"段古环境单元连井剖面（C—D）

号单元相近，同样存在较多低孔隙度、低含油饱和度夹层，*TOC* 相对较低，为 3% 左右，偶尔存在 *TOC* 大于 10% 的夹层。

综上，芦草沟组各古环境单元在剖面上分布厚度基本稳定，虽然总体具有向北厚度增加的趋势，但粉砂岩、泥质粉砂岩和白云质粉砂岩等相对较粗的岩性厚度呈向北减小的趋势，泥岩、白云质泥岩和粉砂质泥岩等相对较细的岩性厚度呈向北增加的趋势，与芦草沟组沉积时期物源主要在南部的认识基本一致（斯春松等，2013）。各古环境单元自身内部 *TOC*、孔隙度和含油饱和度均具有特征明显的趋势，不同古环境单元之间的趋势差异明显，在同一古环境单元内部也存在与总体趋势差异明显的夹层，由此可见芦草沟组致密油储层具有极强的非均质性。

第二节　芦草沟组化学-沉积相分析

借助化学-沉积相方法对芦草沟组各沉积相进行精细研究，Ca 和 Mg 主要代表碳酸盐矿物，Al、K 和 Si 主要代表陆源碎屑矿物，通过这些元素在平面上的分布可以有效识别沉积构造。

一、滨浅湖亚相

滨浅湖亚相主要发育于上“甜点”段，可进一步划分出云坪、混合坪、泥坪、碳酸盐岩质滩坝和砂质滩坝等沉积微相。

（1）云坪

云坪微相主要分布于滨岸带，沉积白云石和方解石等碳酸盐矿物，颜色为浅灰色，可见泥裂、干裂纹、干裂面等暴露构造（图 7-14a），其形成于蒸发条件强的干旱气候条件下，主要发育在 2 号古环境单元上部。

（2）混合坪

混合坪微相主要分布于云坪和滩坝之间，存在间歇性水动力较强阶段，岩心呈浅灰色（图 7-14b）。在元素平面分布图中 Ca 和 Mg 富集部位占主体区域，Al、K 和 Si 富集部位呈不规则条带状分布其间，可见 Ca 和 Mg 富集的生物扰动构造切穿 Al、K 和 Si 富集的条带与上下相连通（图 7-14c），主要发育在 3 号古环境单元。

（3）泥坪

泥坪微相主要分布于水动力较弱、只有少量陆源碎屑注入的区域，岩心呈灰色（图 7-14d，f）。在元素平面分布图中，可见较多的生物扰动构造（图 7-14e）和水平层理（图 7-14g），以 Al、K 和 Si 富集部位为主，Ca 和 Mg 富集区域呈条带状或生物扰动构造深入 Al、K 和 Si 富集区域，主要发育在 1 号古环境单元。

（4）碳酸盐岩质滩坝

根据前人对芦草沟组的研究，碳酸盐岩质滩坝主要形成于湖泊周边地势平缓、陆源碎屑注入相对砂质滩坝较少、盐度较高的区域，岩心呈深灰色（图 7-14h）。在元素平面分布图中，可见 Ca 和 Mg 富集的区域与 Al、K 和 Si 富集的区域近于等比例均匀混合，可见变形层理（图 7-14i），表明碳酸盐岩质滩坝在形成过程中陆源碎屑和碳酸

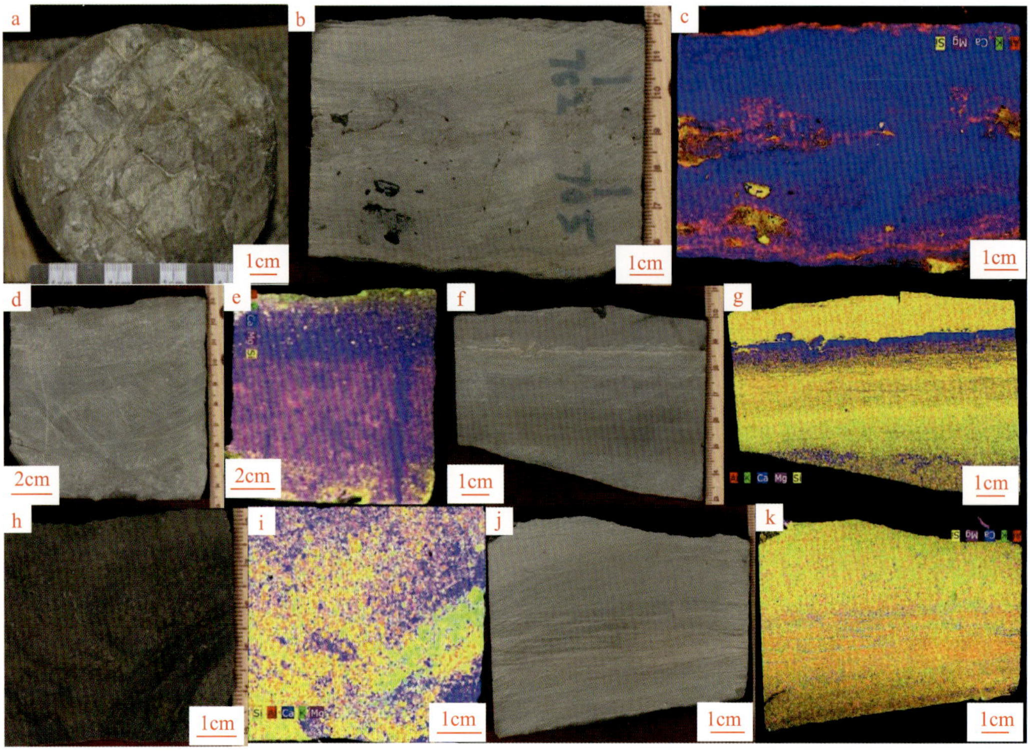

图 7-14　滨浅湖亚相岩心光学照片与元素平面分布

a—吉 305 井，埋深 3403m，泥裂；b—吉 305 井，埋深 3413.99~3414.06m，混合坪岩心照片；c—b 图岩心的元素平面分布；d—吉 305 井，埋深 3413.27~3418.28m，泥坪岩心照片；e—d 图岩心的元素平面分布；f—吉 305 井，埋深 3401.83~3401.905m，泥坪岩心照片；g—f 图岩心的元素平面分布；h—吉 305 井，埋深 3408.71~3408.76m，碳酸盐岩质滩坝；i—h 图岩心的元素平面分布；j—吉 305 井，埋深 3418.84~3418.87m，砂质滩坝；k—j 图岩心的元素平面分布。岩心的元素平面分布图中，红色表示 Al，绿色表示 K，蓝色表示 Ca，紫色表示 Mg，黄色表示 Si

盐岩同时混合沉积，在水动力变化过程中可形成变形层理，主要发育在 2 号古环境单元下部。

（5）砂质滩坝

根据前人对芦草沟组的研究，砂质滩坝主要形成于三角洲前缘的前部和侧翼，受到波浪作用的强烈改造和影响，岩心主要为浅灰色，粒度较粗，以泥质粉砂岩为主（图 7-14j）。在元素平面分布图中，以 Al、K 和 Si 富集的区域为主体，发育浪成交错层理和低角度板状交错层理等（图 7-14k），可见 Ca 和 Mg 富集的薄纹层和碎块（图 7-14k），主要发育在 4 号古环境单元和 5 号古环境单元。

二、三角洲前缘亚相

三角洲前缘亚相主要分布在下“甜点”段，进一步划分为水下分流河道、水下分流河道间、河口砂坝、远砂坝及席状砂等沉积微相。

（1）水下分流河道

水下分流河道为陆上分流河道在水下的延伸部位，水动力较强，以细砂岩、粉砂岩、泥质粉砂岩和白云质粉砂岩为主，岩心呈灰色、褐色（图7-15a，c），在元素平面分布图中，可见Al、K和Si富集区域发育槽状交错层理、平行层理和冲刷充填等水动力较强构造，冲刷面底部为Ca和Mg富集区域，冲刷面上常见滞留沉积（图7-15b，d），主要发育在9号和10号古环境单元。

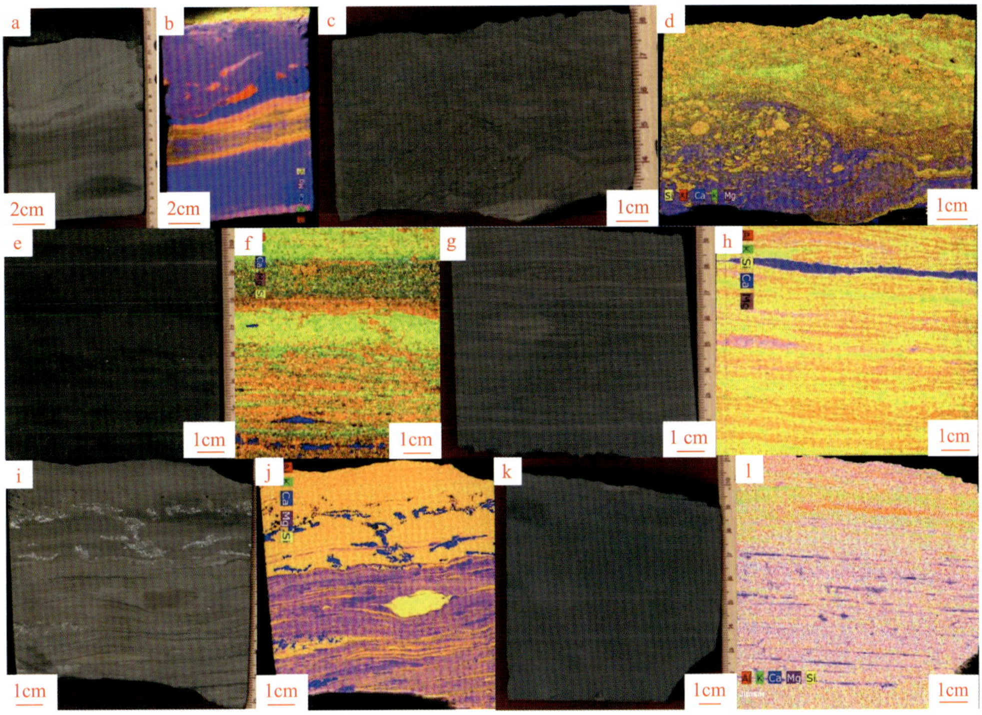

图7-15　三角洲前缘亚相岩心光学照片与元素平面分布

a—吉305井，埋深3564.21~3564.25m，冲刷-充填构造，冲刷面上滞留沉积，中部发育平行层理；b—a图岩心的元素平面分布；c—吉305井，埋深3576.99~3577.04m，冲刷充填构造；d—c图岩心的元素平面分布；e—吉305井，埋深3563.43~3563.52m，平行层理；f—e图岩心的元素平面分布；g—吉305井，埋深3561.85~3561.91m，包卷层理和波状层理；h—g图岩心的元素平面分布；i—吉305井，埋深3575.46~3575.53m，透镜体和粉砂质纹层；j—i图岩心的元素平面分布；k—吉305井，埋深3575.11~3575.2m，水平层理；l—k图岩心的元素平面分布。岩心的元素平面分布图中，红色表示Al，绿色表示K，蓝色表示Ca，紫色表示Mg，黄色表示Si

（2）河口砂坝、远砂坝及席状砂

在水下分流河道河口处发育河口砂坝，随着与河口距离的增加，发育远砂坝和席状砂，粒度逐渐变细，从粉-细砂岩逐渐变为泥质粉砂岩和白云质粉砂岩，厚度逐渐减薄。岩心呈灰色、深灰色（图7-15e，g）。在元素平面分布图中，可见Al、K和Si富集区域发育交错层理、平行层理、波状层理和包卷层理等（图7-15f，h），在各古环境单元中均有分布。

（3）水下分流河道间

以泥岩、白云质泥岩沉积为主，岩心呈灰色、深灰色（图7-15i，k）。在元素平面分布图中，可见Al、K、Si富集区域和Ca、Mg富集区域呈交互纹层，表现为薄纹层、水平层理和透镜状层理（图7-15j，l），在各古环境单元中呈不足1m的夹层出现。

综合以上研究，化学-沉积相可以高效地展示肉眼难以识别的沉积构造，对于岩心中出现的与总体差异明显的碎块，可以通过原位分析的手段区分总体的沉积古环境和碎块的古环境，推测碎块形成的主要原因。因此化学-沉积相可以为沉积相的研究提供一个有效的方法，同时可以精细表征厘米-分米级岩心尺度矿物分布的非均质性，为后期更精细的非均质性研究提供划分依据。

第三节　芦草沟组微观非均质性

一、储层微观孔隙类型

由于黏土矿物对铸体薄片影响较大而对扫描电镜基本没有影响，所以本书主要利用扫描电镜对研究区致密储层的微观孔隙类型进行观察和研究。使用双束扫描电子显微镜（型号为 Helios NanoLab650）。实验中加速电压选择 15kV，束流选择 5nA，能够有效识别储层中的微纳米孔隙。所观察样品与 QEMSCAN 测试样品一致。

吉木萨尔凹陷芦草沟组致密油储层储集空间主要包括原生孔和次生孔，原生孔主要包含粒间孔和晶间孔，次生孔主要包括溶蚀扩大粒间孔、粒间溶孔、粒内溶孔和晶内溶孔以及少量裂缝（匡立春等，2013；Wu et al.，2016；Zhang et al.，2017；刘冬冬等，2017）。

1. 原生孔

（1）粒间孔

粒间孔主要存在于钠长石、钾长石、石英等陆源碎屑和白云石内碎屑颗粒之间，主要呈三角形或不规则形态，孔隙壁部的颗粒具有清晰规则的边缘，少见溶蚀现象。在不同的样品中孔隙尺寸差异较大，主要分布在 0.5~50μm 之间（图 7-16），部分较大的粒间孔中充填伊利石、绿泥石等黏土矿物（图 7-16c，d），在粒度小于 4μm 石英颗粒占主体的部位和粒度小于 5μm 的白云石颗粒占主体的部位，粒间孔相对较小，主要分布在 0.5~3μm 之间（图 7-16e，f），芦草沟组“甜点”段中较大的粒间孔普遍受到溶蚀作用而扩大，溶蚀作用较弱的原生粒间孔普遍较小或无原油充注。

（2）晶间孔

依据晶间孔孔隙壁部矿物的类型，可分为黏土矿物晶间孔、白云石晶间孔和黄铁矿晶间等，不同的矿物晶间孔形状和大小具有明显差异（图 7-17）。黏土矿物主要为成岩过程中形成的伊利石和绿泥石等。伊利石呈丝状或纤维状，形成网状结构，晶间孔形态受晶体形态影响而呈不规则网格状，孔径较小，主要分布在 0.05~4μm 之间，主体为亚微米级（图 7-17a）。绿泥石主要呈片状，其晶间孔表现为被数个叶片所包围的不规则状，晶间孔主要分布在 0.05~2μm 之间，主体为亚微米级（图 7-17b）。白云石晶间孔主要存在于白云石晶体之间，白云石呈菱形，边缘平直，晶间孔呈三角形，孔径平均分布在 1~3μm 之间，较大于黏土矿物晶间孔（图 7-17c）。黄铁矿晶间孔主要存在于纤柱状黄铁矿晶体之间，总体小于 1μm，为亚微米级（图 7-17d），与伊利石晶间孔和绿泥石晶间孔同为储层的纳米级孔隙。

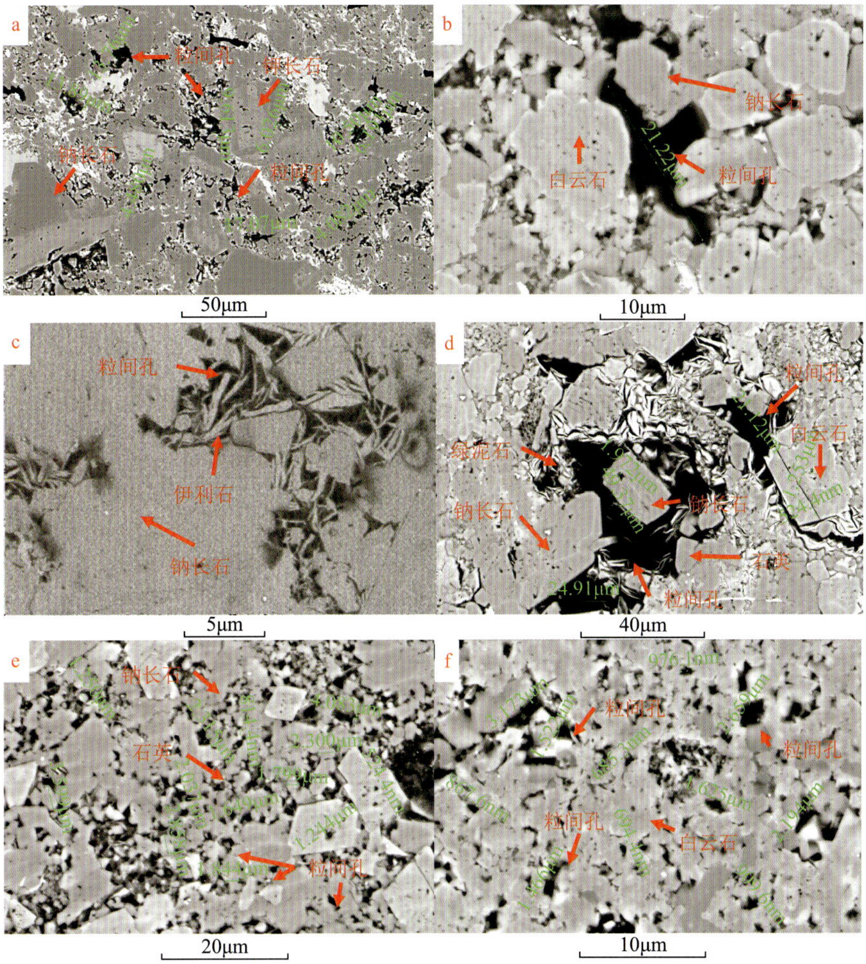

图 7-16　吉木萨尔凹陷芦草沟组粒间孔

a—吉 305 井，埋深 3418.86m（SEM），泥质粉砂岩，发育粒间孔；b—吉 305 井，埋深 3571.17m（SEM），白云质粉砂岩，发育粒间孔；c—吉 305 井，埋深 3558.75m（SEM），泥质粉砂岩，发育粒间孔；d—吉 305 井，埋深 3543.38m（SEM），白云质粉砂岩，发育粒间孔；e—吉 305 井，埋深 3561.25m（SEM），白云质粉砂岩，发育粒间孔；f—吉 305 井，埋深 3409.92m（SEM），粉-砂屑白云岩，发育粒间孔

2. 次生孔

（1）溶蚀扩大粒间孔

芦草沟组储层内溶蚀作用较强，充注原油的储层中普遍可见溶蚀现象，原粒间孔壁部的钾长石、钠长石和白云石等矿物会在有机酸等酸性流体的作用下发生溶蚀，边界呈现明显不规则形态（图 7-18a，b）。在部分溶蚀作用强烈的区域，颗粒几乎全部被溶解，在孔隙中可见呈孤岛状分布的残留颗粒（图 7-18c）。溶蚀扩大粒间孔孔径尺寸较大，最大可达 140μm，主要分布在 10~50μm 之间，其周围的喉道也普遍受到溶蚀扩大，孔隙间连通性较好。

（2）粒间溶孔

粒间溶孔孔径尺寸普遍较大，最大可达 150μm，平均在 20~100μm 之间，部分由于

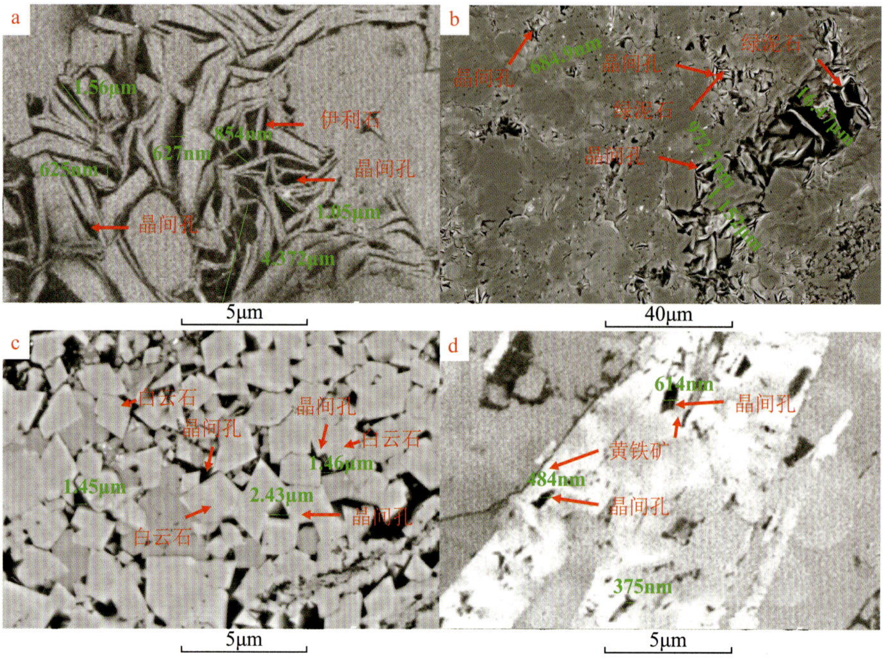

图 7-17　吉木萨尔凹陷芦草沟组晶间孔

a—吉 305 井，埋深 3558.75m（SEM），泥质粉砂岩，发育伊利石晶间孔；b—吉 305 井，埋深 3542.67m（SEM），泥质粉砂岩，发育绿泥石晶间孔；c—吉 305 井，埋深 3575.52m（SEM），泥质白云岩，发育白云石晶间孔；d—吉 305 井，埋深 3551.41m（SEM），泥岩，发育黄铁矿晶孔

溶蚀作用极强，孔隙壁部矿物基本被全部溶蚀，多个粒间孔形成一个大的溶孔，一般呈孤岛状分布，与周围孔隙基本不连通（图 7-18c，d）。

（3）粒内溶孔

该区粒内溶孔以钠长石和钾长石粒内溶孔为主，孔隙的形成是由于长石颗粒内部的局部或大部的溶蚀，可见沿长石颗粒解理溶蚀、沿颗粒边缘溶蚀或无规则的溶蚀，不同溶蚀强度形成的孔隙的大小不同，孔隙一般为椭圆形和长条形，孔径跨度大，从 100nm 到 50μm 均有分布，以微米级孔隙为主（图 7-19a，b，c）。是研究区致密储层主要的微米级孔隙。

（4）晶内溶孔

以白云石晶内溶孔为主，一般呈圆形，孔隙直径主要分布在 0.05～1μm 之间，以亚微米级为主（图 7-19d），是研究区致密储层主要的纳米级孔隙。

二、储层分类

本书以吉 305 井中芦草沟组上“甜点”段和下“甜点”段样品为主，样品尺寸为直径 2.54cm 圆柱，气测孔隙度主要使用 QK-2 型气体孔隙度测量仪，最高压力 1MPa，最小分度值 100Pa。各岩性孔隙度和渗透率关系复杂，总体孔隙度小于 20%，渗透率小于 $10\times10^{-3}\mu m^2$，其中，粉-细砂岩孔隙度较高，主要分布在 12.0%～23.8% 之间，平均为 16.4%；渗透率变化较大，主要分布在（0.001～0.762）$\times10^{-3}\mu m^2$ 之间，平均为 0.26×

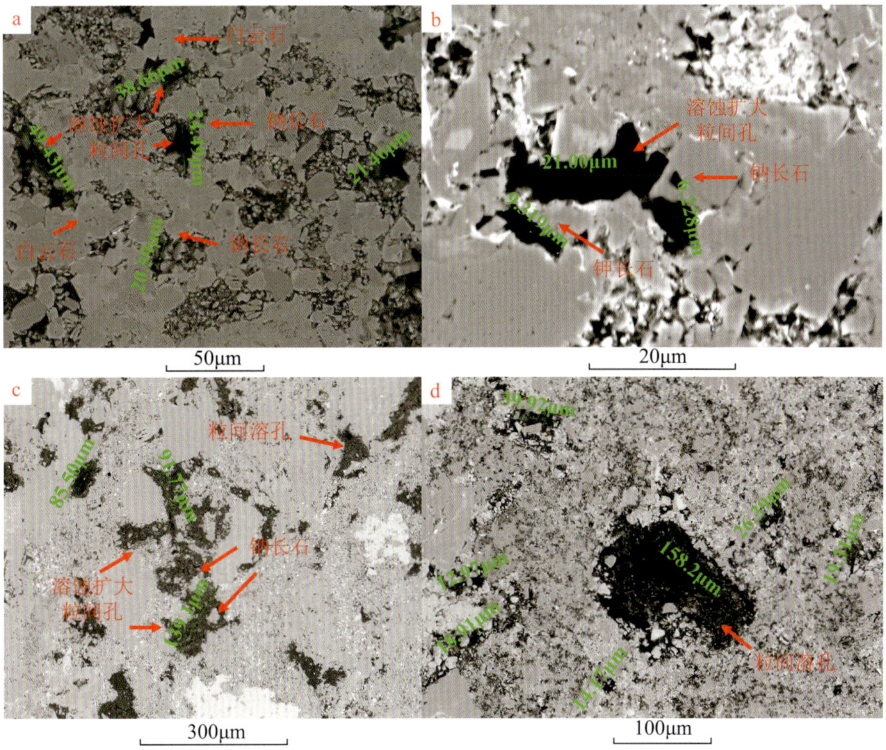

图 7-18 吉木萨尔凹陷芦草沟组溶蚀扩大粒间孔和粒间溶孔

a—吉 305 井，埋深 3575.13m（SEM），粉-砂屑白云岩，发育溶蚀扩大粒间孔；b—吉 305 井，埋深 3418.86m（SEM），泥质粉砂岩，发育溶蚀扩大粒间孔；c—吉 305 井，埋深 3418.73m（SEM），泥质粉砂岩，发育溶蚀扩大粒间孔和粒间溶孔；d—吉 305 井，埋深 3409.4m（SEM），粉-砂屑白云岩，发育粒间溶孔和溶蚀扩大粒间孔

$10^{-3}\mu m^2$；由于厚度较薄，所以无法成为主要储层。粉-砂屑白云岩孔隙度主要分布在 8.40%～13.20%之间，平均为 10.18%；渗透率主要集中在（0.090～0.016）$\times 10^{-3}\mu m^2$ 之间，平均为 $0.012\times 10^{-3}\mu m^2$；部分样品出现高达 $4.016\times 10^{-3}\mu m^2$ 的高渗透率是由裂缝引起。泥质粉砂岩在芦草沟组中相对厚度较大，在上“甜点”段中孔隙度主要分布在 9.41%～19.00%之间，平均为 14.54%，渗透率主要集中在（0.001～0.480）$\times 10^{-3}\mu m^2$ 之间，平均为 $0.093\times 10^{-3}\mu m^2$，部分样品因发育裂缝和层理而渗透率分布在（1.76～9.32）$\times 10^{-3}\mu m^2$ 之间，平均为 $3.38\times 10^{-3}\mu m^2$；在下“甜点”段中孔隙度主要分布在 6.20%～17.00%之间，平均为 11.49%，相对上“甜点”段较低，渗透率主要集中在（0.001～0.366）$\times 10^{-3}\mu m^2$ 之间，平均为 $0.039\times 10^{-3}\mu m^2$，总体相对上“甜点”段较低，个别样品因发育裂缝而高达 $18.1\times 10^{-3}\mu m^2$。白云质粉砂岩主要发育在下甜点段，孔隙度主要分布在 10.72%～18.90%之间，平均为 15.18%，相对泥质粉砂岩较高；渗透率主要分布在（0.005～0.726）$\times 10^{-3}\mu m^2$ 之间，平均为 $0.172\times 10^{-3}\mu m^2$。泥岩和白云质泥岩在上、下“甜点”段均表现为低孔、低渗的特征，其中泥岩总体孔隙度分布在 0.6%～7.3%之间，平均为 2.6%，渗透率主要集中在（0.001～0.006）$\times 10^{-3}\mu m^2$ 之间，平均为 $0.002\times 10^{-3}\mu m^2$，部分样品由于发育裂缝而高达 $11.3\times 10^{-3}\mu m^2$，部分样品由于内部发育粉

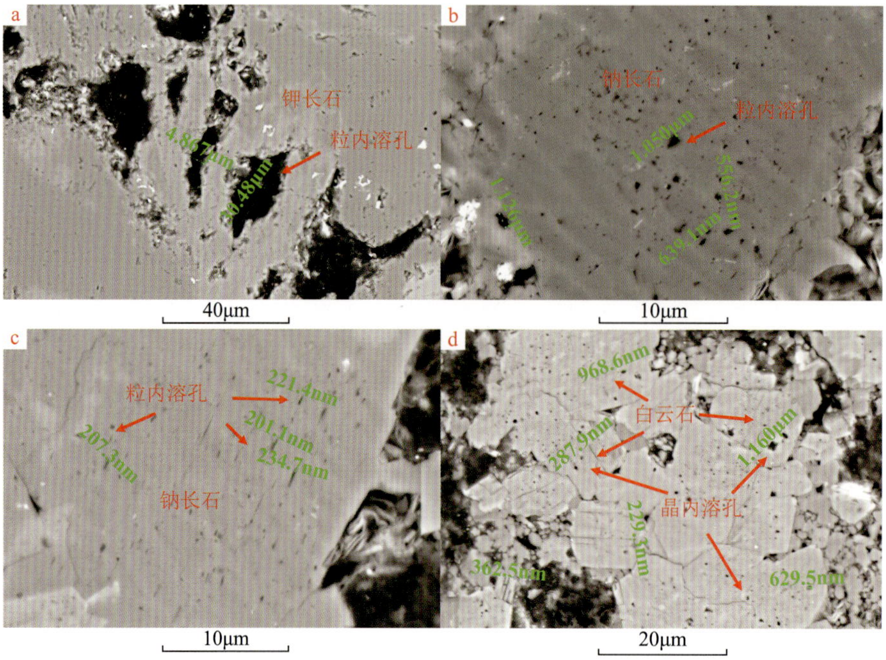

图 7-19 吉木萨尔凹陷芦草沟组粒内溶孔和晶内溶孔

a—吉 305 井，埋深 3418.75m（SEM），泥质粉砂岩，发育钾长石粒内溶孔；b—吉 305 井，埋深 3542.67m（SEM），泥质粉砂岩，发育钠长石粒内溶孔，不均匀分布；c—吉 305 井，埋深 3543.74m（SEM），泥质粉砂岩，发育沿解理分布的钠长石粒内溶孔；d—吉 305 井，埋深 3561.25m（SEM），白云质粉砂岩，发育白云石晶内溶孔

砂质纹层而具有 $3.02\times10^{-3}\mu m^2$ 和 $1.98\times10^{-3}\mu m^2$ 的渗透率；白云质泥岩孔隙度总体分布在 0.60%~6.75%之间，平均为 3.11%，渗透率主要集中在（0.001~0.060）$\times10^{-3}\mu m^2$ 之间，平均为 $0.016\times10^{-3}\mu m^2$，个别样品因发育裂缝而具有 $137\times10^{-3}\mu m^2$ 的渗透率，个别样品因发育粉砂质纹层而具有 $0.6\times10^{-3}\mu m^2$ 的渗透率（图 7-20）。

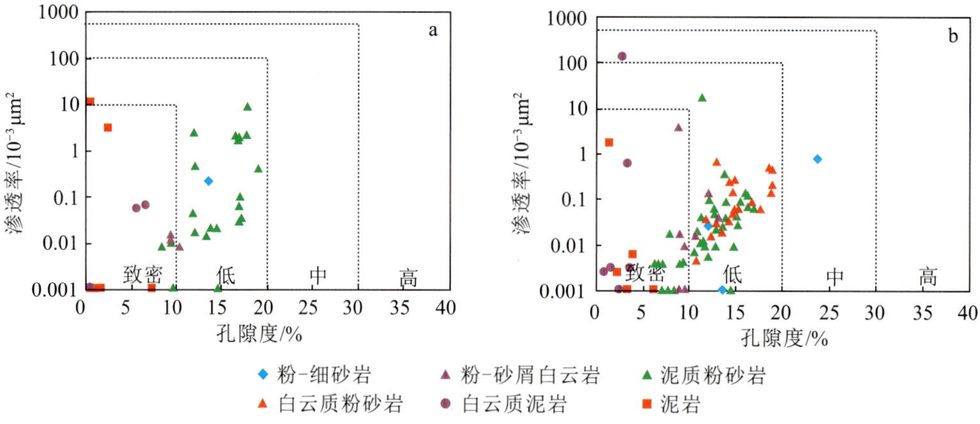

图 7-20 吉木萨尔凹陷芦草沟组致密油储层孔隙度和渗透率关系

a—上“甜点”段；b—下“甜点”段

综合来看，不同岩性之间物性相差较大，其中粉-砂屑白云岩、泥质粉砂岩和白云质粉砂岩物性相对较好，在相同岩性之中物性也具有明显差别。因此单纯依靠岩性无法对储层进行有效分类，本书在岩性和气测孔隙度渗透率的基础上，首先利用扫描电镜对样品孔隙类型和二维平面尺寸进行直观观察，然后结合储层中发育的主要孔隙类型，将储层进一步细分为微纳米孔型储层、孤立溶孔型储层和溶蚀扩大粒间孔型储层。不同的储层类型具有不同的孔隙结构，其孔隙尺寸和连通性等具有显著差异。

1. 微纳米孔型储层

通过扫描电镜观察认识到微纳米孔型储层内孔隙总体较小，孔隙直径基本在 3μm 以下，以 0.05~2μm 的纳米级-微米级孔隙为主。孔隙类型主要为白云石晶间孔、伊利石晶间孔、绿泥石晶间孔、白云石晶内溶孔和小于 4μm 的黏土级颗粒之间的粒间孔（图 7-21）。在部分较大的粒间孔中发育自生伊利石，几乎充填整个孔隙，使得孔隙直径小于 3μm 的伊利石晶间孔和残余粒间孔成为主要储集空间。泥岩、白云质泥岩、泥质白云岩是此类储层的主要岩性，少量白云质粉砂岩和泥质粉砂岩表现为此类储层。

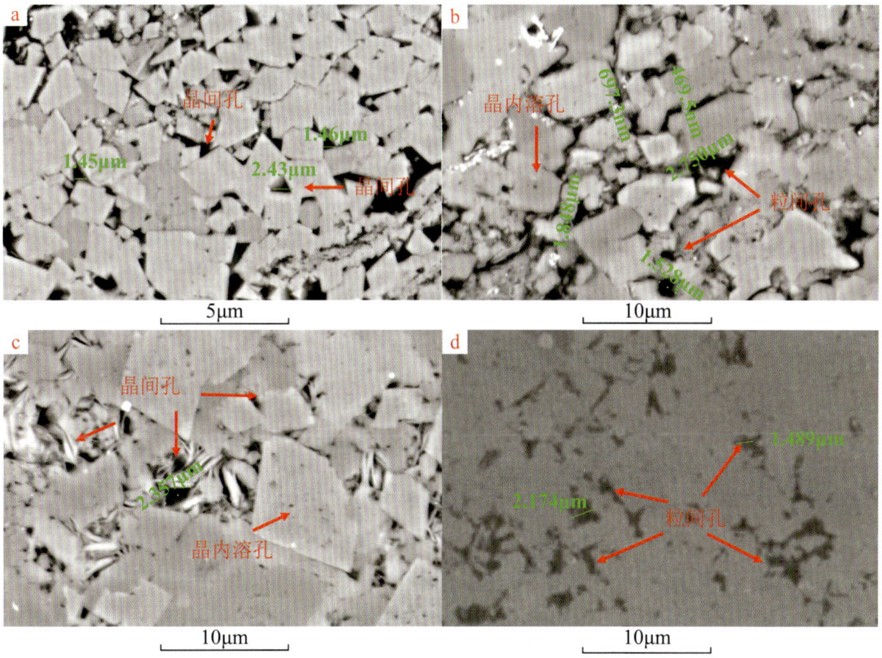

图 7-21　吉木萨尔凹陷芦草沟组微纳米孔型储层

a—吉 305 井，埋深 3575.52m（SEM），泥质白云岩；b—吉 305 井，埋深 3575.52m（SEM），泥质白云岩；c—吉 305 井，埋深 3549.15m（SEM），白云质泥岩；d—吉 305 井，埋深 3551.45m（SEM），泥质粉砂岩

2. 孤立溶孔型储层

通过扫描电镜观察，孤立溶孔型储层以原生粒间孔为主，可见尺寸较大的溶孔呈孤岛状零星分布，溶孔直径主要分布在 10~40μm 之间，部分可达 100~200μm，在岩心中也偶见毫米级的溶洞，溶孔边界不规则，可见明显溶蚀现象，孔内被原油充注，基本无矿物充填（图 7-22）。通过溶孔的分布特征和孔径大小，可进一步划分出孤立溶孔较小型和单个

溶孔大于 80μm 型。单个溶孔较小型溶孔彼此孤立，溶孔间基本不连通，且相距较远，溶孔直径主要分布在 10~40μm 之间（图 7-22a，b）。单个溶蚀孔大于 100μm 型中也存在较多孔径分布在 10~40μm 之间的溶孔，但会出现孔隙直径大于 100μm 的大溶孔，甚至还有达到毫米级溶洞，随着孔径增大，孔隙形态越来越圆（图 7-22c~f）。此类储层主要出现在泥质粉砂岩、白云质粉砂岩和粉-砂屑白云岩之中。

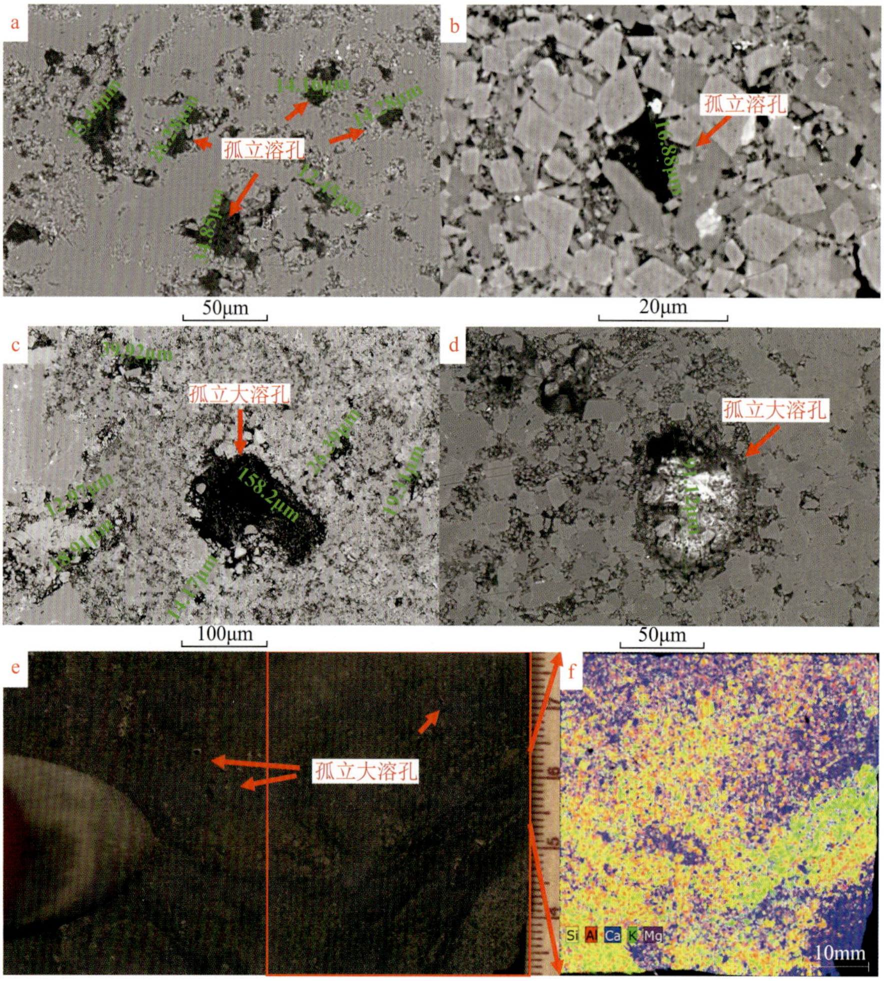

图 7-22　吉木萨尔凹陷芦草沟组孤立溶孔型储层

a—吉 305 井，埋深 3415.73m（SEM），泥质粉砂岩；b—吉 305 井，埋深 3543.68m（SEM），白云质泥岩；c—吉 305 井，埋深 3409.4m（SEM），粉-砂屑白云岩；d—吉 305 井，埋深 3575.13m（SEM），粉-砂屑白云岩；e—吉 305 井，埋深 3408.71~3408.76m，粉-砂屑白云岩岩心照片；f—吉 305 井，埋深 3408.71~3408.76m，粉-砂屑白云岩大面积 XRF 元素分布图像

3. 溶蚀扩大粒间孔型储层

通过扫描电镜观察，溶蚀扩大粒间孔型储层中粒间孔普遍受溶蚀作用而扩大，孔隙直径主体分布在 5~200μm 之间，集中在 10~40μm 之间，孔径主要受原始粒间孔大小的控制。孔隙间连通性较好，孔隙之间的喉道受到溶蚀而扩大，扩大程度较高的喉道

与两侧孔隙连接到一起呈新月形或哑铃形，孔隙边界受溶蚀作用而明显不规则，部分孔隙中间部位可见溶蚀残留颗粒。此类储层主要发育在泥质粉砂岩和白云质粉砂岩之中（图7-23）。

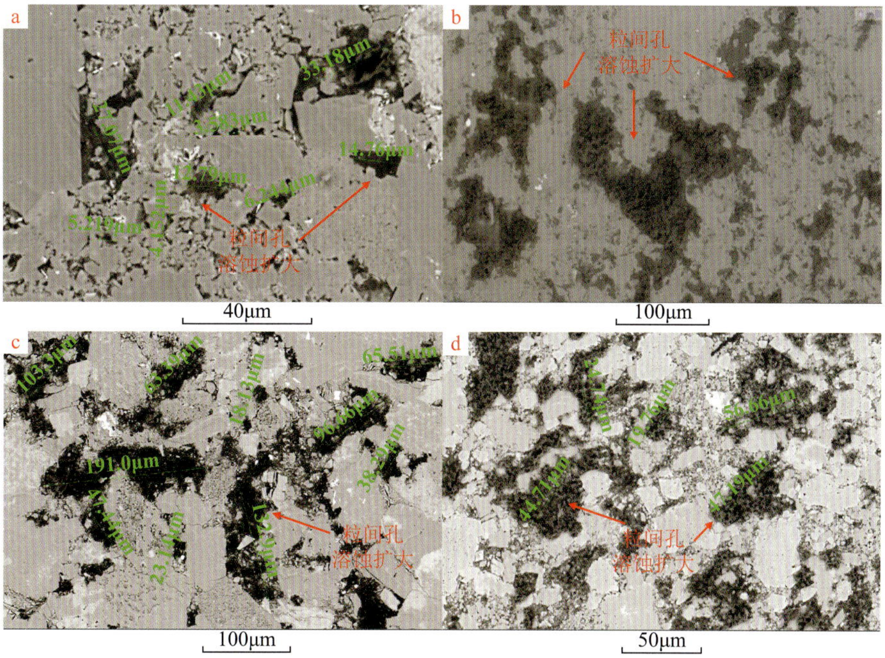

图7-23　吉木萨尔凹陷芦草沟组溶蚀扩大粒间孔型储层

a—吉305井，埋深3418.88m（SEM），泥质粉砂岩；b—吉305井，埋深3415.68m（SEM），泥质粉砂岩；c—吉305井，埋深3542.69m（SEM），泥质粉砂岩；d—吉305井，埋深3571.21m（SEM），白云质粉砂岩

三、储层微观孔隙结构微米CT分析

利用微米CT进行三维孔隙结构研究，样品为直径2mm的圆柱体，本次显微CT扫描实验所使用的实验仪器是ZEISS X-ray Microscopy公司生产的Xradia 510 Versa高分辨率3D X射线显微镜，工作电压为60kV，功率为5W，分辨率为2.5μm。由于所测岩心CT数据体不规则，边界会有非样品物质出现在数据体中，因此首先利用Avizo软件对19块样品CT数据体进行切割，获得只有样品的规则正方体；然后利用中值滤波对岩心灰度图像进行降噪处理，使得图像中孔隙和岩石骨架之间的边界更加平滑，过渡更加自然，同时尽可能地保留了图像重要特征信息；之后利用灰度值的变化将图像二值化，获得孔隙和基质的分布；最后单独对孔隙进行分析获得总体孔隙度、单个孔隙尺寸、孔隙三维分布模型和孔隙三维网络模型等，由于分辨率所限，仅可对大于2.5μm的孔隙进行表征，会造成所计算孔隙度普遍小于气体孔隙度。

对不同类型储层样品的微米CT数据进行分析可以认识到不同类型储层孔隙分布和连通关系具有明显差异。首先利用Avizo软件获得孔隙三维重构模型和孔隙网络模型，然后获得不同孔隙直径数量分布和占比定量数据，需要注意的是Avizo软件所获得的孔隙直径是样品中独立孔隙的直径，当两个孔隙之间被大于 CT 分辨率（本书 CT 数据分辨率为 2.5μm）的喉道连接时，则将两个孔隙算为一个大孔隙，因此当储层局部孔隙连通性较好时，会将此区域内连通的所有孔隙等效为一个大孔隙。当储层孔隙整体连通性较好时，储层中所有连通的孔隙会组合成为一个大孔隙，最大孔隙的长度会接近甚至大于正方体样品的边长，同时长宽比接近 1，表明连通孔隙基本贯穿整个样品，此部分的孔隙体积即为整个储层中连通孔隙体积，其所占总孔隙体积的比例即为总连通孔占比，长宽比越大则只有在局部连通，或存在局部较大的孤立溶孔。对于最大孔隙长度小于正方体样品边长 2/3 的样品一般难以计算其总连通孔占比。孔隙网络模型主要采用形态学细化算法获取孔隙空间中轴线，中轴线节点为孔隙，连接线为喉道，中轴线会随实际喉道的宽度增加而相应加粗，颜色从蓝到红。

1. 微纳米孔型储层

通过孔隙三维重构，可以认识到微纳米型储层中孔隙在三维空间内呈极细小的星状分布，在部分小区域内小孔隙连通到一起，形成较大的孔隙，呈板状或椭球状，但彼此之间相对孤立，相距较远（图 7-24a1，b1），其孔隙网络模型中喉道较细，基本为 2.5μm，彼此之间连通性极差（图 7-24a2，b2）。统计各孔隙直径分布数据认识到 2~3μm 的孔隙数量最多，随着孔隙直径的增加，数量快速减少，不同孔隙直径所占体积比例从 2~3μm 到 5~6μm 为递增趋势，从 5~6μm 到 9~10μm 为递减趋势，10~20μm 所占比例最大，20~30μm 所占比例小于 9~10μm，之后继续递减趋势。结合孔隙三维重构图像和三维孔隙网络图像可以认识到大于 10μm 的孔隙主要为局部连通性较好的孔隙相连等效为一个大孔隙而成，特别是大于 40μm 的孔隙数量极少，所占体积也极小，表明局部连通性极差（图 7-24a，b）。其最大孔隙等效直径仅为 80μm 左右，最大孔隙长度与样品正方体边长

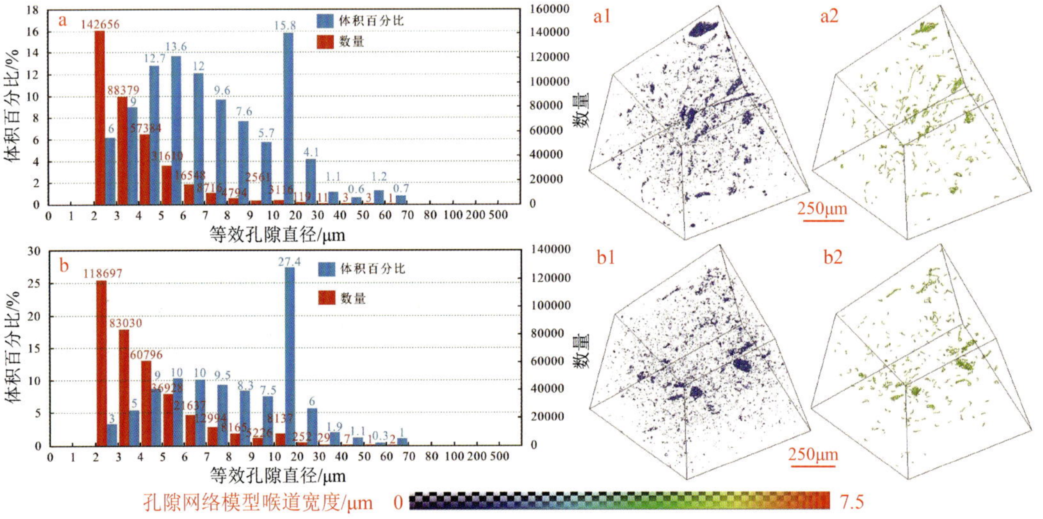

图 7-24　吉木萨尔凹陷芦草沟组微纳米孔型储层 CT 分析

a—吉 305 井，埋深 3551.45m，泥质粉砂岩，CT 数据分析孔隙直径数量和占比；a1—a 样品对应三维孔隙重构图；a2—a 样品对应三维孔隙网络图；b—吉 305 井，埋深 3551.47m，泥岩，CT 数据分析孔隙直径数量和占比；b1—b 样品对应三维孔隙重构图；b2—b 样品对应三维孔隙网络图

比值主要分布在 0.26~0.55 之间，没有贯穿样品，表明连通性极差（表 7-1）。

表 7-1　各类储层微米 CT 数据处理结果

储层类型	深度/m	岩性	孔隙度/%	最小孔隙等效直径/μm	最大孔隙等效直径/μm	最大孔隙长度/μm	最大孔隙宽度/μm	正方体边长/μm	总连通孔占比/%
溶蚀扩大粒间孔型	3415.66	泥质粉砂岩	9.17	2.53	420.25	1351.29	1014.05	1400	39.91
	3418.88	泥质粉砂岩	11.78	2.53	349.68	1052.46	676.83	1500	56.22
	3542.67	泥质粉砂岩	11.10	2.53	264.13	881.28	601.58	550	31.92
	3575.13	粉-砂屑白云岩	6.18	2.53	312.63	1155.63	802.50	750	30.40
	3575.16	白云质粉砂岩	12.70	2.53	459.24	1366.19	892.186	750	70.18
	3571.17	白云质粉砂岩	17.90	2.53	426.54	1066.67	676.99	650	80.50
	3571.21	泥质粉砂岩	9.70	2.53	306.36	943.84	670.3	650	37.65
孤立溶孔型	3415.68	粉-砂屑白云岩	5.63	2.53	184.00	805.00	389.00	1400	—
	3575.12	粉-砂屑白云岩	6.10	2.53	185.33	856.49	465.36	650	—
	3542.66	泥质粉砂岩	4.00	2.53	91.22	335.29	175.19	550	—
	3418.86	泥质粉砂岩	7.36	2.53	125.69	541.93	325.68	1500	—
	3571.18	白云质粉砂岩	7.80	2.53	103.79	466.92	237.196	650	—
	3415.73	泥质粉砂岩	6.18	2.53	80.04	345.14	168.67	1400	—
	3409.40	粉-砂屑白云岩	5.23	2.53	73.81	177.84	105.14	450	—
	3409.45	泥质粉砂岩	5.79	2.53	103.73	268.17	170.53	450	—
微纳米孔型	3551.41	泥岩	3.40	2.53	72.49	244.65	132.82	750	—
	3551.43	白云质泥岩	5.31	2.53	87.78	412.32	157.99	750	—
	3551.45	泥质粉砂岩	3.14	2.53	65.57	198.37	58.95	750	—
	3551.47	泥岩	2.21	2.53	68.86	198.37	71.13	750	—

2. 孤立溶孔型储层

孤立溶孔型储层主要分布在泥质粉砂岩、白云质粉砂岩和粉-砂屑白云岩中（图 7-25），通过扫描电镜的观察可以认识到孤立溶孔型储层以原生粒间孔为主，发育相对孤立的溶孔，根据溶孔的大小和分布情况主要分为孤立溶孔较小型和单个溶孔大于 80μm 型两种，这两种储层在 CT 孔隙三维重构图像和三维孔隙网络图像中具有明显差别。孤立溶孔较小型中单个溶孔体积相对较小，但明显大于微纳米孔型储层，在孔隙三维重构图像中遍布整个样品，彼此之间相对孤立，存在一定间隙，只有少量溶孔在小范围内相互连通（图 7-25a1，b1），在三维孔隙网络图像中可见喉道宽度主要分布在 2.5~5μm 之间，部分区域达到 7.5μm，遍布整个样品，但仅在局部连通，在整体上各区域间的喉道不连通（图 7-25a2，b2）。统计各孔隙直径分布数据认识到 2~3μm 的孔隙数量最多，随着孔隙直径的增加，数量快速减少，不同孔隙直径所占体积比例从 2~3μm 到 9~10μm 只有轻微变化，10~20μm 孔隙所占比例最大，可达 20% 左右，为孤立溶孔主要的孔隙直径范围，与扫描电镜观察结果基本一致，之后从 20~30μm 到 60~70μm 为递减趋势，从 70~80μm 到 100~200μm 为递增趋势，孔隙数量小于 10，为小范围内部分小溶孔连通等效为大孔而

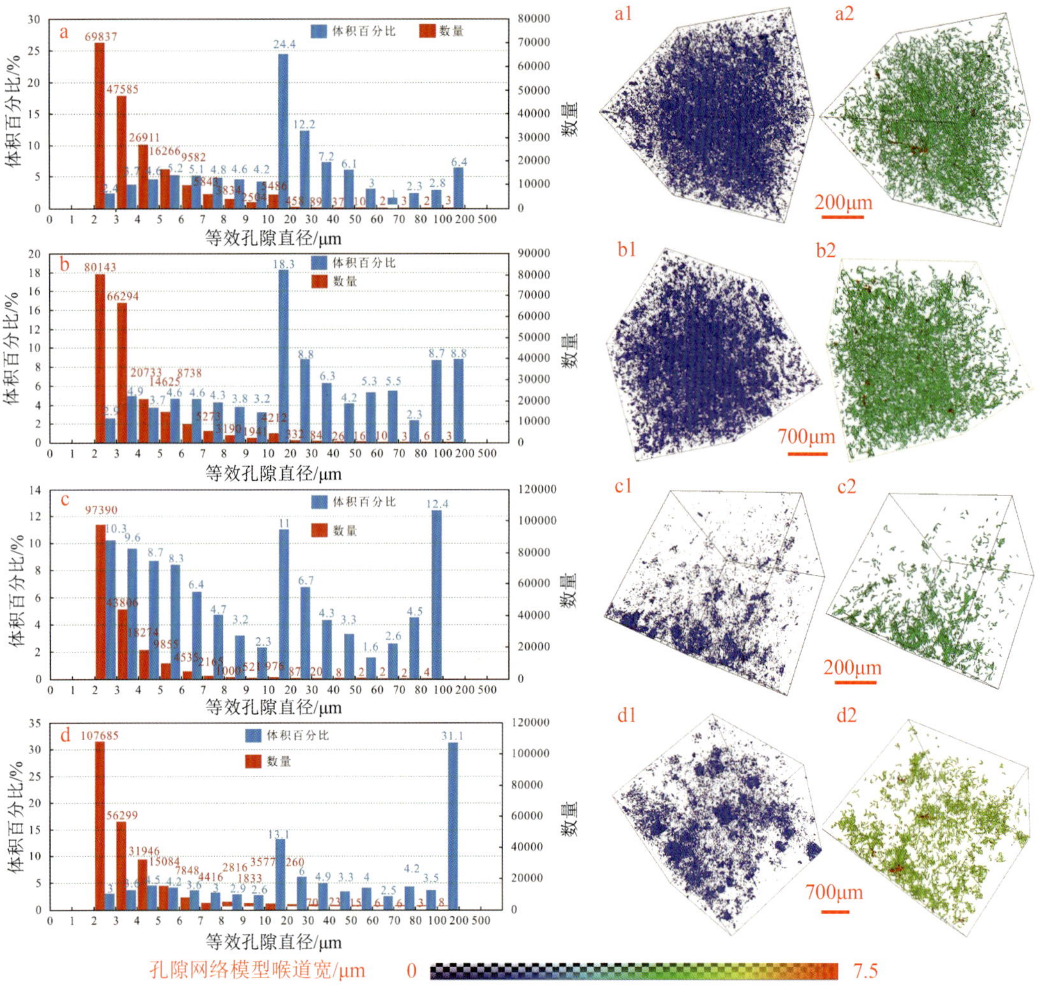

图 7-25 吉木萨尔凹陷芦草沟组孤立溶孔型储层 CT 分析

a—吉 305 井，埋深 3571.18m，白云质粉砂岩，CT 数据分析孔隙直径数量和占比；a1—a 样品对应三维孔隙重构图；a2—a 样品对应三维孔隙网络图；b—吉 305 井，埋深 3418.86m，泥质粉砂岩，CT 数据分析孔隙直径数量和占比；b1—b 样品对应三维孔隙重构图；b2—b 样品对应三维孔隙网络图；c—吉 305 井，埋深 3542.66m，泥质粉砂岩，CT 数据分析孔隙直径数量和占比；c1—c 样品对应三维孔隙重构图；c2—c 样品对应三维孔隙网络图；d—吉 305 井，埋深 3415.68m，粉-砂屑白云岩，CT 数据分析孔隙直径数量和占比；d1—d 样品对应三维孔隙重构图；d2—d 样品三维孔隙网络图

成（图 7-25a，b）。单个溶孔大于 80μm 型储层中小溶孔相对不发育，但发育孤立的大于 80μm 的大溶孔，部分溶孔甚至可达毫米级，其孔隙三维重构图像中可见多个距离较远的大溶孔，在样品中呈孤岛状分布，小孔隙围绕大溶孔分布（图 7-25c1，d1），在三维孔隙网络图像中喉道主要集中分布在小范围内，局部区域存在 7.5μm 的大喉道（图 7-25c1，d1）。统计各孔隙直径分布数据认识到 2～3μm 的孔隙数量最多，随着孔隙直径的增加，数量快速减少，不同孔隙直径所占体积比例从 2～3μm 到 9～10μm 变化规律不明显，有的样品呈递减趋势（图 7-25c），有的样品变化微弱（图 7-25d1），但 10～20μm 孔隙所占比例均在 10%～15%之间，存在多个大于 80μm 的孔隙，大于 80μm 的孔隙总体所占比例

最大可达 34.6%（图 7-25d1）。两种类型的孤立溶蚀孔最大孔隙长度与样品正方体边长比值主要分布在 0.39~0.61 之间，长宽比主要分布在 1.57~2.07 之间，部分由于孤立的大溶蚀孔分布过于集中而只为 0.25，部分由于孤立的大溶蚀孔呈板状而达到 1.32，但长宽比达到 1.84，仅在局部贯穿样品，而不是连通整个样品内的孔隙（表 7-1）。

3. 溶蚀扩大粒间孔型储层

溶蚀扩大粒间孔型储层主要分布在泥质粉砂岩、白云质粉砂岩和粉-砂屑白云岩中（图 7-26），通过扫描电镜的观察可以认识到溶蚀扩大粒间孔型储层以原生粒间孔溶蚀扩大为主，喉道普遍受溶蚀而扩大，在 CT 孔隙三维重构图像和三维孔隙网络图像中，孔隙遍布整个样品，彼此之间相距较近，在整个样品中，喉道彼此连接，仅有少量孤立较短的喉道，使得孔隙连通到一起，成为较大的孔隙，可见存在多个喉道大于 7.5μm 的区域（图 7-26a1，a2，b1，b2，c1，c2）。通过统计不同尺寸孔隙的数量和占比认识到，小于 3μm 的孔隙仍是数量最多的孔隙，自 2~3μm 随孔隙增大而数量快速减少，孔隙体积占比中自 2~3μm 至 10~20μm 的孔隙占比逐渐增加，自 10~20μm 至 100~200μm 孔隙占比逐渐较少。200~500μm 的孔隙只有一个且孔隙占比最大，最高可达 80%，是由各小孔隙连通到一起等效为一个大孔隙而成。在溶蚀扩大粒间孔型储层中，最大孔隙长度接近样品正

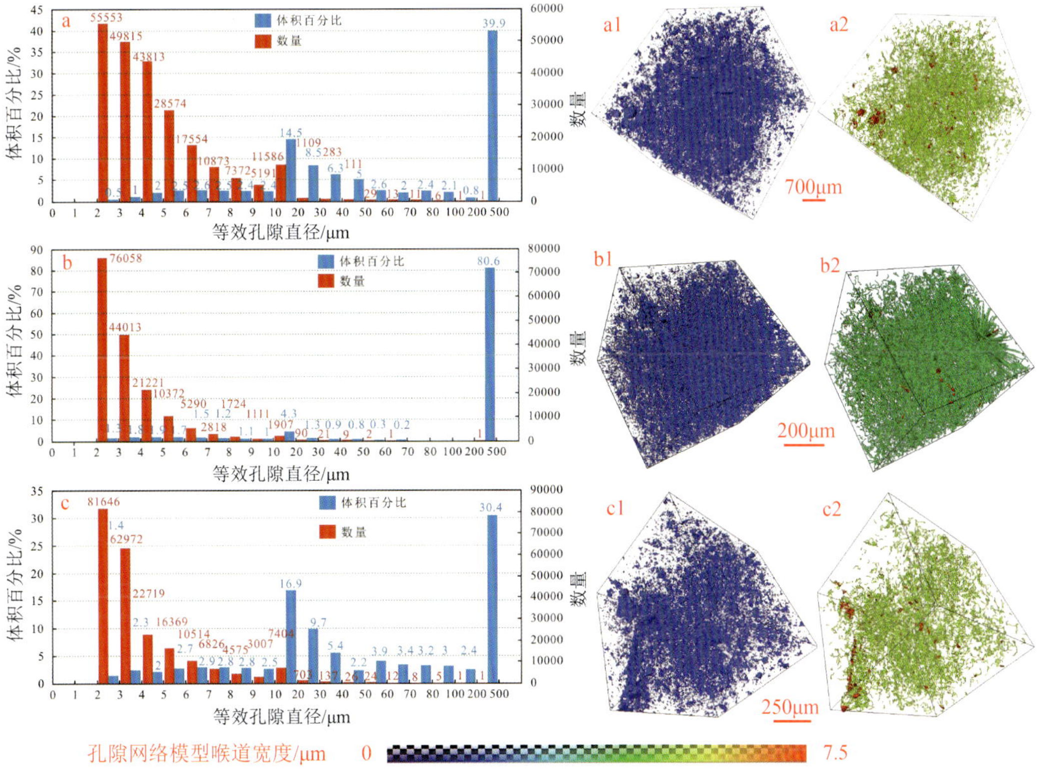

图 7-26　吉木萨尔凹陷芦草沟组溶蚀扩大粒间孔型储层 CT 分析

a—吉 305 井，埋深 3415.66m，泥质粉砂岩，CT 数据分析孔隙直径数量和占比；a1—a 样品对应三维孔隙重构图；a2—a 样品对应三维孔隙网络图；b—吉 305 井，埋深 3571.17m，白云质粉砂岩，CT 数据分析孔隙直径数量和占比；b1—b 样品对应三维孔隙重构图；b2—b 样品对应三维孔隙网络图；c—吉 305 井，埋深 3575.13m，粉-砂屑白云岩，CT 数据分析孔隙直径数量和占比；c1—c 样品对应三维孔隙重构图；c2—c 样品对应三维孔隙网络图

方体边长甚至高于正方体边长，与正方体边长的比值主要分布在 0.70～1.82 之间，长宽比分布在 1.33～1.58 之间，表明孔隙基本贯穿整个样品，可以等效为最大连通孔占比，主要分布在 30.4%～80.5%之间（表 7-1）。

微米 CT 可以有效分析孔隙在三维空间内的展布，结合孔隙直径数量和比例统计数据可以进一步定量表征样品的连通性，但受到分辨率的影响，微米 CT 无法表征小于 2.5μm 的孔隙，因此本书利用高压压汞对储层孔隙特征进行了进一步分析。

四、储层微观孔隙结构高压压汞分析

致密油储层孔喉系统极其复杂，可近似将孔喉系统看成为相互连通的粗细差异明显的毛细管组成的网络，基于以上模型，高压压汞法就是将非润湿相的汞注入孔喉系统之中，利用汞注入时的压力变化获取具有相应毛细管压力的孔喉半径，此压力下的进汞量即为相应孔喉半径所连通的孔喉体积，因此所获得的孔喉半径主要为喉道半径，而无法获得孔喉所连通的孔隙的半径，利用此原理可以获得微观孔喉结构、孔喉半径分布规律和不同孔喉半径对渗透率的贡献率等参数。

本书高压压汞实验所测样品与气体孔隙度所测样品一致，所使用仪器为麦克 AutoPore 9500 高压压汞仪，最高压力可达 180MPa，可测最小孔喉直径约为 10nm（半径 5nm）。

高压压汞进汞压力高，能够测量的孔喉半径范围大，主要可以表征尺度较小的孔喉，但对半径大于 63μm 的孔喉测量效果不佳，所测数据主要反映的是喉道大小和其所连通的孔隙的总体积，因此其结果明显小于主体薄片、扫描电镜和微米 CT（朱如凯等，2016；Pittman，1992；Yao et al.，2012；Clarkson et al.，2013；Romanenko et al.，2013）。

压汞的孔喉半径主要是基于 Laplace 公式表征：

$$p_c = \frac{2\sigma\cos\theta}{r} \tag{7-1}$$

式中：p_c 为毛细管压力，MPa；r 为毛管半径，μm；σ 为气水界面张力，N/m；θ 为润湿角，(°)。

1. 高压压汞基本参数

高压压汞的基本参数主要包括排驱压力、孔喉平均半径、孔喉中值半径、退汞效率和分选系数等，可以有效反映储层的孔隙结构。

（1）排驱压力

排驱压力是指孔隙系统中最大的连通孔隙的毛细管压力，其可以反映最大孔喉半径。在上“甜点”段，总体排驱压力分布在 0.063～5.25MPa 之间，平均为 1.27MPa，与孔隙度呈指数负相关关系，相关性极差（R^2=0.1559），与渗透率呈幂指数负相关关系，相关性极差（R^2=0.1273）。其中，泥质粉砂岩排驱压力分布在 0.063～5.11MPa 之间，平均为 0.76MPa，集中在 0.21～0.63MPa 之间，与孔隙度和渗透率呈负相关关系，相关性极差（R^2=0.0030、0.0806）；粉-砂屑白云岩具有相对较高的排驱压力，总体分布在 0.31～5.11MPa 之间，平均为 3.51MPa；粉-细砂岩排驱压力为 0.57MPa；白云质泥岩排驱压力分布在 1.10～2.13MPa 之间，平均为 1.47MPa；泥岩排驱压力分布在 0.56～5.25MPa 之间，平均为 2.08MPa。由于粉-砂屑白云岩、粉-细砂岩、白云质泥岩和泥岩数据点较少，因此无法单独研究其压汞参数与孔隙度和渗透率的相关性（图 7-27）。在下“甜点”段，

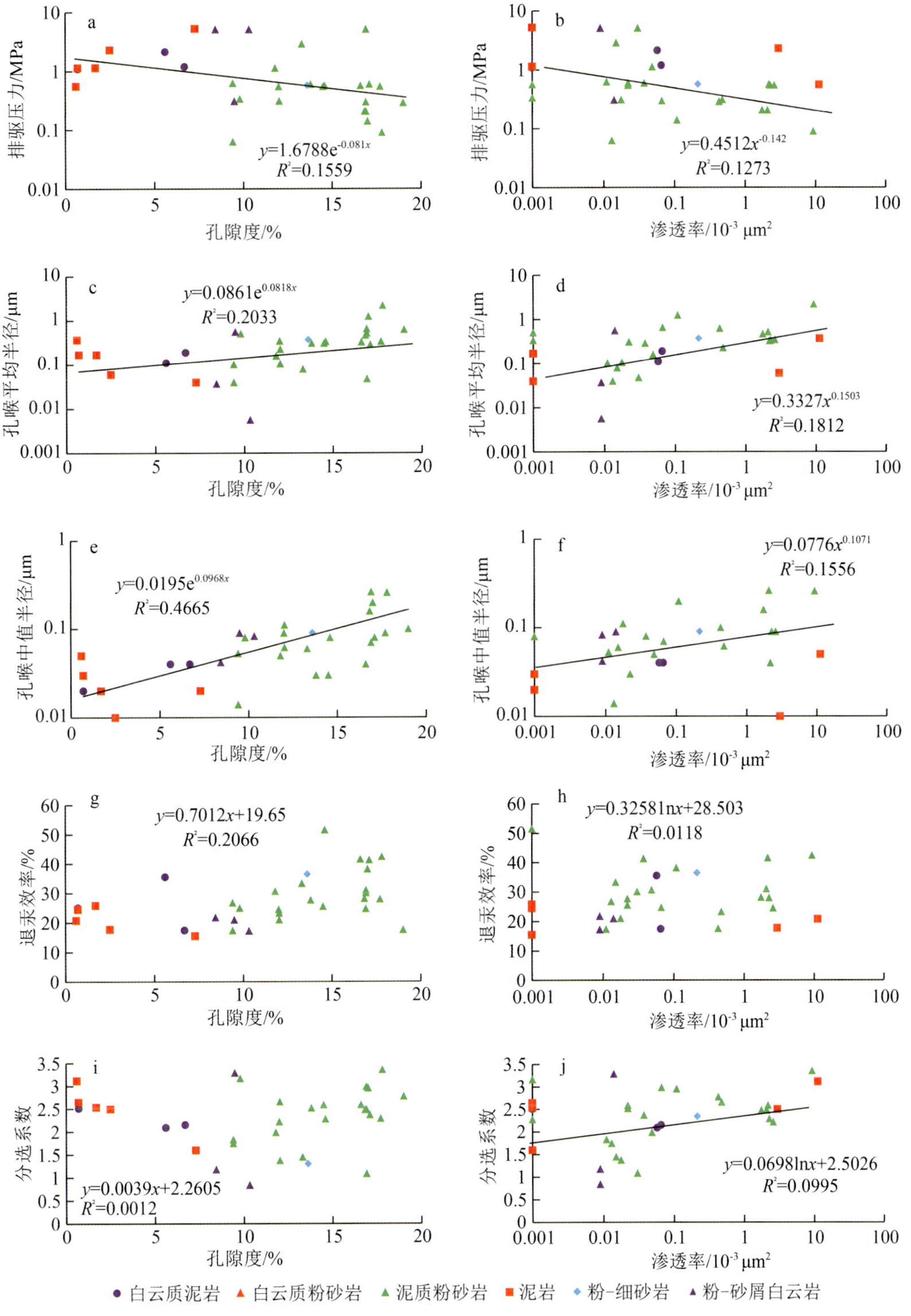

图 7-27　吉木萨尔凹陷芦草沟组上“甜点”段孔隙度、渗透率与排驱压力（a，b）、孔喉平均半径（c，d）、孔喉中值半径（e，f）、退汞效率（g，h）和分选系数（i，j）之间的关系

总体排驱压力分布在 0.04～10.23MPa 之间，平均为 2.11MPa，总体较高于上“甜点”段，与孔隙度呈指数负相关关系，相关性（$R^2=0.5681$）相对上“甜点”段明显较好，与渗透率呈幂指数负相关关系，相关性（$R^2=0.4834$）相对上“甜点”段明显较好。其中，泥质粉砂岩排驱压力分布在 0.04～10.23MPa 之间，平均为 1.96MPa，集中在 0.31～2.55MPa 之间，较高于上“甜点”段的泥质粉砂岩，与孔隙度和渗透率的关系与总体基本一致，孔隙度相关性略有变差（$R^2=0.4269$），渗透率相关性略有变好（$R^2=0.557$）；白云质粉砂岩排驱压力分布在 0.04～5.00MPa 之间，平均为 0.66MPa，集中在 0.08～0.63MPa 之间，总体低于泥质粉砂岩的排驱压力，与孔隙度和渗透率的相关关系与总体基本一致，但相关性均略有减小（$R^2=0.5338$、0.2042）；粉-砂屑白云岩排驱压力分布在 0.14～4.94MPa 之间，平均为 1.26MPa，明显低于上“甜点”段的粉-砂屑白云岩；粉-细砂岩排驱压力分布在 0.14～0.62MPa 之间，平均为 0.3MPa，与上“甜点”段粉-细砂岩基本一致；白云质泥岩排驱压力分布在 5.08～10.23MPa 之间，平均为 8.94MPa，明显高于上“甜点”段白云质泥岩；泥岩排驱压力分布在 1.35～10.23MPa 之间，平均为 7.27MPa，与白云质泥岩相近，明显高于上“甜点”段泥岩（图 7-28）。

（2）孔喉平均半径

孔喉平均半径为样品平均孔喉半径。在上“甜点”段，孔喉平均半径总体分布在 0.06～2.21μm 之间，平均为 0.35μm，与孔隙度呈指数正相关关系，相关性极差（$R^2=0.2033$），与渗透率呈幂指数正相关关系，相关性极差（$R^2=0.1812$）。其中，泥质粉砂岩孔喉平均半径分布在 0.04～2.21μm 之间，平均为 0.44μm，集中分布在 0.10～0.63μm 之间，与孔隙度呈指数正相关关系，相关性（$R^2=0.3051$）相对总体变好，与渗透率呈幂指数正相关关系，相关性（$R^2=0.2102$）相对总体变化不大；粉-砂屑白云岩分布在 0.04～0.56μm 之间，平均为 0.22μm；粉-细砂岩为 0.37μm；白云质泥岩分布在 0.11～0.17μm 之间；泥岩分布在 0.04～0.37μm 之间，平均为 0.16μm（图 7-27）。在下“甜点”段，孔喉平均半径总体分布在 0.008～4.78μm 之间，平均为 0.64μm，略高于上“甜点”段，与孔隙度呈指数正相关关系，相关性（$R^2=0.6067$）明显好于上“甜点”段，与渗透率呈幂指数正相关关系，相关性（$R^2=0.4928$）明显好于上“甜点”段。其中，泥质粉砂岩孔喉平均半径分布在 0.026～4.08μm 之间，平均为 0.44μm，集中在 0.077～0.57μm 之间，与上“甜点”段泥质粉砂岩基本相近，与孔隙度和渗透率的相关关系与总体基本一致，与孔隙度相关性（$R^2=0.4637$）略差于总体，与渗透率相关性（$R^2=0.5902$）略优于总体；白云质粉砂岩孔喉平均半径分布在 0.058～4.78μm 之间，平均为 1.38μm，主要集中在 0.25～2.28μm 之间，明显好于同层段的泥质粉砂岩，与孔隙度和渗透率的关系与总体基本一致，与孔隙度相关性（$R^2=0.5395$）略差于总体，优于泥质粉砂岩，与渗透率相关性（$R^2=0.1885$）明显差于总体和泥质粉砂岩；粉-砂屑白云岩孔喉平均半径分布在 0.04～1.48μm 之间，平均为 0.55μm，略高于上“甜点”段的粉-砂屑白云岩，低于同层段白云质粉砂岩，高于同层段泥质粉砂岩；粉-细砂岩孔喉平均半径分布在 0.31～1.39μm 之间，平均为 1.02μm，略差于白云质粉砂岩；白云质泥岩孔喉平均半径分布在 0.008～0.04μm 之间，平均为 0.02μm，明显小于白云质粉砂岩和泥质粉砂岩；泥岩孔喉平均半径分布在 0.012～0.16μm 之间，平均为 0.06μm，略高于白云质泥岩（图 7-28）。

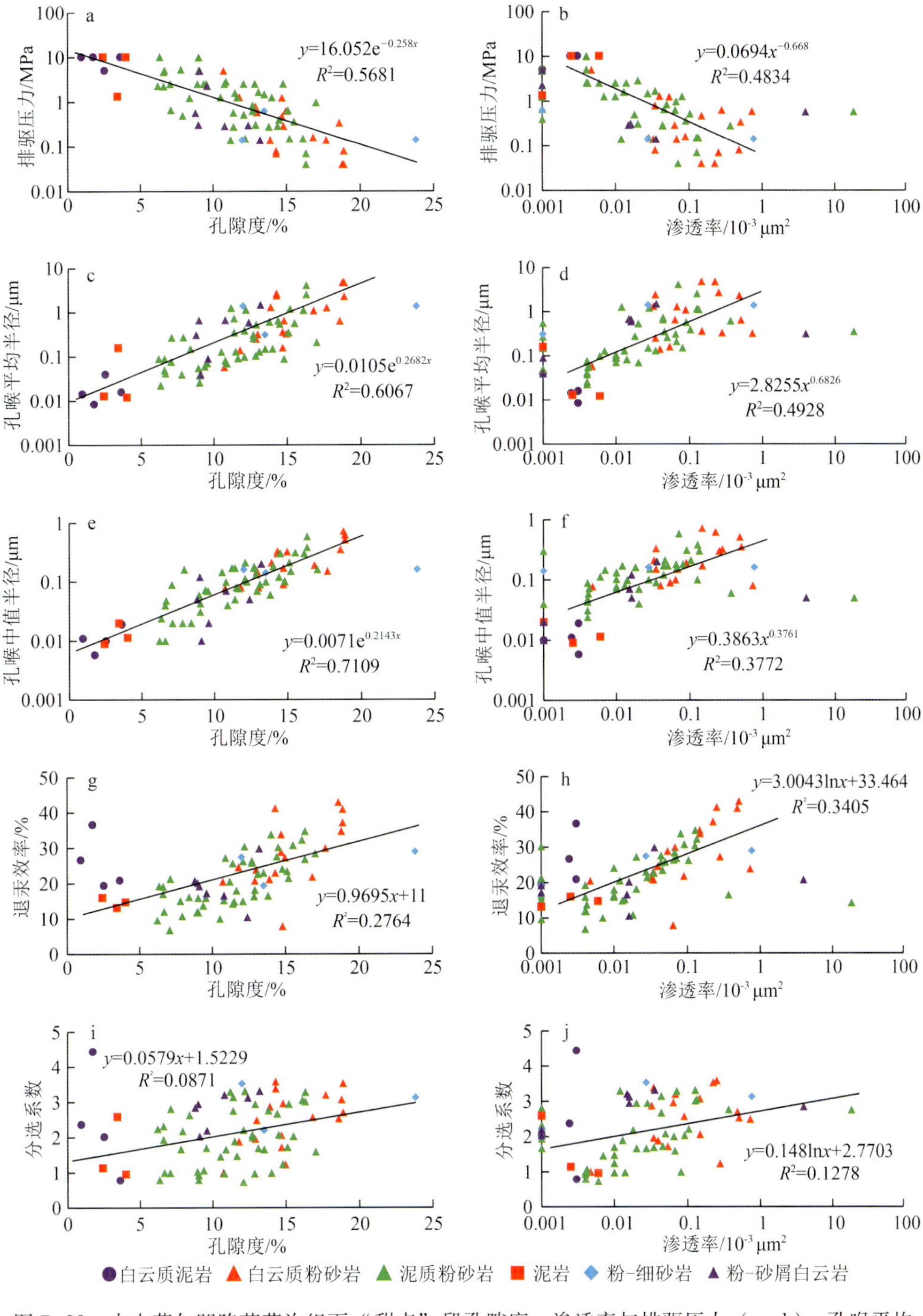

图 7-28　吉木萨尔凹陷芦草沟组下“甜点”段孔隙度、渗透率与排驱压力（a，b）、孔喉平均半径（c，d）、孔喉中值半径（e，f）、退汞效率（g，h）和分选系数（i，j）之间的关系

（3）孔喉中值半径

孔喉中值半径为汞饱和度达到 50% 时所对应的孔喉半径，在正态分布中为频率曲线的对称点，与孔喉平均半径有一定差别。在上“甜点”段，孔喉中值半径总体分布在

0.01~0.26μm之间，平均为0.08μm，相对小于孔喉平均半径，与孔隙度呈指数正相关关系，相关性较好（R^2=0.4665），与渗透率呈幂指数正相关关系，但相关性极差（R^2=0.1556）。其中，泥质粉砂岩孔喉中值半径分布在0.014~0.264μm之间，平均为0.09μm，集中分布在0.04~0.2μm之间，与孔隙度呈指数正相关关系，相关性相对总体变差（R^2=0.2908），与渗透率呈幂指数正相关关系，相关性相对总体轻微变好（R^2=0.2163）；粉-砂屑白云岩孔喉中值半径分布在0.04~0.09μm之间，平均为0.07μm；粉-细砂岩孔喉中值半径为0.09μm；白云质泥岩孔喉中值半径分布在0.02~0.04μm之间，平均为0.03μm；泥岩孔喉中值半径分布在0.01~0.05μm之间，平均为0.03μm，与同层段白云质泥岩相近（图7-27）。在下"甜点"段，总体孔喉中值半径分布在0.06~0.72μm之间，平均为0.14μm，相对高于上"甜点"段，与孔隙度和渗透率具有较好的正相关关系（R^2=0.7109、0.3772），明显高于上"甜点"段。其中，泥质粉砂岩孔喉中值半径分布在0.01~0.58μm之间，平均为0.13μm，集中在0.05~0.17μm之间，高于上"甜点"段泥质粉砂岩，与孔隙度关系和总体基本一致，相关性（R^2=0.6283）略有降低，与渗透率关系和总体基本一致，相关性（R^2=0.3938）略有升高；白云质粉砂岩孔喉中值半径总体分布在0.08~0.72μm之间，平均为0.26μm，主要集中在0.10~0.33μm之间，略高于同层段泥质粉砂岩，与孔隙度及渗透率的关系与总体基本一致，相关性均略有降低（R^2=0.5834、0.2278）；粉-砂屑白云岩孔喉中值半径分布在0.01~0.2μm之间，平均为0.07μm，低于同层段泥质粉砂岩和白云质粉砂岩；粉-细砂岩孔喉中值半径分布在0.14~0.16μm之间，平均为0.15μm，略高于粉-砂屑白云岩和泥质粉砂岩，低于白云质粉砂岩；白云质泥岩孔喉中值半径分布在0.006~0.02μm之间，平均为0.01μm；泥岩孔喉中值半径为0.01~0.02μm之间，平均为0.013μm，总体略小于上"甜点"段的泥岩和白云质泥岩（图7-28）。

（4）退汞效率

退汞效率是指在限定压力范围内，从最大注入压力降低到起始压力时从样品内部退出的汞体积占最大进汞体积的比例，随着孔隙连通性变差，退汞过程容易受阻而导致退汞效率降低，因此退汞效率可以作为评价孔隙连通性的参数。在上"甜点"段，退汞效率总体分布在15.55%~51.63%之间，平均为27.58%，与孔隙度及渗透率呈正相关关系，相关性极差（R^2=0.2066、0.0118）。其中，泥质粉砂岩退汞效率分布在17.20%~51.63%之间，平均为30.04%，集中在24.59%~41.32%之间，与孔隙度及渗透率呈正相关关系，相关性极差（R^2=0.1336、0.0937）；粉-砂屑白云岩退汞效率主要分布在17.27%~21.84%之间，平均为20.04%，低于泥质粉砂岩；粉-细砂岩退汞效率为36.43%；白云质泥岩退汞效率为17.45%~35.51%之间，平均为26.01%；泥岩退汞效率为15.55%~25.90%之间，平均为20.93%（图7-27）。在下"甜点"段，总体退汞效率分布在6.78%~42.93%之间，平均为22.23%，总体略低于上"甜点"段，与孔隙度及渗透率呈正相关关系，相关性（R^2=0.2764、0.3405）略优于上"甜点"段，但仍较差。其中，泥质粉砂岩退汞效率分布在6.78%~34.70%之间，平均为20.37%，集中在15.00%~26.25%之间，低于上"甜点"段泥质粉砂岩，与孔隙度及渗透率呈正相关关系，相关性明显优于下"甜点"段总体及上"甜点"段的泥质粉砂岩（R^2=0.5168、0.5952）；白云质粉砂岩退汞效率主要分布在7.84%~42.93%之间，平均为28.26%，集中在21.17%~

37.16%之间，高于同层段泥质粉砂岩，与孔隙度及渗透率呈正相关关系，相关性（R^2 = 0.3543、0.3665）优于总体而低于泥质粉砂岩；粉-砂屑白云岩退汞效率分布在10.45%~29.83%之间，平均为19.17%，低于同层段泥质粉砂岩和白云质粉砂岩，与上“甜点”段粉-砂屑白云岩退汞效率相近；粉-细砂岩退汞效率分布在19.33%~28.90%之间，平均为25.21%，略低于白云质粉砂岩；白云质泥岩退汞效率分布在19.44%~36.60%之间，平均为25.89%；泥岩退汞效率为13.19%~16.04%之间，平均为14.67%（图7-28）。

（5）分选系数

分选系数是表征孔喉大小标准差的量度，直接反映的是孔喉分布的集中程度，即当某一等级孔喉半径占绝对优势时，其值越小，孔喉分选程度越好，但不反映孔喉半径的大小。在上“甜点”段，总体分选系数分布在0.84~3.36之间，平均为2.31，与孔隙度及渗透率基本无相关性（R^2=0.0012、0.0995）。其中，泥质粉砂岩分选系数分布在1.09~3.36之间，平均为2.34，集中在1.83~2.78之间，与孔隙度及渗透率略有相关性（R^2 = 0.1114、0.1725）；粉-砂屑白云岩分选系数分布在0.84~3.29之间，平均为1.77；粉-细砂岩分选系数为2.34；泥岩分选系数分布在1.60~3.12之间，平均为2.48；白云质泥岩分选系数分布在2.09~2.51之间，平均为2.25（图7-27）。在下“甜点”段，总体分选系数分布在0.73~4.44之间，平均为2.19，与孔隙度及渗透率基本无相关性（R^2 = 0.0871、0.1278）。其中，泥质粉砂岩分选系数分布在0.73~3.31之间，平均为1.95，主要集中在1.24~2.67之间，略低于上“甜点”段泥质粉砂岩，与孔隙度及渗透率基本无相关性（R^2=0.0966、0.1381）；白云质粉砂岩分选系数分布在0.994~3.55之间，平均为2.51，集中在1.88~3.20之间，略高于同层段泥质粉砂岩，与孔隙度及渗透率相关性极差（R^2= 0.2891、0.1113）；粉-砂屑白云岩分选系数分布在2.03~3.31之间，平均为2.81；粉-细砂岩分选系数分布在2.20~3.52之间，平均为2.95；白云质泥岩分选系数分布在0.78~4.44之间，平均为2.4；泥岩分选系数分布在0.96~2.59之间，平均为1.56（图7-28）。

总体而言，依据Hartmann等（1999）的孔喉划分方案（表7-2），芦草沟组致密油储层以纳米孔、微孔和中孔为主，发育少量宏孔和巨孔。孔隙度和渗透率总体与排驱压力呈反比，与孔喉平均半径、孔喉中值半径和退汞效率呈正比，上“甜点”段相关性明显低于下“甜点”段，与分选系数基本无相关性，表明孔隙度主要受孔喉半径控制，渗透率在一定程度上受孔喉半径控制。泥岩总体排驱压力最大，孔喉平均半径、孔喉中值半径和退汞效率最小，表明其孔隙最小，连通性最差，但分选系数最低，表明其孔径分布最集中，主要为微纳米孔。白云质泥岩总体排驱压力略大于泥岩，孔喉平均半径、孔喉中值半径和退汞效率略大于泥岩，表明其总体孔隙小，连通性低，但存在分选系数异常高值，表明孔径分布范围极其不均，是由白云石溶解形成局部高孔引起。泥质粉砂岩排驱压力、孔喉平均半径、孔喉中值半径和退汞效率中等，表明其孔隙较大，连通性较好，但存在排驱压力较大、孔喉半径较小的样品，是由于孔隙内部发育自生伊利石和绿泥石而造成孔喉堵塞，分选系数变化范围大，表明其孔径分布范围既有集中型也有广泛型。与泥质粉砂岩相关性比，白云质粉砂岩与孔隙度及渗透率的相关性明显较差，这是由于白云质粉砂中易发生白云石重结晶和形成自生白云石，使得孔隙结构进一步复杂化，其分选系数也相对较高，显示出其孔隙的复杂性。粉-砂屑白云岩虽然具有相对较高的孔隙度（8.4%~13.2%），但渗透率较低（0.009×10^{-3}~$0.035\times10^{-3}\mu m^2$），孔喉中值半径、孔喉平均半径和退汞效率普遍低于泥质粉砂岩、白云质粉砂岩和粉-细砂岩，这是由于粉-砂屑白云岩中白云石含量较高，陆源碎屑呈孤岛状分布在岩石中，碎屑成分的不均匀分布进一步造成了孔隙和后期溶蚀作用的不均匀，易形成孤立的溶蚀孔，增加孔隙度，但孔隙间连通性仍极差，其分选系数最高，显示出其孔径分布范围广。

表 7-2　Hartmann 孔喉划分方案

孔喉等级	纳米孔	微孔	中孔	宏孔	巨孔
孔径/μm	<0.1	0.1~0.5	0.5~2.5	2.5~10	>10

（据 Hartmann et al.，1999）

2. 不同类型储层高压压汞特征

综上，通过高压压汞数据分析认识到致密油储层孔隙结构复杂，相同岩性、相同孔隙度和渗透率也具有差异明显的孔隙结构，因此单纯依靠岩性和孔隙度渗透率无法合理划分储层类型，有效表征储层微观非均质性。而本书依据孔隙类型所提出的 3 种储层类型具有不同的孔径分布特征和渗透率贡献率，可以有效表征储层的微观非均质性。通过高压压汞数据可以获得孔喉半径分布频率和对渗透率的贡献率，不同类型的储层表现出不同的数据分布特征。

（1）微纳米孔型储层

微纳米孔型储层以泥岩和白云质泥岩为主，偶见泥质粉砂岩。其孔隙度一般小于 8%，渗透率小于 $0.006\times10^{-3}\mu m^2$，排驱压力高，一般为 10.23MPa，孔喉中值半径为 0.02μm 左右，退汞效率普遍小于 20%，分选系数较低，在 1 左右，表明孔喉半径分布相对集中（表 7-3）。其孔喉半径分布呈现单峰形态，范围较窄，集中在 0.004~0.1μm 之间，峰值分布在 0.0063~0.025μm 之间，主峰所占比例普遍小于 35%，孔喉半径的渗透率贡献率基本呈单峰形态，分布在 0.004~0.1μm 之间，贡献率主峰所对应的孔喉半径略大于孔喉半径主峰（图 7-29），总体以纳米孔为主，渗透率主要贡献也来自纳米孔。

表 7-3　各类储层高压压汞参数

储层类型	深度 m	岩性	孔隙度 %	渗透率 $10^{-3}\mu m^2$	排驱压力 MPa	孔喉中值半径/μm	退汞效率/%	分选系数	分形维数
溶蚀扩大粒间孔型	3415.66	泥质粉砂岩	12.03	0.480	0.31	0.06	23.33	2.66	2.67
	3418.80	泥质粉砂岩	16.83	1.760	0.21	0.16	28.21	2.49	2.66
	3578.67	白云质粉砂岩	18.80	0.148	0.04	0.72	34.71	3.07	2.38
	3567.87	粉-砂屑白云岩	12.40	0.016	0.30	0.05	10.45	3.12	2.35
孤立溶孔型	3543.71	泥质粉砂岩	8.94	0.004	2.55	0.06	11.88	1.03	3.43
	3552.74	白云质粉砂岩	12.90	0.034	0.79	0.15	20.77	1.96	3.52
	3558.74	泥质粉砂岩	9.37	0.004	2.55	0.07	13.74	1.06	4.19
	3561.18	白云质粉砂岩	12.09	0.006	2.55	0.11	15.00	0.73	4.42
微纳米孔型	3549.20	泥岩	4.00	0.006	10.23	0.01	14.78	0.96	2.35
	3551.44	泥岩	2.40	0.003	10.23	0.01	16.04	1.14	2.54
	3564.26	白云质泥岩	3.60	0.003	10.23	0.02	20.89	0.78	2.12
	3567.44	泥质粉砂岩	6.33	0.004	10.23	0.02	19.26	0.79	2.44

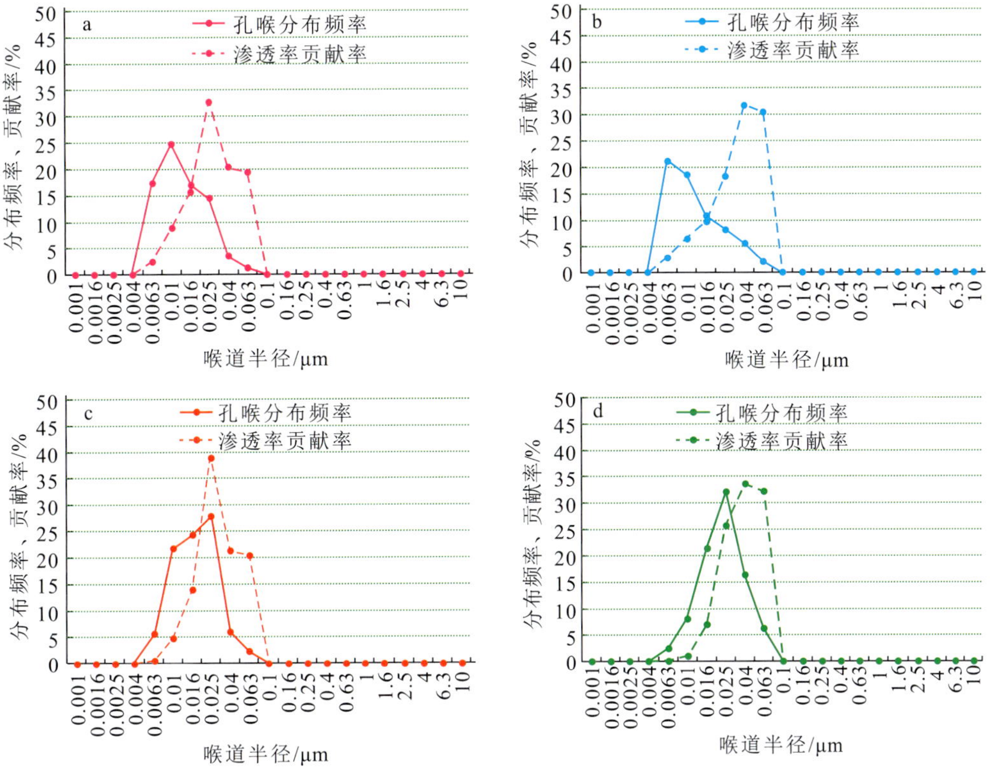

图 7-29　吉木萨尔凹陷芦草沟组微纳米孔型储层孔喉分布频率和渗透率贡献率

a—埋深 3549.20m；b—埋深 3551.44m；c—埋深 3564.26m；d—埋深 3567.44m

（2）孤立溶孔型储层

孤立溶孔型储层以泥质粉砂岩、白云质粉砂岩为主，偶见粉-砂屑白云岩，其孔隙度一般分布在 7%～13% 之间，渗透率在（0.004～0.04）$\times 10^{-3}\mu m^2$ 之间均有分布，排驱压力中等（0.70～2.55MPa），孔喉中值半径分布在 0.06～0.15μm 之间，退汞效率普遍较低，普遍小于 15%，偶见 20.77%，这是由于孤立型溶孔孔隙和喉道分布差异显著，易出现小孔屏蔽效应，造成汞大量滞留在大的溶孔之中（Pittman，1992；Gane et al.，2004；Kaufmann et al.，2009），分选系数在 1 左右，表明孤立型溶孔仍以微纳米孔为主，大孔相对孤立较少，对孔喉半径总体分布影响不大（表 7-3）。其孔喉半径分布在 0.004～0.4μm 之间，分布范围相对微纳米孔型储层增大，是由于溶蚀作用少量增大溶孔而成，峰值基本为单峰，主要集中在 0.1μm，峰值所占比例为 20%～35%，孔喉半径的渗透率贡献率呈微弱双峰型，主峰所占比例在 35%～50% 之间，与孔喉半径主峰所对应孔喉半径一致，副峰在 0.25μm 左右，明显低于主峰，所占比例在 10%～25% 之间，是由少量孤立型溶孔引起（图 7-30），总体以纳米孔和微孔为主，渗透率贡献以微孔为主。

（3）溶蚀扩大粒间孔型储层

溶蚀扩大粒间孔型储层孔隙度普遍大于 12%，渗透率最大可达 $1.76\times 10^{-3}\mu m^2$，排驱压力较小，普遍小于 0.5MPa，孔喉中值半径最大可达 0.72μm，退汞效率普遍较高，最高可达 34.71%，但也存在退汞效率极小的样品，是由小孔的屏蔽效应引起，分选系数普

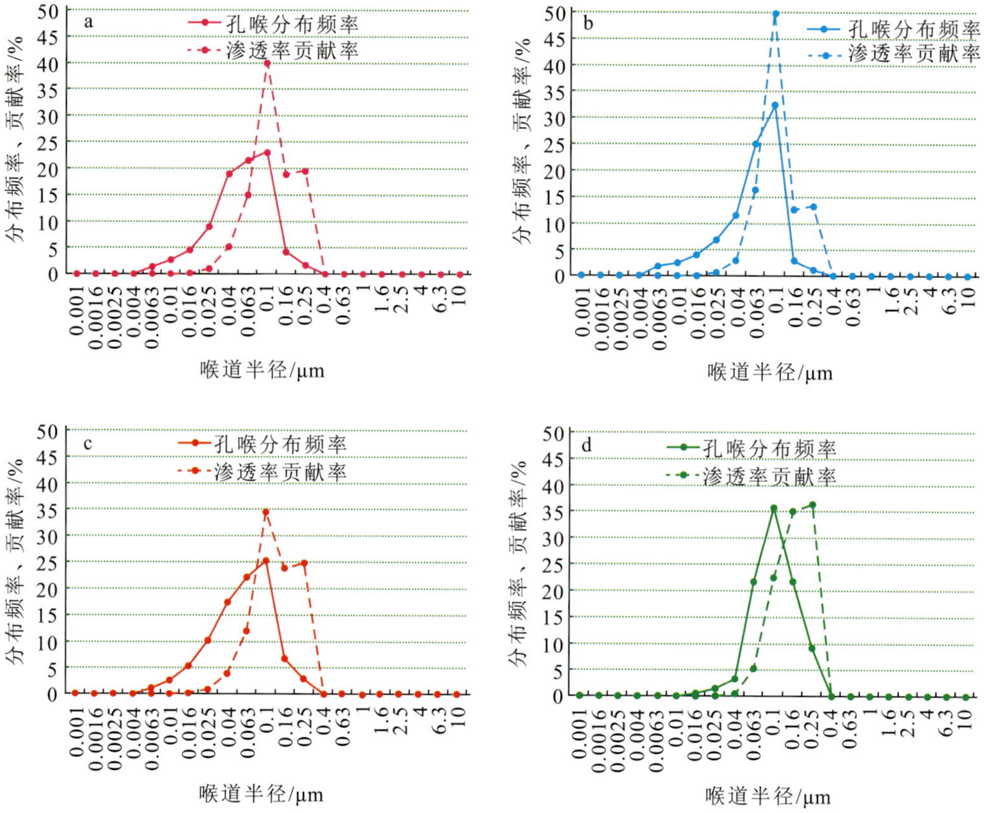

图 7-30　吉木萨尔凹陷芦草沟组孤立溶蚀孔型储层孔喉分布频率和渗透率贡献率

a—埋深 3543.71m；b—埋深 3552.74m；c—埋深 3558.74m；d—埋深 3561.18m

遍较高，大于 2.49（表 7-3），是由于粒间溶蚀孔型储层溶蚀作用较强，在粒间孔受溶蚀扩大的过程中，也会形成一系列微纳米级别的粒内溶孔，以及部分不易溶蚀的矿物集中区域溶孔相对不发育仍以粒间孔为主，进一步造成储层孔隙结构复杂化。其孔喉半径主要分布在 0.004~6.3μm 之间，分布范围明显高于微纳米孔型储层和孤立溶孔型储层，各孔喉半径分布范围均小于 10%，部分小于 20%，表现出微弱的双峰形态，第一个峰不同样品具有一定差异，主要分布在 0.01~0.16μm 之间，第二个峰主要分布在 1.6~2.5μm 之间，孔喉半径的渗透率贡献率呈单峰形态，贡献率占 40%~60%，所对应的孔喉半径为1~4μm（图7-31），其孔喉类型中纳米孔、微孔、中孔和宏孔均有发育，且所占体积比例相近。

3. 分形维数

通过以上研究认识到，通过基于传统欧几里得几何学并借助正态分布等数理统计方法所获得的分选系数等（周灿灿等，2006）与孔隙度、渗透率之间基本无相关性，为此需要选取新的参数来对孔隙结构进行表征。20 世纪 70 年代法国数学家 Mandelbrot 提出分形（Fractal）理论，该理论可以对自然界中不规则、不稳定以及高度复杂的现象进行有利解释（Mandelbrot，1983；金以文等，1998），目前分形理论在研究致密储层内部复杂的孔隙结构中已经得到了广泛而有效的应用（陈程等，1996；李云省等，2002；解德录等，2014；Lai et al.，2015；吴浩等，2017）。依据分形理论，当致密储层孔喉空间的分形维

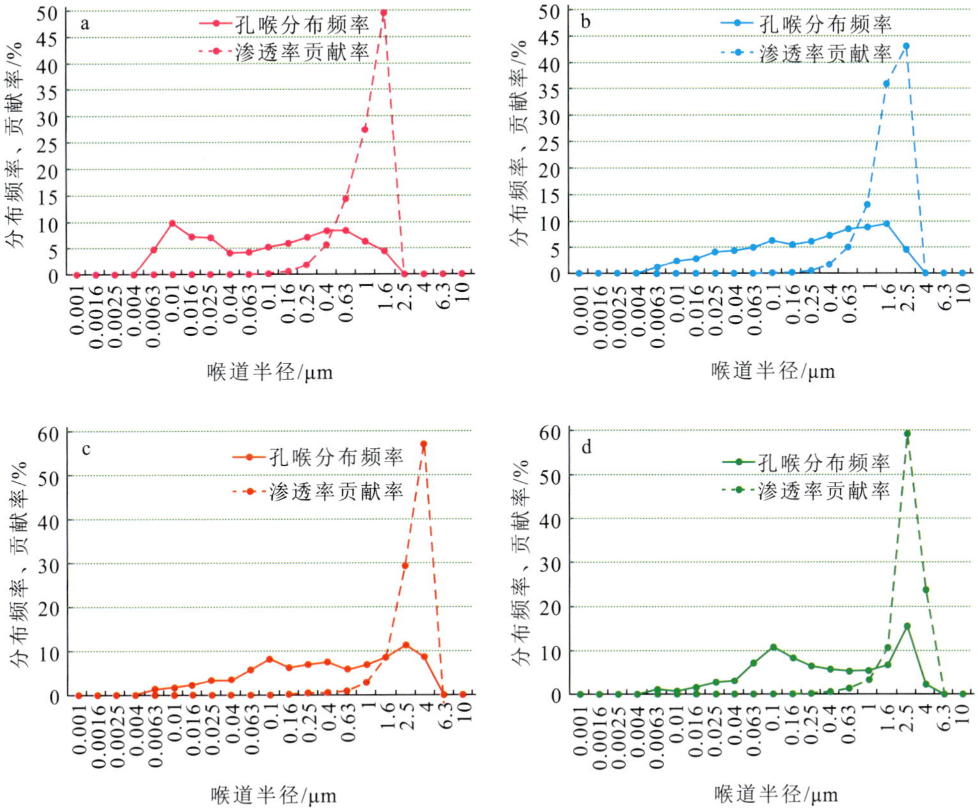

图 7-31　吉木萨尔凹陷芦草沟组溶蚀扩大粒间孔型储层孔喉分布频率和渗透率贡献率

a—埋深 3415.69m；b—埋深 3418.80m；c—埋深 3578.67m；d—埋深 3567.87m

数为 2~3 时，储层内部孔隙结构局部与整体较为相似，具有分形特征，分形维数越接近 2，反映孔喉形状越规则、表面越光滑，反之，则孔喉结构越复杂、岩石的非均质性越强，大于 3 后分形特征极差，因此分形维数可以反映储层岩石的孔喉结构微观非均质性，为储层孔喉分布、非均质及复杂程度的定量表征提供有效的途径（马新仿等，2005；文慧俭等，2007；张婷等，2010；马立民等，2012；吴浩等，2017）。

目前主要通过二维计盒法和三维压汞法对孔喉结构分形维数进行求取，二维计盒法是通过对二维薄片或扫描电镜图像进行分析求取分形维数（Katz et al.，1985；Krohn，1988），三维压汞法通过将非润湿相的汞注入岩石孔隙之中可以获得不同大小孔喉中汞的数量，能够有效反映三维空间内孔隙结构的分形维数。

根据分形几何原理，如果储层孔径分布规律符合分形结构，那么储层中孔喉半径大于 r 的孔喉数目 N（$>r$）与孔喉半径 r 有如下幂函数关系（Mandelbrot，1983）：

$$N(>r) \propto r^{-D} \tag{7-2}$$

式中：N（$>r$）为储层岩石中孔喉半径大于 r 的数量；r 为孔喉半径；D 为孔喉分维数。

对于毛细管压力模型，N（$>r$）也可以表示为

$$N(>r) = V_{Hg}/(\pi r^2 l) \tag{7-3}$$

式中：l 为毛细管的长度；V_{Hg}为孔喉半径为 r 时所对应的累积进汞体积。

由拉普拉斯方程式，结合式（7-2）和式（7-3），可得

$$S_{Hg}=a\,p_c^{-(2-D)} \tag{7-4}$$

式中：S_{Hg}为进汞饱和度；p_c为毛细管压力；a为常数。

对式（7-4）两侧求取对数，得

$$\lg S_{Hg}=(D-2)\lg p_c+\lg a \tag{7-5}$$

由式（7-4）可知，孔喉分形维数可以根据 $\lg S_{Hg}$与 $\lg p_c$进行做图，若图形中存在线性关系，则可通过拟合曲线计算出斜率 λ，则分形维数 $D-2=\lambda$，即

$$D=\lambda+2 \tag{7-6}$$

根据分形理论，储层孔喉的分形特征一般分为整体分形和分段分形。整体分形是指在 $\lg p_c$和 $\lg S_{Hg}$双对数坐标图上曲线完全或接近于一条直线，表明不同尺度的孔喉结构差异不大，分形维数相同；分段分形是指在 $\lg p_c$和 $\lg S_{Hg}$双对数坐标图上曲线不是一条直线，而是有明显的转折，即不同孔径的孔喉具有不同的分形维数（文慧俭等，2007），这种曲线形态需要用分段回归的方法求出分形维数。这样既能保证数据的完整性，又能真实反映孔喉分布及孔喉结构的分形特征（马新仿等，2015；赖锦等，2013；白瑞婷等，2016）。

通过分析发现，芦草沟组致密油储层微观孔喉结构多数表现为两段分形特征，少量表现为单段分形特征（图 7-32），主要是由于沉积和成岩等作用造成储层发育不同尺度和类型的孔隙及喉道，而不同尺度和类型的喉道表现出不同的自相似性，是多尺度多成因孔喉类型所造成的结果。对于双段分形特征曲线，为了保证数据的完整性，可以有效反映样品的整体特征，主要利用式（7-7）进行综合分形维数的求取：

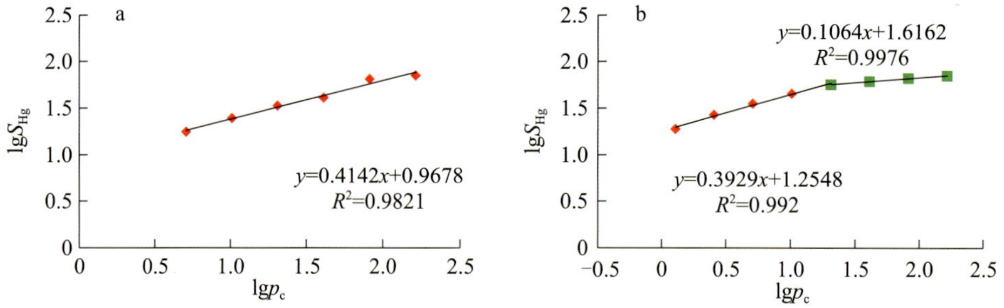

图 7-32　吉木萨尔凹陷芦草沟组致密储层孔喉分形维数特征曲线

a—吉 305 井，埋深 3561.89m，泥质粉砂岩，单段型；b—吉 305 井，埋深 3415.18m，泥岩，双段型

$$D=S_{Hg1}D_1+S_{Hg2}D_2 \tag{7-7}$$

式中：D 为综合分形维数；S_{Hg1}为第一段分形曲线所对应的进汞量占总进汞量的比例；D_1为第一段分形曲线的分形维数；S_{Hg2}为第二段分形曲线所对应的进汞量占总进汞量的比例；D_2为第二段分形曲线的分形维数。

如图 7-33 所示，在上“甜点”段和下“甜点”段，分形维数与孔隙度均呈箭头状分布，以孔隙度 10% 为界，孔隙度大于 10% 的样品其孔隙度与分形维数呈负相关关系，在上“甜点”段和下“甜点”段均具有较好的相关性（$R^2=0.5057$、0.6183）。孔隙度小于 10% 的样品其孔隙度与分形维数呈正相关关系，在上“甜点”段和下“甜点”段同样具有较好的相关性（$R^2=0.6267$、0.4530），表明分形维数在一定程度上反映了储层的孔隙

度。而分形维数在上“甜点”段和下“甜点”段与渗透率基本无相关性（$R^2=0.0373$、0.1789）（图 7-34），表明分形维数与储层渗透率基本无相关关系。

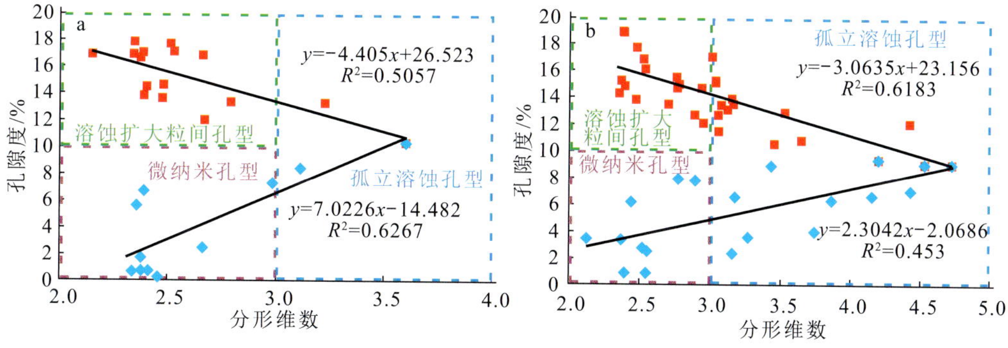

图 7-33　吉木萨尔凹陷芦草沟组致密储层孔喉分形维数与孔隙度关系

a—上“甜点”段；b—下“甜点”段

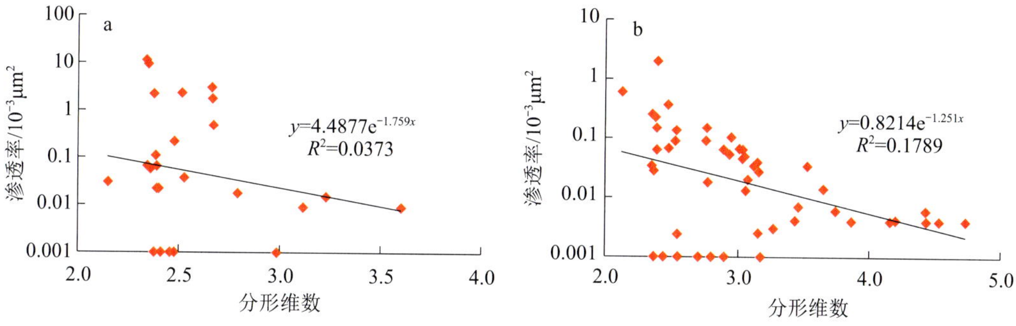

图 7-34　吉木萨尔凹陷芦草沟组致密储层孔喉分形维数与渗透率关系

a—上“甜点”段；b—下“甜点”段

（1）微纳米孔型储层

分形维数与孔隙度的关系具有一定规律性，通过对相应样品进行扫描电镜观察认识到储层的类型控制了分形维数与孔隙度的关系（表 7-3）。微纳米型储层孔隙度普遍小于 8%，在扫描电镜下其孔径基本在 3μm 以下，以 0.5~2μm 的纳米级-微米级孔隙为主，孔隙孔径和形态相似，在储层中分布相对均匀（图 7-21）。在压汞获得的孔喉半径分布曲线中，孔喉半径分布范围较窄（图 7-29），表明其孔隙具有较好的分形特征，所获得的分形维数特征曲线基本为单段型（图 7-35），其分形维数小于 3。

（2）孤立溶孔型储层

孤立溶孔型储层孔隙度主要分布在 7%~13%之间，可见部分小于 7%的样品，在扫描电镜下可见尺寸较大的溶孔呈孤岛状零星分布；溶孔孔径主要分布在 10~40μm 之间，部分可达 100~200μm，在岩心中也偶见毫米级的溶洞；溶孔边界不规则，可见明显溶蚀现象，孔内被原油充注，基本无矿物充填；除溶孔外，仍以 0.5~2μm 的粒间孔和晶间孔为主（图 7-22）。在压汞获得的孔喉半径分布曲线中，孔喉半径分布范围相对微纳米型储层较宽，但分布仍相对集中（图 7-30），其分选系数相较微纳米型储层略有增大，表明喉道半径仍以微-纳米级为主，所获得的分形维数特征曲线基本为双段型（图 7-36），其分形

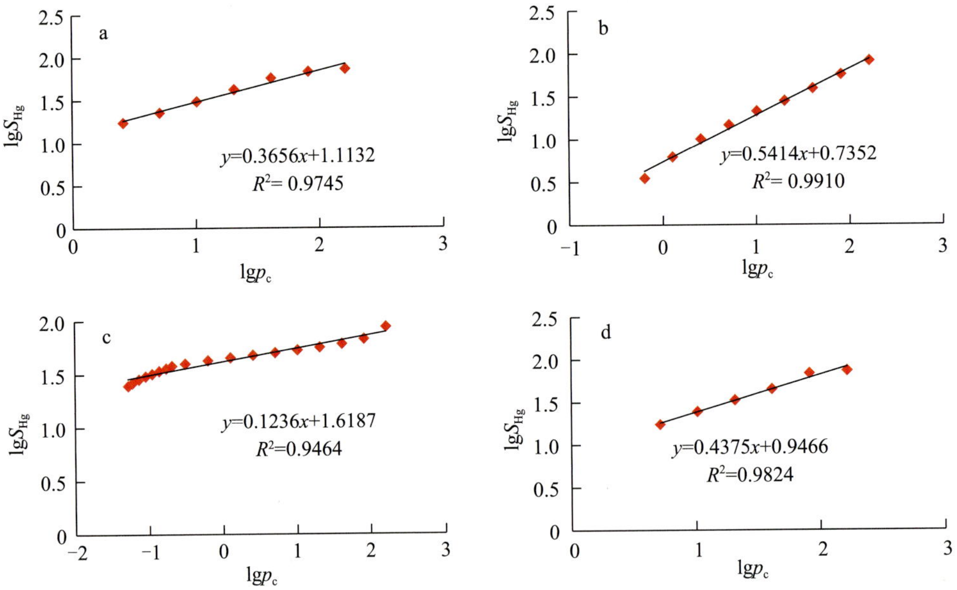

图 7-35　吉木萨尔凹陷芦草沟组致密储层微纳米孔型储层分形维数特征曲线

a—埋深 3549.20m；b—埋深 3551.44m；c—埋深 3564.26m；d—埋深 3567.44m

维数小于 3。两段特征曲线以 $\lg p_c$ 在 1 左右，对应进汞压力 10MPa 左右为分界线。第一段曲线由红色菱形组成，分形维数普遍大于 3，第一段进汞量的快速增加是由大尺寸的溶孔引起，而进汞压力仍相对较大，表明各孤立溶孔之间仍以微纳米级喉道相连，此类孔隙占主体；第二段曲线由绿色正方形组成，分形维数明显小于 3，且进汞量较少，表明第二段主要以微纳米型孔隙为主，且所占体积相对较小。

（3）溶蚀扩大粒间孔型储层

溶蚀扩大粒间孔型储层孔隙度普遍大于 12%，在扫描电镜下可见粒间孔普遍受到溶蚀扩大，孔隙直径分布在 5～200μm 之间，集中在 10～40μm 之间，孔隙间连通性较好，喉道也受溶蚀而普遍扩大（图 7-23）。在压汞获得的孔喉半径分布曲线中，孔喉半径具有较大分布范围（图 7-31），其分选系数明显增大，表明孔隙从微纳米孔到宏孔均有分布，所获得的分形维数特征曲线表现为双段型（图 7-37），其总体分形维数小于 3，表明总体具有分形特征。第一段曲线由红色菱形组成，第二段曲线由绿色正方形组成，根据样品实际情况，两段曲线的分界会有一定差异。埋深 3415.66m 和 3418.80m 样品第一段曲线和第二段曲线分界点在 $\lg p_c = 1$ 左右，对应进汞压力 1MPa 左右，进汞量中等，分形维数略大于 3，表明此段曲线范围内的粒间孔溶蚀作用不均匀，溶孔不规则，自相似较差；第二段曲线进汞量明显高于孤立溶孔型储层第二段进汞量，分形维数小于 3，表明此段溶蚀作用均匀，粒间孔受溶蚀扩大程度一致，孔隙自相似程度较高。埋深 3578.67m 和 3567.87m 样品第一段曲线和第二段曲线分界点在 $\lg p_c = 1$ 和 $\lg p_c = 2$ 之间，两端单独的分形维数均小于 3；第一段进汞量大，总体进汞压力小，显示粒间孔受溶蚀作用均匀，孔隙自相似程度较高，且此类孔隙占主体；第二段进汞量小，总体进汞压力大，显示储层内发育少量微纳米孔隙，其孔隙自相似程度较高，所占比例极小，可以忽略。

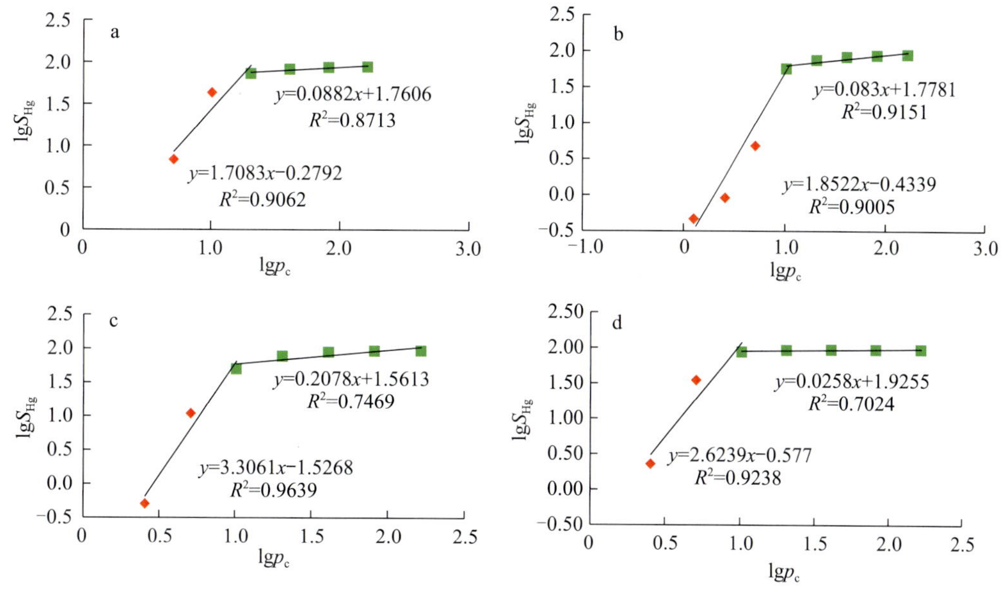

图 7-36　吉木萨尔凹陷芦草沟组致密储层孤立溶孔型储层分形维数特征曲线

a—埋深 3543.71m；b—埋深 3552.74m；c—埋深 3558.74m；d—埋深 3561.18m

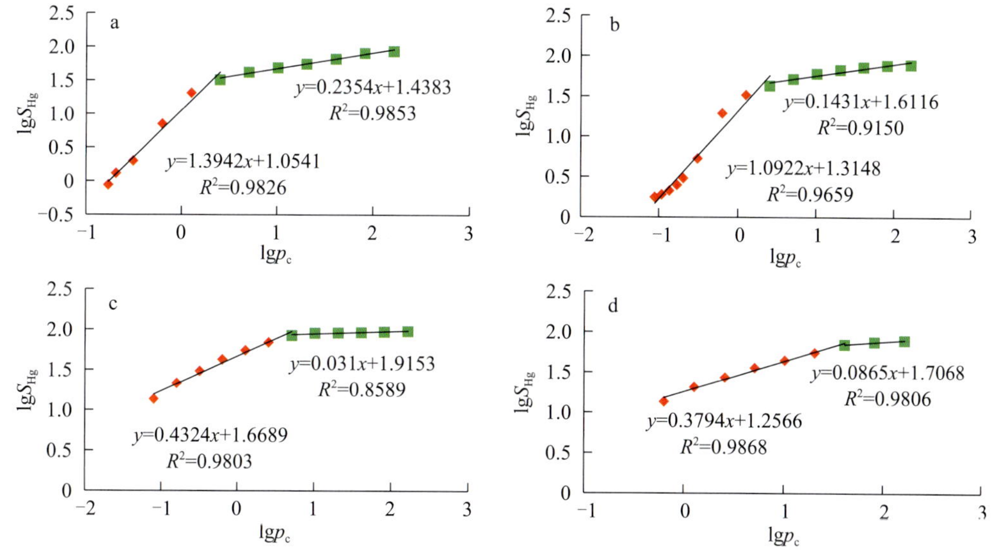

图 7-37　吉木萨尔凹陷芦草沟组致密储层溶蚀扩大粒间孔型储层分形维数特征曲线

a—埋深 3415.66m；b—埋深 3418.80m；c—埋深 3578.67m；d—埋深 3567.87m

综上对不同类型储层分形维数特征的分析认识到，分形维数和孔隙度组合到一起可以有效划分储层类型（图 7-33）。以孔隙度 10% 为分界线，在分界线之上，孔隙度大于 12%、分形维数小于 3 的储层主要为溶蚀扩大粒间孔型，溶蚀作用越均匀，粒间孔溶蚀扩大越广泛，孔隙自相似程度越高；分形维数越小，孔隙度越高；随着溶蚀均匀程度降低，溶孔仅在局部地区孤立形成，孔隙度逐渐减小，分形维数逐渐增大；当分形维数大于 3

时，储层划分为孤立溶孔型储层。在分界线以下、孔隙度小于 8% 时，分形维数小于 3 的储层主要为微纳米孔型，以微纳米级别的粒间孔和晶间孔为主，自相似程度高；随着溶蚀作用增强，会逐渐形成越来越多、越来越大的孤立溶蚀孔，破坏总体孔隙的自相似程度；当分形维数大于 3 时，储层划分为孤立溶孔型储层。

第四节　非均质性尺度跨越

一、地层尺度向岩心尺度跨越

通过本章第一节化学地层学的研究，芦草沟组上“甜点”段可划分为 5 个古环境单元，下“甜点”段可划分为 6 个古环境单元，气测孔隙度和通过压汞计算的分形维数在不同的古环境单元中具有明显的差异，不同的古环境单元对储层物性的控制作用不同。

如图 7-38 和图 7-39 所示，1 号单元和 2 号单元上部以泥岩、白云质泥岩、泥质白云岩为主；自下而上还原条件进一步增强，水体盐度进一步增加，水体变浅，气候自干旱变为半干旱；气测孔隙度最高仅为 1.7%，分形维数为 2.38；根据第七章第三节以分形维数为依据的划分标准，发育微纳米孔型储层，同时 *TOC* 较高，平均为 7%，具有较高生烃能力。2 号单元下部和 3 号单元泥质粉砂岩厚度较大，夹薄层的粉-砂屑白云岩；自下而上基本保持在弱还原条件下，盐度逐渐增高，水体逐渐变浅，气候逐渐自半干旱变为干旱，中间会出现短期干旱程度降低时期，造成水体波动，形成变形层理等（图 7-14h，i）；气测孔隙度分布在 8.44%～14.60% 之间，平均为 9.79%，分形维数分布在 2.41～3.60 之间，平均为 2.74；同时发育粒间孔溶蚀扩大型储层和孤立溶孔型储层，*TOC* 相对较高，分布

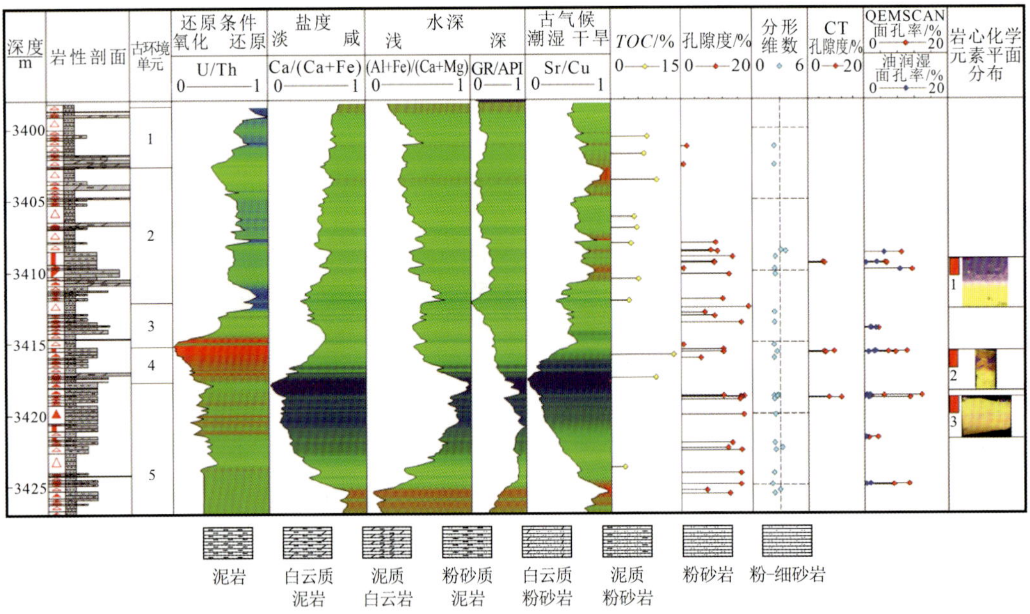

图 7-38　吉 305 井芦草沟组上“甜点”段（埋深 3398～3427m）古环境 INPEFA 曲线、古环境单元划分及物性分布

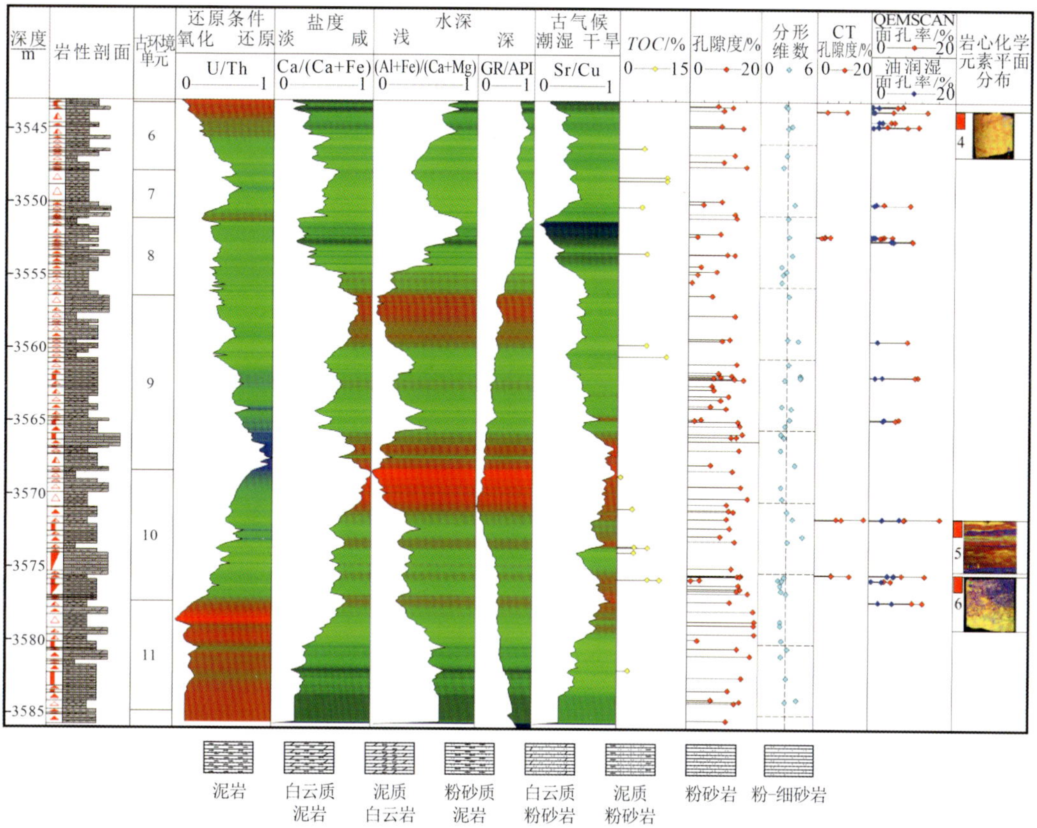

图 7-39 吉 305 井芦草沟组下“甜点”段（埋深 3542~3586m）古环境 INPEFA 曲线、古环境单元划分及物性分布

在 3. 94%~5. 98%之间，平均为 5%，孤立溶孔型储层原始成分复杂、相对致密，靠近泥岩，在泥岩生排烃阶段形成的酸性流体对储层产生不均匀溶蚀，粒间孔溶蚀扩大型储层较薄。4 号单元以泥质粉砂岩为主，夹薄层泥质白云岩；自下而上总体表现为还原程度减弱，盐度增加，水体变浅，气候轻微变干旱；气测孔隙度分布在 0. 70%~12. 03%之间，平均为 8. 21%，分形维数分布在 2. 36~2. 67 之间，平均为 2. 51；以微纳米孔型储层和粒间孔溶蚀扩大型储层为主，*TOC* 最高可达 13. 35%，水动力较强，可见未固结的碳酸盐岩碎屑（图 7-14），沉积物粒度较粗，粒间孔发育，泥岩生排烃阶段会有大量有机酸进入储层之中，溶蚀均匀形成粒间孔溶蚀扩大型储层。5 号单元上部以泥质粉砂岩为主；以弱还原，较深水，低盐度和半潮湿气候条件为主；气测孔隙度分布在 12. 03%~17. 80%之间，平均为 16. 50%，分形维数分布在 2. 15~3. 23 之间，平均为 2. 56；以粒间孔溶蚀扩大型储层为主，半潮湿的气候中水动力较强，在岩心中可见浪成交错层理和低角度板状交错层理等指示较强水动力的沉积构造（图 7-14j），沉积物粒度较粗，粒间孔发育，同时 5 号单元中泥岩 *TOC* 分布在3. 00%~7. 21%之间，平均为 5. 11%，在泥岩生排烃阶段可形成较多酸性流体进入储层，均匀溶蚀颗粒。6 号单元以白云质泥岩夹薄层泥质粉砂岩和白云质粉砂岩为主；自下而上还原程度减弱，盐度逐渐变小，水体加深，气候半潮湿；孔隙度分布

在8.94%~16.10%之间，平均为12.01，分形维数分布在2.53~3.43之间，平均为2.93；以粒间孔溶蚀扩大型储层和孤立溶孔型储层为主，与5号单元古环境条件相近。7号单元上部以白云质泥岩和粉砂质泥岩为主，下部为泥质粉砂岩；自下而上还原条件稳定，盐度增加，水体变浅，气候干旱程度增加；孔隙度分布在4.00%~13.40%之间，平均为9.85%，分形维数分布在3.07~3.74之间，平均为3.41；以孤立溶孔型储层为主，其下部为半潮湿气候，物性较好，上部为半干旱气候，岩石自身较致密，但白云质泥岩*TOC*平均为5.2%，在生排烃阶段会形成酸性流体对储层产生不均匀溶蚀，形成孤立溶孔型储层。8号单元下部以白云质泥岩为主，上部泥质粉砂岩和白云质粉砂岩厚度增加；自下而上稳定在弱还原条件，盐度快速降低，水体快速加深，气候快速潮湿，气测孔隙度分布在0.90%~10.72%之间，平均为6.22%，分形维数分布在2.37~3.52之间，平均为2.86；以微纳米孔型储层和孤立溶孔型储层为主，其内部粉砂质泥岩*TOC*可达6.12%，在生排烃阶段形成的有机酸对相对致密的储层进行不均匀溶蚀，形成孤立溶孔性储层。9号单元以泥质粉砂岩、白云质粉砂岩为主，夹薄层泥岩；自下而上还原程度逐渐减弱，总体盐度最高，水体最浅，在中期频繁出现短期较低盐度、较深水环境，古气候总体自干旱变为半干旱；气测孔隙度分布在0.93%~18.60%之间，平均为11.04%，分形维数分布在2.35~4.52之间，平均为3.32；发育微纳米孔型、孤立溶孔型和粒间孔溶蚀扩大型3种储层，较高的盐度会形成大量白云石沉淀充填孔隙使得原始物性总体较低，其中泥岩*TOC*最高可达10.3%，在生排烃阶段会提供大量酸性流体进入储层对致密的储层产生溶蚀，溶蚀作用较强且均匀的部位会成为粒间孔溶蚀扩大型储层，溶蚀作用不均匀的部位会成为孤立溶孔型储层。10号单元以泥质粉砂岩、白云质粉砂岩、粉-细砂岩为主，夹薄层白云质泥岩、泥岩，可见粉-砂屑白云岩；自下而上还原程度逐渐增强，在较长时期内盐度中等，后期盐度快速升高，水体较长时期内稳定，后期快速变浅，气候在前期出现短期半干旱，但总体表现为较强的干旱程度。11号单元以泥质粉砂岩和白云质粉砂岩为主，夹薄层白云质泥岩和泥岩；一直处于弱还原条件，自下而上盐度逐渐升高，水体逐渐变浅，气候逐渐干旱。10号和11号两个单元的水体均为中等盐度；气测孔隙度分别分布在0.93%~18.60%之间和2.80%~18.90%之间，平均为12.34%和14.00%，分形维数分别分布在2.12~4.73之间和2.38~4.15之间，平均为2.89和2.88；主要发育粒间孔溶蚀扩大型储层和孤立溶孔型储层，微纳米孔型储层呈薄层夹于两者之间，由于水体盐度中等，会在孔隙中形成适量的白云石沉淀，适量的白云石沉淀会占据一定的孔隙空间但并不会完全充填孔隙，在埋藏过程中会起到较好的支撑作用从而降低压实作用对孔隙的进一步减小，在后期邻近泥岩生排烃阶段，酸性流体进入储层溶蚀岩屑、钾长石、钠长石和白云石，形成次生溶孔。

综合以上分析，上“甜点”段5号单元整体物性最好，下“甜点”段10号和11号单元整体物性最好，但也存在相对低孔隙度的部位，在“甜点”段的其他古环境单元中，虽然总体物性较差，但也存在相对高孔隙度的薄层。不同单元之间存在薄层相近的古环境条件。主要存在两种古环境对有利储层的控制模式：①沉积环境为半潮湿气候，水体盐度较低，在沉积过程中会存在较强的降水量，水动力较强，沉积物粒度较粗，粒间孔发育，同时邻近泥岩含有较高*TOC*，在生排烃阶段形成的酸性流体会强烈溶蚀储层中的颗粒，形成粒间孔溶蚀扩大型储层；②水体盐度中等，会在孔隙中形成适量但不足以充填整个孔隙的白云石沉淀，在埋藏过程中会起到较好的支撑作用从而降低压实作用对孔隙的进一步减小，在后期相邻泥岩进入生排烃阶段，酸性流体进入储层溶蚀岩屑、钾长石、钠长石和白云石，形成次生溶孔，溶蚀作用均匀且较强时形成粒间孔溶蚀扩大型储层，不均匀时形成孤立溶孔型储层。

以上利用化学-地层学的手段完成对整套地层的划分，利用气测孔隙度和高压压汞分形维数为主要评价指标对各古环境单元进行评价，气测孔隙度和高压压汞主要是通过岩心尺度的样品进行测量，不同的古环境单元中岩心具有不同的性质，进而实现了从整套地层尺度向岩心尺度的跨越。

二、岩心尺度向微观尺度跨越

在本章第二节化学-沉积相研究中认识到，吉木萨尔凹陷芦草沟组储层岩心样品具有极强的非均质性，存在厘米级的相带变化；气测孔隙和高压压汞分形维数的测试样品尺寸为2.54cm直径的圆柱体，可能跨越多个相带，造成测试数据代表性降低。因此，本书选取不同古环境单元中的典型岩心样品进行化学-沉积相分析，划分不同化学-沉积相带，对不同化学-沉积相带进行扫描电镜、QEMSCAN和微米CT等原位分析。如图7-38和图7-39所示，在不同古环境单元中选取6块样品，1号样品选自2号古环境单元，2号样品选自4号古环境单元，两者总体沉积环境相似，均为半干旱气候，中等盐度和中等水深；3号样品选自5号古环境单元，4号样品选自6号古环境单元，两者总体沉积环境相似，均为半潮湿气候，低盐度和深水；5号和6号样品选自10号古环境单元，总体沉积环境为干旱气候，中等盐度和中等水深。

在6块样品中可见明显分带性，依据Al、K、Ca、Mg和Si的不均匀分布，可将样品划分为多个相带（图7-40）。1号样品可以划分出2种相带，2号样品可以划分出3种相带，3号样品可以划分出2种相带，4号样品可以划分出2种相带，5号样品可以划分出3种相带，6号样品可以划分出3种相带。对不同的相带进行扫描电镜、QEMSCAN和微米CT原位分析，（图7-41至图7-46）。

首先，对相似古环境的相似相带进行分析。1号样品1相带、2号样品2相带和6号样品1相带元素分布相似，均显示Ca和Mg富集，中间夹Al、K和Si富集的细小纹层或细小颗粒（图7-40）；在QEMSCAN中显示均为粉-砂屑白云岩，总面孔率分别为4.98%、5.67%和5.86%，孔隙耦合模型中油润湿面孔率分别为3.14%、2.81%和3.95%，油润湿面孔率所占比例为49.53%~67.34%，平均为59.96%，表现为油浸和富含油（图7-41a1，图7-42b1，图7-46a1）；CT数据分析孔隙度分别为5.23%、5.63%和6.10%，在三维孔隙结构中大溶孔相对孤立分布（图7-41a3，图7-42b3，图7-46a3），均为孤立溶孔型储层，只是2号样品2相带和6号样品1相带单个溶孔体积更大。1号样品2相带和2号样品3相带元素分布特征相似，均显示Al、K和Si富集，Ca和Mg基本无显示；在QEMSCAN中显示均为泥质粉砂岩，总面孔率为5.34%和7.37%，孔隙耦合模型中油润湿面孔率分别为0.60%和2.33%，油润湿面孔率所占比例分别为11.24%和31.64%，含油性分别为油迹和油斑（图7-41b1，图7-42c1）；CT数据分析孔隙度分别为5.79%和6.18%，在三维空间上大溶孔相对孤立，均为孤立溶孔型储层（图7-41b3，图7-42c3）。2号样品1相带与5号样品3相带元素分布相似，以Al和Si为主，Ca和Mg相对较少；

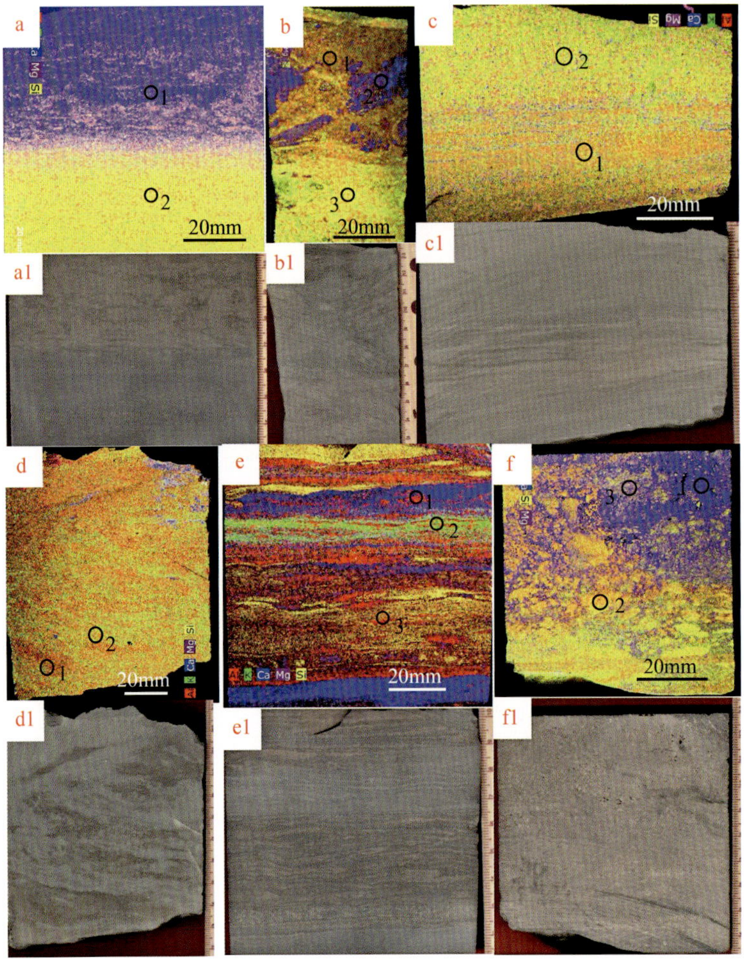

图 7-40　吉木萨尔凹陷芦草沟组岩心及元素扫描图像

a—吉 305 井，埋深 3409.35~3409.49m，1 号样品，粉-砂屑白云岩、泥质粉砂岩元素平面分布；a1—a 对应岩心照片；b—吉 305 井，埋深 3415.64~3415.78m，2 号样品，泥质粉砂岩、粉-砂屑白云岩元素平面分布；b1—b 对应岩心照片；c—吉 305 井，埋深 3418.84~3418.87m，3 号样品，泥质粉砂岩元素平面分布；c1—c 对应岩心照片；d—吉 305 井，埋深 3542.58~3542.68m，4 号样品，泥质粉砂岩元素平面分布；d1—d 对应岩心照片；e—吉 305 井，埋深 3571.16~3571.24m，5 号样品，白云质粉砂岩元素平面分布；e1—e 对应岩心照片；f—吉 305 井，埋深 3575.11~3575.20m，6 号样品，粉-砂屑白云岩、白云质粉砂岩元素平面分布；f1—f 样品岩心照片。元素平面分布图中，红色代表 Al，绿色代表 K，蓝色代表 Ca，紫色代表 Mg，黄色代表 Si；黑色圆圈代表取样位置及编号

在 QEMSCAN 中均显示为泥质粉砂岩，白云石含量低于 25%，总面孔率分别为 10.10% 和 8.20%，孔隙耦合模型中油润湿面孔率分别为 4.08% 和 1.42%，油润湿面孔率所占比例分别为 40.44% 和 17.35%，含油性分别为油浸和油斑（图 7-42a1，图 7-45c1）；前者以钠长石为主，后者以石英为主，因为元素平面分布图未将 Na 元素放入，因此无法区分钠长石和石英，但均为陆源碎屑，对相带划分影响较小；CT 数据分析孔隙度分别为 9.17% 和 9.70%，在三维空间内孔隙遍布整个空间，连通性较好，为粒间孔溶蚀扩大型储层（图

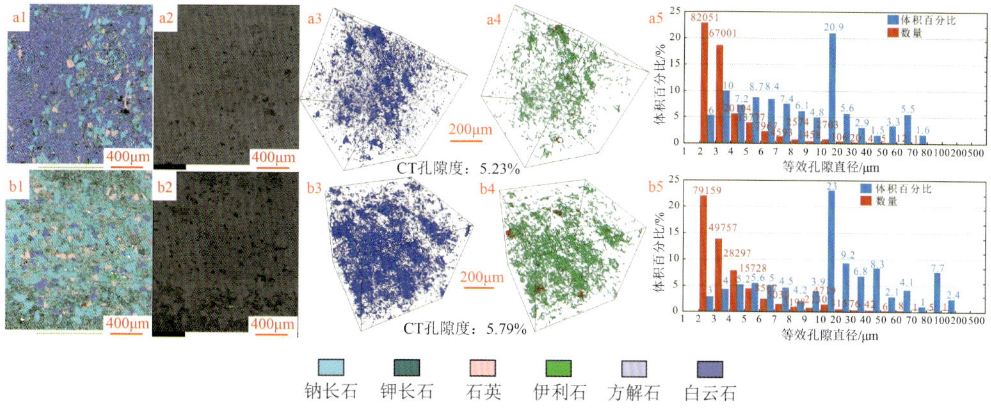

图 7-41　1 号样品各相带 QEMSCAN、扫描电镜和微米 CT 分析

a1—1 号样品 1 相带取样点矿物平面分布；a2—1 号样品 1 相带对应扫描电镜图像；a3—1 号样品 1 相带取样点孔隙三维分布；a4—1 号样品 1 相带取样点孔隙结构三维分布；a5—1 号样品 1 相带取样点 CT 孔隙直径分布；b1—1 号样品 2 相带取样点矿物平面分布；b2—1 号样品 2 相带对应扫描电镜图像；b3—1 号样品 2 相带取样点孔隙三维分布；b4—1 号样品 2 相带取样点孔隙结构三维分布；b5—1 号样品 2 相带取样点 CT 孔隙直径分布

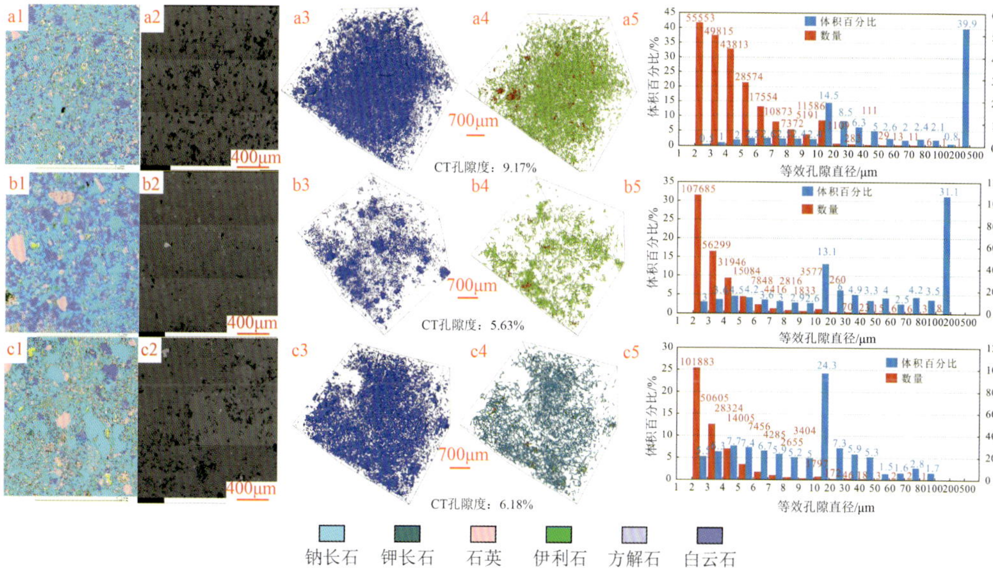

图 7-42　2 号样品各相带 QEMSCAN、扫描电镜和微米 CT 分析

a1—2 号样品 1 相带取样点矿物平面分布；a2—2 号样品 1 相带对应扫描电镜图像；a3—2 号样品 1 相带取样点孔隙三维分布；a4—2 号样品 1 相带取样点孔隙结构三维分布；a5—2 号样品 1 相带取样点 CT 孔隙直径分布；b1—2 号样品 2 相带取样点矿物平面分布；b2—2 号样品 2 相带对应扫描电镜图像；b3—2 号样品 2 相带取样点孔隙三维分布；b4—2 号样品 2 相带取样点孔隙结构三维分布；b5—2 号样品 2 相带取样点 CT 孔隙直径分布；c1—2 号样品 3 相带取样点矿物平面分布；c2—2 号样品 3 相带对应扫描电镜图像；c3—2 号样品 3 相带取样点孔隙三维分布；c4—2 号样品 3 相带取样点孔隙结构三维分布；c5—2 号样品 3 相带取样点 CT 孔隙直径分布

7-42a3，图 7-45c3）。3 号样品 1 相带和 4 号样品 1 相带均以 Al 和 Si 为主，几乎无 Ca 和 Mg；在 QEMSCAN 中显示均为泥质粉砂岩，总面孔率分别为 10.81% 和 16.76%，孔隙耦合模型中油润湿面孔率分别为 1.84% 和 3.50%，油润湿面孔率比例分别为 16.99% 和

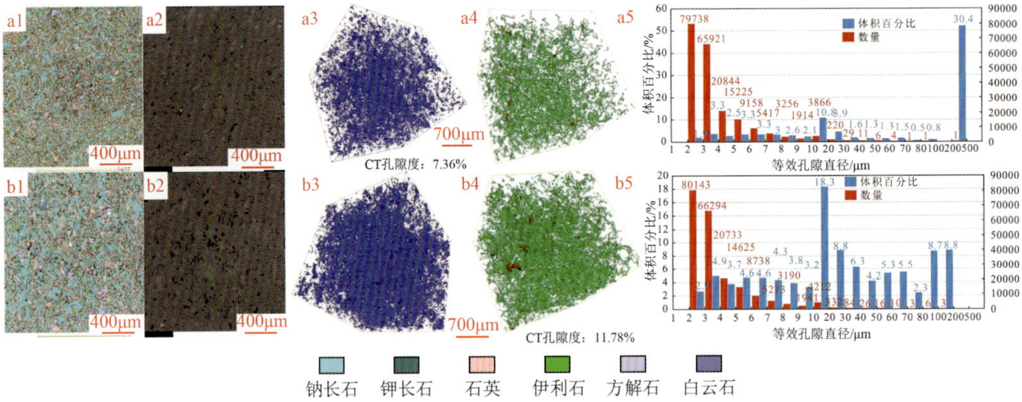

图 7-43　3 号样品各相带 QEMSCAN、扫描电镜和微米 CT 分析

a1—3 号样品 1 相带取样点矿物平面分布；a2—3 号样品 1 相带对应扫描电镜图像；a3—3 号样品 1 相带取样点孔隙三维分布；a4—3 号样品 1 相带取样点孔隙结构三维分布；a5—3 号样品 1 相带取样点 CT 孔隙直径分布；b1—3 号样品 2 相带取样点矿物平面分布；b2—3 号样品 2 相带对应扫描电镜图像；b3—3 号样品 2 相带取样点孔隙三维分布；b4—3 号样品 2 相带取样点孔隙结构三维分布；b5—3 号样品 2 相带取样点 CT 孔隙直径分布

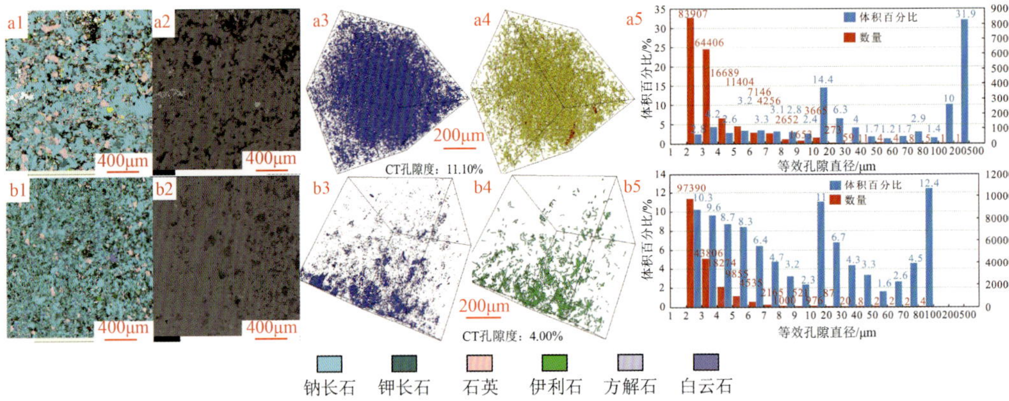

图 7-44　4 号样品各相带 QEMSCAN、扫描电镜和微米 CT 分析

a1—4 号样品 1 相带取样点矿物平面分布；a2—4 号样品 1 相带对应扫描电镜图像；a3—4 号样品 1 相带取样点孔隙三维分布；a4—4 号样品 1 相带取样点孔隙结构三维分布；a5—4 号样品 1 相带取样点 CT 孔隙直径分布；b1—4 号样品 2 相带取样点矿物平面分布；b2—4 号样品 2 相带对应扫描电镜图像；b3—4 号样品 2 相带取样点孔隙三维分布；b4—4 号样品 2 相带取样点孔隙结构三维分布；b5—4 号样品 2 相带取样点 CT 孔隙直径分布

26.22%，含油性分别为油斑和油浸（图 7-43a1，图 7-44a1）；CT 数据分析孔隙度分别为 11.78% 和 11.10%，在三维空间内孔隙遍布整个空间，连通性较好，为粒间孔溶蚀扩大型储层（图 7-43a3，图 7-44a3）。3 号样品 2 相带和 4 号样品 2 相带以 Al、K 和 Si 为主，几乎无 Ca 和 Mg；在 QEMSCAN 中显示均为泥质粉砂岩，总面孔率分别为 8.30% 和 5.23%，孔隙耦合模型中油润湿面孔率分别为 1.09% 和 1.04%，油润湿面孔率所占比例分别为 13.08% 和 19.93%，含油性均为油迹（图 7-43b1，图 7-44b1）；CT 数据分析孔隙度分别为 7.36% 和 4.00%，在三维空间内孔隙遍布整个空间，大溶孔孤立分布，为孤立溶孔型储层（图 7-43b3，图 7-44b3）。

图 7-45　5 号样品各相带 QEMSCAN、扫描电镜和微米 CT 分析

a1—5 号样品 1 相带取样点矿物平面分布；a2—5 号样品 1 相带对应扫描电镜图像；a3—5 号样品 1 相带取样点孔隙三维分布；a4—5 号样品 1 相带取样点孔隙结构三维分布；a5—5 号样品 1 相带取样点 CT 孔隙直径分布；b1—5 号样品 2 相带取样点矿物平面分布；b2—5 号样品 2 相带对应扫描电镜图像；b3—5 号样品 2 相带取样点孔隙三维分布；b4—5 号样品 2 相带取样点孔隙结构三维分布；b5—5 号样品 2 相带取样点 CT 孔隙直径分布；c1—5 号样品 3 相带取样点矿物平面分布；c2—5 号样品 3 相带对应扫描电镜图像；c3—5 号样品 3 相带取样点孔隙三维分布；c4—5 号样品 3 相带取样点孔隙结构三维分布；c5—5 号样品 3 相带取样点 CT 孔隙直径分布

对于 5 号样品 1 相带、2 相带和 6 号样品 2 相带、3 相带，在相似古环境中未发现与其相似的元素分布相带，可能与本书研究未采集到相应样品有关。这些相带存在明显差异，在 QEMSCAN 中，前 3 个相带为白云质粉砂岩，第 4 个相带为粉-砂屑白云岩，总面孔率分别为 16.76%、8.45%、13.24% 和 7.71%，孔隙耦合模型中油润湿面孔率分别为 6.48%、3.35%、6.04% 和 4.63%，油润湿面孔率所占比例分别为 38.63%、39.61%、45.64% 和 60.11%，含油性分别为油浸、油斑、富含油和富含油（图 7-45a1，图 7-45b1，图 7-46b1，图 7-46c1）；CT 数据分析孔隙度分别为 17.90%、7.80%、12.70% 和 6.18%，在三维空间内孔隙结构存在较大差异。其中，5 号样品 1 相带中钠长石、石英和白云石含量基本相当，均为 25% 左右，孔隙遍布整个三维空间，连通性极好，连通孔隙占总孔隙体积的 80.6%，为粒间孔溶蚀扩大型储层；2 相带中局部钾长石含量可达 6.8%，明显高于 1 相带的 1.3%，钠长石、石英和白云石含量与 1 相带基本相近，因此在化学-沉积相中呈现 K（绿色）较明显的现象，其中较大溶孔孤立分布，连通性较差，为孤立溶孔型储层。6 号样品 2 相带钠长石和石英粒度较粗，遍布整个岩心，局部呈团块状聚集，孔隙遍布整个三维空间，连通性极好，连通孔隙占总孔隙体积的 70.2%，略差于 5 号样品 1 相带，为粒间孔溶蚀扩大型储层；3 相带孔隙分布不均，钠长石和石英粒度较小，局部区域孔隙连通性好，连通孔隙仅占总孔隙体积的 30.4%，属于较差的粒间孔溶蚀扩大型储层（图 7-45a3，图 7-45b3，图 7-46b3，图 7-46c3）。

综合以上分析认识到，同一岩心样品可以划分为多个化学-沉积相带，不同化学-沉

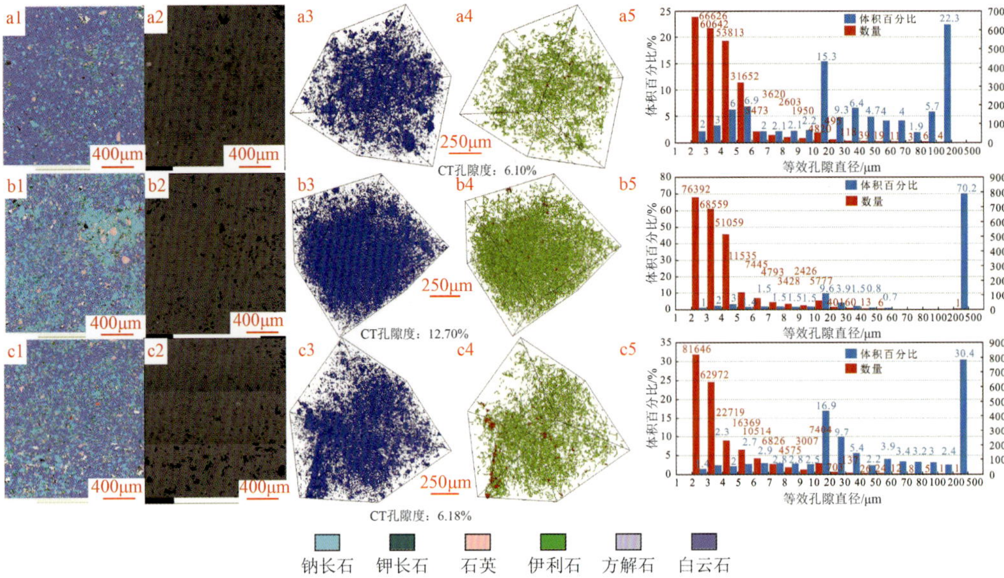

图 7-46　6 号样品各相带 QEMSCAN、扫描电镜和微米 CT 分析

a1—6 号样品 1 相带取样点矿物平面分布；a2—6 号样品 1 相带对应扫描电镜图像；a3—6 号样品 1 相带取样点孔隙三维分布；a4—6 号样品 1 相带取样点孔隙结构三维分布；a5—6 号样品 1 相带取样点 CT 孔隙直径分布；b1—6 号样品 2 相带取样点矿物平面分布；b2—6 号样品 2 相带对应扫描电镜图像；b3—6 号样品 2 相带取样点孔隙三维分布；b4—6 号样品 2 相带取样点孔隙结构三维分布；b5—6 号样品 2 相带取样点 CT 孔隙直径分布；c1—6 号样品 3 相带取样点矿物平面分布；c2—6 号样品 3 相带对应扫描电镜图像；c3—6 号样品 3 相带取样点孔隙三维分布；c4—6 号样品 3 相带取样点孔隙结构三维分布；c5—6 号样品 3 相带取样点 CT 孔隙直径分布

积相带间孔隙度和孔隙结构具有明显差异，而在化学地层学划分出的相似沉积环境中，不同岩心之间的相似化学-沉积相带孔隙度相近，孔隙结构相似，即使样品垂向相隔近百米，但油润湿孔隙度却存在一定差异，这是由于储层受到不均匀溶蚀而成，但总体处于相近的分布区间。以上研究结果表明，通过化学-沉积相可以较好地实现岩心尺度向微观尺度的跨越。

通过以上地层尺度向岩心尺度再向微观尺度的跨越认识到，芦草沟组致密油储层中不同古环境单元储层发育模式不同。在 5 号和 6 号上部古环境单元中，最优质的储层为 Al 和 Si 占绝对主体的化学-沉积相带，主要为连通性较好的粒间孔溶蚀扩大型储层，为有利化学-沉积相带，油润湿面孔率所占比例仅为 26.22%，CT 孔隙度可达 11.78%，高孔隙度利于原油充注，同时低油润湿面孔率在开发阶段利于原油在储层中流动，流向井筒；Al、Si 和 K 占绝对主体的化学-沉积相带主要为孤立溶孔型储层，CT 孔隙度减小到 8.2%，油润湿面孔率所占比例仅为 13.08%，相对较差，为较差化学-沉积相带，低孔隙度和低油润湿面孔率所占比例不利于原油充注，但在开发过程中储层中少量的原油易于在储层中流动。在 5 号古环境单元中，有利化学-沉积相带在岩心中所占面积在 60% 以上，储层整体质量较高；但在 6 号古环境单元中，有利化学-沉积相带由于在岩心中频繁交互，造成储层整体质量降低。在 10 号和 11 号古环境单元中，K 占主体的化学-沉积相带，Ca 和 Mg 占主体的化学-沉积相带，Si、Ca 和 Mg 占主体的化学-沉积相带为孤立溶孔型储层或较差的粒间孔溶蚀扩大型储层，在岩心中呈薄层状或斑点状相对少量分布，为较差的化学-沉积相带，CT孔隙度仅为8.45%，但油润湿面孔率所占比例可达67.34%，虽然含油性较好，但在开发阶段不利于原油在储层中流动；Al、Ca和Mg占主体的化学-沉积相带，Al和Si占主体的化学-沉积相带，Si、Ca和Mg占主体的化学-沉积相带为粒间孔溶蚀扩大型储层，在岩心中彼此交织连片大面积分布，为有利的化学-沉积相带，这3种化学-沉积相带CT孔隙度最高可达17.9%，油润湿面孔率所占比例最高可达45.64%，利于原油充注，岩心含油性好，但在后期开发过程中不利于原油在储层中流动。

从整个地层出发，5号、10号和11号古环境单元储层整体高孔隙度的有利化学-沉积相带分布厚度大，储集能力较强。从原油充注角度而言，10号和11号古环境单元油润湿面孔率所占比例总体较高，明显优于5号古环境单元；而从开发角度而言，原油却不易在10号和11号古环境单元储层中流动。吉305井实际试油成果显示，以5号古环境单元为主体的3411.5~3444m井段日产油18.21t，明显高于以10号和11号古环境单元为主体的3565~3580m井段日产油5.76t，这进一步表明5号古环境单元发育部位为最有利的开发层段；而10号和11号古环境单元虽然含油性明显优于5号古环境单元，但不利于开发，需采取特殊措施进行开发。

参 考 文 献

白斌，朱如凯，吴松涛，等. 2013. 利用多尺度 CT 成像表征致密砂岩微观孔喉结构. 石油勘探与开发，40(3)：329～333.
白桦，庞雄奇，匡立春，等. 2016. 准噶尔盆地深层油气藏形式条件分析. 石油实验地质，38(6)：803～810+820.
白瑞婷，李治平，南珺祥. 2016. 考虑启动压力梯度的致密砂岩储层渗透率分形模型. 天然气地球科学，27(1)：142～148.
贝丰. 1986. 内陆淡水湖盆沉积有机质在早期成岩阶段的特征及其演化. 矿物岩石，(4)：192～217.
贝丰，古世祥，高瑞祺，等. 1990. 我国深层天然气的成因类型及其勘探前景——松辽盆地北部深层气初析. 地球科学进展，2(2)：54～56.
操应长，葸克来，朱如凯，等. 2015. 松辽盆地南部泉四段扶余油层致密砂岩储层微观孔喉结构特征. 中国石油大学学报(自然科学版)，39(5)：7～17.
曹海洋，王华，赵睿. 2017. 手持 X 射线衍射仪(ED-XRF)在旋回地层学中的应用：以酒泉盆地青西凹陷早白垩世下沟组为例. 地球科学，42(12)：2299～2311.
曹喆，柳广弟，柳庄小雪，等. 2014. 致密油地质研究现状及展望. 天然气地球科学，25(10)：1499～1508.
陈程，孙义海. 1996. 砂岩孔隙结构分维及其应用. 沉积学报，14(4)：108～113.
邓宏文，钱凯. 1993. 沉积地球化学与环境分析. 兰州：甘肃科学技术出版社.
杜金虎，杨华，徐春春，等. 2011. 关于中国页岩气勘探开发工作的思考. 天然气工业，31(5)：6～8.
冯增昭. 2013. 中国沉积学(2 版). 北京：石油工业出版社：706～811.
高辉，解伟，杨建鹏，等. 2011. 基于恒速压汞技术的特低—超低渗砂岩储层微观孔喉特征. 石油实验地质，33(2)：206～211，214.
高拉凡，王长城，杨海欧，等. 2016. XRF 法在四川盆地须家河组沉积相研究中的应用. 光谱学与光谱分析，36(6)：1904～1909.
郭来源，李忠生，解习农，等. 2015. 湖相富有机质泥页岩地球化学元素高频变化及其地质意义：以泌阳凹陷 BY1 井取心段为例. 现代地质，29(6)：1360～1370.
郭印同，杨春和，贾长贵，等. 2014. 页岩水力压裂物理模拟与裂缝表征方法研究. 岩石力学与工程学报，33(1)：52～59.
郝运轻，宋国奇，周广清，等. 2016. 济阳坳陷古近系泥页岩岩石学特征对可压性的影响. 石油实验地质，38(4)：489～495.
何登发，陈新发，张义杰，等. 2004. 准噶尔盆地油气富集规律. 石油学报，25(3)：1～10.
侯宇光，何生，易积正，等. 2014. 页岩孔隙结构对甲烷吸附能力的影响. 石油勘探与开发，41(2)：248～256.
黄思静，侯中健. 2001. 地下孔隙率和渗透率在空间和时间上的变化及影响因素. 沉积学报，19(2)：224～229.
贾承造，庞雄奇. 2015. 深层油气地质理论研究进展与主要发展方向. 石油学报，36(12)：1457～1469.
贾志宏，王雪丽，邢远，等. 2013. 基于 FIB 的三维表征分析技术及应用进展. 中国材料进展，(12)：735～741，751.
姜在兴，梁超，吴靖，等. 2013. 含油气细粒沉积岩研究的几个问题. 石油学报，34(6)：1031～1039.
姜在兴，张文昭，梁超，等. 2014. 页岩油储层基本特征及评价要素. 石油学报，35(1)：184～196.
蒋宜勤，柳益群，杨召，等. 2015. 准噶尔盆地吉木萨尔凹陷凝灰型致密油特征与成因. 石油勘探与开发，42(6)：1～9.
解德录，郭英海，赵迪斐. 2014. 基于低温氮实验的页岩吸附孔分形特征. 煤炭学报，39(12)：2466～2472.
金以文，鲁世杰. 1998. 分形几何原理及其应用. 杭州：浙江大学出版社.
康玉柱. 2012. 中国非常规泥页岩油气藏特征及勘探前景展望. 天然气工业，32(4)：1～5.
孔祥言，陈峰磊，陈国权. 1999. 非牛顿流体渗流的特性参数及数学模型. 中国科学技术大学学报，29 (2)：18～24.
匡立春，唐勇，雷德文，等. 2012. 准噶尔盆地二叠系咸化湖相云质岩致密油形成条件与勘探潜力. 石油勘探与开发，39(6)：657～667.
匡立春，胡文瑄，王绪龙，等. 2013. 吉木萨尔凹陷芦草沟组致密油储层初步研究：岩性与孔隙特征分析. 高校地质学报，19(3)：529～535.
匡立春，王霞田，郭旭光，等. 2015. 吉木萨尔凹陷芦草沟组致密油地质特征与勘探实践. 新疆石油地质，36(6)：629～634.

赖锦，王贵文，郑懿琼，等. 2013. 低渗透碎屑岩储层孔隙结构分形维数计算方法——以川中地区须家河组储层 41 块岩样为例. 东北石油大学学报，37(1)：1~8.
蓝先洪，马道修，徐明广，等. 1987. 珠江三角洲若干地球化学标志及指相意义. 海洋地质与第四纪地质，7(1)：39~49.
雷开宇，刘池洋，张龙，等. 2017. 鄂尔多斯盆地北部侏罗系泥岩地球化学特征：物源与古沉积环境恢复. 沉积学报，35(3)：621~636.
李卫成，张艳梅，王芳，等. 2012. 应用恒速压汞技术研究致密油储层微观孔喉特征——以鄂尔多斯盆地上三叠统延长组为例. 岩性油气藏，24(6)：60~65.
李云省，邓鸿斌. 2002. 储层微观非均质性的分形特征研究. 天然气工业，22(1)：37~40.
刘池阳. 1982. 沉积物压实成岩前后体积变化关系公式的探讨. 石油实验地质，4(1)：72~79.
刘冬冬，张晨，罗群，等. 2017. 准噶尔盆地吉木萨尔凹陷芦草沟组致密储层裂缝发育特征及控制因素. 中国石油勘探，22(4)：36~47.
刘刚，周东升. 2007. 微量元素分析在判别沉积环境中的应用：以江汉盆地潜江组为例. 石油实验地质，29(3)：307~314.
刘慧. 2013. 基于 CT 图像处理的冻结岩石细观结构及损伤力学特性研究. 西安：西安科技大学硕士学位论文.
刘疆，白志强. 2008. 化学地层学研究中的若干注意事项. 物探与化探，32(4)：345~349.
刘可禹，刘畅. 2019. "化学-沉积相"分析：一种研究细粒沉积岩的有效方法. 石油与天然气地质，40(3)：45~57.
刘义坤，郭红光，马文国，等. 2010. 复杂断块油田孔隙的三维网络模型构建. 大庆石油学院学报，34(5)：75~79.
路顺行，张红贞，孟恩，等. 2007. 运用 INPEFA 技术开展层序地层研究. 石油地球物理勘探，42(6)：703~708.
罗晓容，张立宽，付晓飞，等. 2016. 深层油气成藏动力学研究进展. 矿物岩石地球化学通报，36(5)：876~889.
罗蛰谭. 1985. 油层物理. 北京：地质出版社.
马克，侯加根，刘钰铭，等. 2017. 吉木萨尔凹陷二叠系芦草沟组咸化湖混合沉积模式. 石油学报，38(6)：636~648.
马坤元，李若琛，龚一鸣. 2016. 秦皇岛石门寨亮甲山奥陶系剖面化学地层和旋回地层研究. 地学前缘，23(6)：268~286.
马立民，林承焰，范梦玮. 2012. 基于微观孔隙结构分形特征的定量储层分类与评价. 石油天然气学报，34(5)：15~19.
马晓潇，黎茂稳，庞雄奇，等. 2016. 手持 X 荧光光谱仪在济阳坳陷古近系陆相页岩岩心分析中的应用. 石油实验地质，38(2)：278~286.
马新仿，张士诚，郎兆新. 2005. 孔隙结构特征参数的分形表征. 油气地质与采收率，12(6)：34~36.
马永生，蔡勋育，赵培荣. 2011. 深层、超深层碳酸盐岩油气储层形成机理研究综述. 地学前缘，18(4)：181~192.
裘亦楠. 1992. 储层地质模型. 石油学报，4(12)：55~61.
曲长胜，邱隆伟，杨勇强，等. 2017. 吉木萨尔凹陷芦草沟组碳酸盐岩碳氧同位素特征及其古湖泊学意义. 地质学报，91(3)：605~616.
邵雨，杨勇强，万敏，等. 2015. 吉木萨尔凹陷二叠系芦草沟组沉积特征及沉积相演化. 新疆石油地质，36(6)：635~641.
沈平平. 1995. 中国油藏管理技术手册：油层物理实验技术. 北京：石油工业出版社：394.
斯春松，陈能贵，余朝丰，等. 2013. 吉木萨尔凹陷二叠系芦草沟组致密油储层沉积特征. 石油实验地质，35(5)：528~532.
宋佳. 2011. 基于数字化方法的微裂缝特征研究. 成都理工大学.
孙军昌，杨正明，郭和坤，等. 2013. 致密储层渗透率测试的稳态与非稳态法对比研究. 岩土力学，34(4)：1009~1016.
孙亮，王晓琦，金旭，等. 2016. 微纳米孔隙空间三维表征与连通性定量分析. 石油勘探与开发，43(3)：490~498.
孙龙德，邹才能，朱如凯，等. 2013. 中国深层油气形成、分布与潜力分析. 石油勘探与开发，40(6)：641~649.
孙龙德，方朝亮，李峰，等. 2015. 油气勘探开发中的沉积学创新与挑战. 石油勘探与开发，42(2)：129~136.
唐颖，邢云，李乐忠，等. 2012. 页岩储层可压裂性影响因素及评价方法. 地学前缘，19(5)：356~363.
陶士振，杨跃明，庞正炼，等. 2015. 四川盆地侏罗系流体包裹体与致密油形成演化. 岩石学报，31(4)：1089~1100.
田景春，曾允孚，尹观，等. 1997. 东营凹陷西部沙河街组三段上部泥岩中白云岩夹层成因研究. 矿物岩石，17(4)：61~67.
王梦琪，谢俊，王金凯，等. 2016. 基于 INPEFA 技术的高分辨率层序地层研究——以埕北油田东营组二段为例. 中国科技论文，11(9)：982~987.

王宜林，张义杰，王国辉，等. 2002. 准噶尔盆地油气勘探开发成果及前景. 新疆石油地质，23(6)：449~455，442.
文慧俭，闫林，姜福聪，等. 2007. 低孔低渗储层孔隙结构分形特征. 东北石油大学学报，31(1)：15~18.
吴承美，郭智能，唐伏平，等. 2014. 吉木萨尔凹陷二叠系芦草沟组致密油初期开采特征. 新疆石油地质，35(5)：570~573.
吴浩，刘锐娥，纪友亮，等. 2017. 致密气储层孔喉分形特征及其与渗流的关系——以鄂尔多斯盆地下石盒子组盒8段为例. 沉积学报，35(1)：151~162.
吴瑞棠，王治平. 1994. 地层学原理及方法. 北京：地质出版社.
吴智勇. 1999. 化学地层学及其研究进展. 地层学杂志，23(3)：234~240.
熊小辉，肖加飞. 2011. 沉积环境的地球化学示踪. 地球与环境，39(3)：405~414.
薛叔浩，刘雯林，薛良清，等. 2002. 湖盆沉积地质与油气勘探. 北京：石油工业出版社.
杨峰，宁正福，孔德涛，等. 2013. 高压压汞法和氮气吸附法分析页岩孔隙结构. 天然气地球科学，24(3)：450~455.
杨更社，张长庆. 1998. 岩体损伤及检测. 西安：陕西科学技术出版社.
杨海龙，王晓婷，王钦，等. 2013. 压汞和气体吸附在纳米超级隔热材料孔隙结构表征中的应用研究. 复合材料学报，30(S1)：273~278.
杨海波，陈磊，孔玉华. 2004. 准噶尔盆地构造单元划分新方案. 新疆石油地质，25(6)：686~688.
杨智峰，曾溅辉，冯枭，等. 2015. 源储岩性组合对致密油聚集的影响——以鄂尔多斯盆地延长组长T段为例. 新疆石油地质，36(4)：389~393.
杨智峰，曾溅辉，冯枭，等. 2016. 致密砂岩储层小尺度非均质性与石油富集特征. 中国矿业大学学报，45(1)：119~127.
袁选俊，林森虎，刘群，等. 2015. 湖盆细粒沉积特征与富有机质页岩分布模式. 石油勘探与开发，42(1)：34~43.
于炳松. 2012. 页岩气储层的特殊性及其评价思路和内容. 地学前缘，19(3)：252~258.
于荣泽，卞亚楠，张晓伟，等. 2012. 页岩储层非稳态渗透率测试方法综述. 科学技术与工程，12(27)：7019~7027+7035.
张大同. 2009. 扫描电镜与能谱仪分析技术. 广州：华南理工大学出版社.
张广玉，赵世煌，邓晃，等. 2017. 手持式X射线荧光光谱多点测试技术在地质岩心和岩石标本预研究中的应用. 岩矿测试，36(5)：501~509.
张婷，徐守余，杨珂. 2010. 储层微观孔隙结构分形维数应用. 东北石油大学学报，34(3)：44~47.
张亚奇，马世忠，高阳，等. 2016. 咸化湖相高分辨率层序地层特征与致密油储层分布规律：以吉木萨尔凹陷A区芦草沟组为例. 现代地质，30(5)：1096~1104.
张亚奇，马世忠，高阳，等. 2017. 吉木萨尔凹陷芦草沟组致密油储层沉积相分析. 沉积学报，35(2)：358~370.
赵继勇，刘振旺，谢启超，等. 2014. 鄂尔多斯盆地姬塬油田长7致密油储层微观孔喉结构分类特征. 中国石油勘探，19(5)：73~79.
赵建华，金之钧，金振奎，等. 2016. 四川盆地五峰组—龙马溪组含气页岩中石英成因研究. 天然气地球科学，27(2)：377~386.
赵俊青，纪友亮，张世奇，等. 2004. 陆相高分辨率层序界面识别的地球化学方法. 沉积学报，22(1)：79~86.
赵贤正，蒲秀刚，韩文中，等. 2017. 细粒沉积岩性识别新方法与储集层"甜点"分析：以渤海湾盆地沧东凹陷孔店组二段为例. 石油勘探与开发，42(1)：492~502.
郑荣才，柳梅青. 1999. 鄂尔多斯盆地长6油层组古盐度研究. 石油与天然气地质，20(1)：22~27.
周灿灿，刘堂晏，马在田，等. 2006. 应用球管模型评价岩石孔隙结构. 石油学报，(1)：92~96.
周科平，李杰林，许玉娟，等. 2012. 基于核磁共振技术的岩石孔隙结构特征测定. 中南大学学报(自然科学版)，43(12)：4796~4800.
周维列，王中林. 2007. 扫描电子显微学及在纳米技术中的应用. 北京：高等教育出版社.
周英杰，张敬轩，张吉昌，等. 2002. 裂缝性潜山油藏储集体岩性定量识别——以埕北30太古界潜山储集体为例. 中国岩溶，(2)：70~74.
朱广社，邵晓岩，王军，等. 2013. 核磁共振 T_2 谱评价盐定地区储层孔隙结构方法研究. 石油天然气学报，35(12)：102~104，111.
朱如凯，邹才能，张鼐. 2009. 致密砂岩气藏储层成岩流体演化与致密成因机理——以四川盆地上三叠统须家河组为例. 中国科学(D辑)，39(3)：327~339.

朱如凯，吴松涛，苏玲，等. 2016. 中国致密储层孔隙结构表征需注意的问题及未来发展方向. 石油学报，37(11)：1323～1336.
邹才能，侯连华，王京红，等. 2011. 火山岩风化壳地层型油气藏评价预测方法研究——以新疆北部石炭系为例. 地球物理学报，54(2)：388～400.
邹才能，陶士振，杨智，等. 2012. 中国非常规油气勘探与研究新进展. 矿物岩石地球化学通报，31(4)：312～322.
邹才能，陶士振，侯连华，等. 2013a. 非常规油气地质. 北京：地质出版社.
邹才能，杨智，崔景伟，等. 2013b. 页岩油形成机制、地质特征及发展对策. 石油勘探与开发，40(1)：14～26.
邹才能，杨智，朱如凯，等. 2015. 中国非常规油气勘探开发与理论技术进展. 地质学报，89(6)：979～1007.
Al-Hinai A, Rezaee R, Esteban L, et al. 2014. Comparisons of pore size distribution: a case from the Westen Australian gas shale formations. Journal of Unconvetional Oil and Cas Resources, 8: 1～13.
Al-Kharusi A S, Blunt M J. 2007. Network extraction from sandstone and carbonate pore space images. Journal of Petroleum Science and Engineering, 56(4): 219～231.
Al-Kharusi A S, Blunt M J. 2008. Multiphase flow predictions from carbonate pore space images using extracted networks models. Water Resour. Res., 44: W06S01.
Al-Raoush R I, Willson C S. 2005. Extraction of physically realistic pore network properties from three-dimensional synchrotron X-ray microtomorgraphy images of unconsolidated porous media systems. J. Hydrol., 300 (1-4): 44～64.
Angel D L. 1991. Carbon flow with in the colonial radiolarian microcosm. Symbiosis, 10(1-3): 195～271.
Arena A, Piane C D, Sarout J. 2014. A new Computational approach to cracks quantification from 2D image analysis: application to micro-cracks description in rocks. Computers & Ceosciences, 66: 106～120.
Baldwin C A, Sederman A J, Mantle M D, et al. 1996. Determination and characterization of the structure of a pore space from 3D volume images. Journal of Colloid and Interface Science, 181(1): 79～92.
Barclay S A, Worden R H. 2000. Effects of reservoir wettability on quartz cementation in oil fields. Special Publication International Association of Sedimentologists, 29: 103～117.
Bažant Z P. 1997. Scaling of qusibritle fracture: asymptotic analysis. International Journal of Fracture, 83: 19～40.
Binstock D A, Gutknecht W F, McWilliams A C. 2008. Lead in soil by field-portable X-ray fluorescence spectrometry-An examination of paired in situ and laboratory ICP-AES results. Remediation Journal, 18(3): 55～61.
Borodich F M. 1999. Fractals and fractal scaling in fracture mechanics. International Journal of Fracture, 95(1/4): 239～259.
Buckley J S. 2001. Effective wettability of minerals exposed to crude oil. Current Opinion in Colloid & Interface Science, 6: 191～196.
Cao Z, Liu G D, Zhan H B, et al. 2017. Geological roles of the siltstones in tight oil play. Marine and Petroleum Geology, 83: 333～344.
Chong K K, Grieser W V, Passman A, et al. 2010. A completions guide book to shale-play development: A review of successful approaches towards shale-play stimulation in the last two decades//Proceedings of Canadian Unconventional Resources and International Petroleum Conference. Calgary, Albeta, Canada: CSUG /SPE.
Clarkson C R, Solano N, Bustin R M, et al. 2013. Pore structure characterization of North American shale gas reservoirs using USANS/SANS, gas adsorption, and mercury intrusion. Fuel, 103: 606～616.
Coates G R, Xiao L, Prammer M G. 1999. NMR logging: Principles and applications. Houston: Gulf Professional Publishing.
Craig F F. 1971. The reservoir engineering aspects of waterflooding. New York: Saiety of Petroleum Engineers of AIME: 112～114.
Craigie N W, Rees A, MacPherson K, et al. 2016. Chemostratigraphy of the Ordovician Sarah Formation, North West Saudi Arabia: An integrated approach to reservoir correlation. Marine and Petroleum Geology, 77: 1056～1080.
Curtis J B. 2002. Fractured shale-gas systems. AAPG Bulletin, 86(11): 1921～1938.
Curtis M E, Ambrose R J, Sondergeld C H. 2010. Structural characterization of gas shales on the micro- and nano-scales. Canada: Society of Petroleum Engineers.
Davis C, Pratt L M, Sliter W V, et al. 1999. Factors influencing organiccarbon and trace metal accumulation in the Upper Cretaceous LaLuna Formation of the western Maracaibo Basin, Venezuela//Barrera E, Johnson C C. Evolution of the Cretaceous ocean-Climate System. Geological Society of America: 203～230.

Dean W E, Gardner J V, Piper D Z. 1997. Inorganic geochemical indicators of glacial–interglacial changes in productivity and anoxia on the California continental margin. Geochimica et Cosmochimica Acta, 61: 4507~4518.

Dennett M R, Caron D A, Michaels A F, et al. 2002. Video plankton recorder reveals high abundances of colonial radiolarian surface waters of the central North Pacific. Journa of Plankton Research, 24(8): 797~805.

Dill H, Teschner M, Wehner H. 1988. Petrography, inorganic and organic geochemistry of Lower Permian carbonaceous fan sequences ("Brandschiefer Series"), Federal Republic of Germany: Constraints to their paleogeography and assessment of their source rock potential. Chemical Geology, 67(3–4): 307~325.

Dong H. 2007. Micro–CT imaging and pore network extraction. Imperial College of London Department of Earth Science and Engineering.

Dong H. 2008. Pore network modelling on carbonate: A comparative study of different micro–CT network extraction methods, 29 October–2 November. Abu Dhabi UAE Society of Core Analysts, Sca2008–2031.

Dong H, Blunt M J. 2009. Pore–network extraction from micro–computerized–tomography images. Phys. Rev. E, 80 (3): 036307.

Drobne D, Milani M, Zrimec A, et al. 2005. Electron and ion imaging of gland cells using the FIB/SEM system. Journal of Microscopy, 219(1): 29~35.

Fredrich J T, Menendez B, Wong T F. 1995. Imaging the pore structure of geomaterials. Science, 268: 276~279.

Gane P A C, Ridgwa C J, Lehtinen E, et al. 2004. Comparison of NMR cryoporometry, mercury intusion porosimetry, and DSC thermoporosimetry in characterizing pore size distributions of compressed finely ground calcium carbonate structures. Industrial & Engineering Chemistry Research, 43(24): 7920~7927.

Gao M L, He X H, Teng Q Z, et al. 2015. Reconstruction of three–dimensional porous media from a single two–dimensional image using three–step sampling. Physical Review E, 91: 013308.

Gardet C, Le Ravalec M, Gloagune E. 2016. Pattern–based conditional simulation with a raster path: a few techniques to make it more efficient. Stoch. Environ. Res. Risk Assess., 30: 429~446.

Golab A N, Knackstedt M A, Averdunk H, et al. 2010. 3D porosity and mineralogy characterization in tight gas sandstones. The Leading Edge, 29(12): 1476~1483.

Good R J, Mikhail R S. 1981. The contact angle in mercury intrusion porosimetry. Powder Technology, 29(1): 53~62.

Grass M, Kohler T, Proksa R. 2000. 3–D cone–beam CT reconstruction for circular trajectories. Physics in Medicine and Biology, 45(2): 329~347.

Hartmann D J, Beaumont E A. 1999. Predicting reservoir system quality and performance//Beaumont E A, Foster N H. Exploring for Oil and Gas Traps, AAPG Treatise of Petroleum Geology, Handbook of Petroleum Geology. Tulsa: AAPG.

Heath J E, Dewers T A, McPherson B J O L, et al. 2011. Pore networks in continental and marine mudstones: Characteristics and controls on sealing behavior. Geosphere, 7 (2): 429~454.

Heckbert P S. 1990. A seed fill algorithm//Glassner A S, Kaufmann M. Graphics Gems. California: San Diego: 275~277.

Hinai A A, Rezaee R, Esteban L, et al. 2014. Comparisons of pore size distribution: A case from the Western Australian gas shale formations. Journal of Unconventional Oil and Gas Resources, 8: 1~13.

Ingram W C, Meyers S R, Martens C S. 2013. Chemostratigraphy of deep–sea Quaternary sediments along the Northern Gulf of Mexico Slope: Quantifying the source and burial of sediments and organic carbon at Mississippi Canyon 118. Marine and Petroleum Geology, 46: 190~200.

Jahanshahi M R, Masri S F, Padgett C W. et al. 2013. An innovative methodology for detection and quantification of cracks through incorporation of depth peception. Machine Vision and Applications, 24(2): 227~241.

Jansen J H F, Gasst S J V D, Koster B, et al. 1998. CORTEX, a shipboard XRF–scanner for element analyses in split sediment cores. Marine Geology, 151(1–4): 143~153.

Jarvie D M, Hill R J, Ruble T E, et al. 2007. Unconventional shale–gas systems: The Mississippian Barnett shale of north–central Texas as one model for thermogenic shale–gas assessment. AAPG Bulletin, 91(4) : 475~499.

Javadpour F, Moravvej M, Amrein M. 2012. Atomic force microscopy (AFM): A new tool for gas shale characterization. Journal of Canadian Petroleum Technology, 51(4): 236~243.

Jbara O, Fakhfakh S, Belhaj M, et al. 2008. Charging effects of PET under electron beam irradiation in a SEM. Journal of Physics D: Applied Physics, 41: 1~9.

Ji L L, Lin M, Jiang W B, et al. 2018a. A hybrid method for reconstruction of three-dimensional heterogeneous porous media from two-dimensional images. Journal of Asian Earth Sciences, 178: 193~203.

Ji L L, Lin M, Jiang W B, et al. 2018b. An improved method for reconstructing the digital core model of heterogeneous porous media. Transp. Porous. Med., 121: 389~406.

Ji Y, Guo H, Zhong T, et al. 2005. Charge and charging compensation on oxides and hydroxides in oxygen environmental SEM. Ultramicroscopy, 103: 191~198.

Jiang Z, Wu K, Couples G, et al. 2007. Efficient extraction of networks from three-dimensional porous media. Water Resour. Res., 43: W12S03.

Jones B, Manning D A C. 1994. Comparison of geochemical indices used for the interpretation of palaeoredox conditions in ancient mudstones. Chemical Geology, 111: 111~129.

Jones M C, Williams-Thorpe O, Potts P J, et al. 2005. Using field-portable XRF to assess geochemical variations within and between dolerite outcrops of Preseli, South Wales. Geostandards and Geoanalytical Research, 29(3): 251~269.

Josa V G, Castellano G, Bertolino S R. 2013. Quantification by SEM-EDS in uncoated non-conducting samples. Radiation Physics and Chemistry, 88: 32~37.

Katz A J, Thompson A H. 1985. Fractal sandstone pores: implications for conductivity and pore formation. Physical Review Letters, 54(12): 1325~1328.

Kaufmann J, Loser R, Leemann A. 2009. Analysis of cement-bonded materials by multi-cycle mercury intrusion and nitrogen sorption. Journal of Colloid and Iterface Science, 336(2): 730~737.

Keller U, Staudt R. 2005. Gas adsorption equilibria: Experimental methods and adsorptive isotherms. Boston: Springer.

Krishnan S, Journel A G. 2003. Spatial connectivity: from rariograms to multiple-point measures. Math. Geol., 5(8): 915~925.

Krohn C E. 1988. Fractal measurements of sandstones, shales, and carbonates. Journal of Geophysical Research, 93 (B4): 3297~3305.

Kujau A, Nürnberg D, Zielhofer C, et al. 2010. Mississippi River discharge over the last ~560, 000 years-Indications from X-ray fluorescence core-scanning. Palaeogeography, Palaeoclimatology, Palaeoecology, 298: 3~4.

Lai J, Wang G W. 2015. Fractal analysis of tight gas sandstones using high-pressure mecury intrusion tecniques. Journal of Natural Gas Science and Engineering, 24: 185~196.

Lemons D R, Chan M A. 1999. Facies architecture and sequence stratigraphy of fine-grained lacustrine deltas along the eastern margin of late Pleistocene Lake Bonneville, northern Utah and southern Idaho. AAPG Bulletin, 83(4): 635~665.

Liang Z, Ioannidis M A, Chatzis I. 2000. Geometric and topological analysis of three-dimensional porous media: Pore space partitioning based on morphological skeletonization. Journal of Colloid and Iterface Science, 221 (1): 13~24.

Lindquist W B, Lee S M, Coker D A, et al. 1996. Medial axis analysis of void structure in three-dimensional tomographic images of porous media. Journal of Geophysical Research-Solid Earth, 101(B4): 8297~8310.

Lindquist W B, Venkatarangan A. 1999. Investigating 3D geometry of porous media from high resolution images. Phys., Chem., Earth Part A, 25 (7): 593~599.

Liu J. 2000. High-resolution and low-voltage FE-SEM imaging and microanalysis in materials characterization. Materials Characterization, 44: 353~363.

Liu J, Pereira G G G, Liu Q, et al. 2016. Computational challenges in the analyses of petrophysics using microtomography and upscaling: a review. Computer Geoscience, 89: 107~117.

Liu J, Huang J, Liu K, et al. 2021. Identification, segregation, and characterization of individual cracks in three dimensions. International Journal of Rock Mechanics & Mining Sciences, 138: 104615.

Luo X R, Wang Z M, Zhang L Q, et al. 2007. Overpressure generation and evolution in a compressional tectonic setting, the southern margin of Junggar Basin, Northwestern China. AAPG Bulletin, 91(8): 1123~1139.

Mandelbrot B B. 1983. The Fractal Geometry of Nature. San Francisco: Freeman.

Mason G, Morrow N R. 1991. Capillary behavior of a perfectly wetting liquid in irregular triangular tubes. Journal of Colloid and

Interface Science, 141(1): 262~274.
Mauriohoohoa K, Barker S L L, Rae A. 2016. Mapping lithology and hydrothermal alteration in geothermal systems using portable X-ray fluorescence (pXRF): A case study from the Tauhara geothermal system, Taupo Volcanic Zone. Geothermics, 64: 125~134.
Mayo S, Josh M, Nesterets Y, et al. 2015. Quantitative micro-porosity characterization using synchrotron micro-CT and xenon Kedge subtraction in sandstones, carbonates, shales and coal. Fule, 154: 167~173.
Mo X W, Zhang Q, Lu J A. 2016. A complement optimization scheme to establish the digital core model based on the simulated annealing method. Chinese J. Geophys., 59(5): 1831~1838.
Nelson R A. 1985. Geologic analysis of naturally fracture reservoirs: Contributions in petroleum geology and engineering. Houston: Gulf Publishing Company: 320.
Nicolas T, Thomas J A, Timothy L, et al. 2006. Trace metals as palaeoredox and palaeoproductivity proxies: An update. Chemical Geology, 232: 12~32.
Nio S D, Brouwer J, Smith D, et al. 2005. Spectral trend attribute analysis: Applications in the stratigraphic analysis of wireline logs. First Break, 23: 7~15.
Norman M D, Deckker P D. 1990. Trace metals in lacustrine and marine sediments: A case study from the Gulf of Carpentaria, northern Australia. Chemical Geology, 82: 299~318.
Oak M J. 1990. Three-phase relative permeability of water-wet Berea, paper presented at the SPE/DOE Seventh Symposium on Enhanced Oil Recovery. Society of Pertoleum Engineers, Tulsa, Oklahoma.
Oren P E, Bakke S, Arntzen O J. 1998. Extending predictive capabilities to network models. SPE J., 3 (4): 324~336.
Oren P E, Bakke S. 2003. Reconstruction of Berea sandstone and pore-scale modelling of wettability effects. Journal of Petroleum Science and Engineering, 39(3-4): 177~199.
Pan C G, Luo L S, Miller C T. 2005. An evaluation of lattice Boltzmann schemes for porous medium flow simulation. Comput Fluids, 35 (8): 898~909.
Patzek T, Silin D. 2001. Shape factor and hydraulic conductance in noncircular capillaries: (I). One-phase creeping flow. Journal of Colloid and Interface Science, 236(2): 295~304.
Pearce T J, Besly B M, Wray D S, et al. 1999. Chemostratigraphy: A method to improve interwell correlation in barren sequences -A case study using onshore Duckmantian/Stephanian sequences (West Midlands, UK). Sedimentary Geology, 124: 197~220.
Pettijohn F J, Potter P E, Siever R. 1973. Sand and sandtone. New York: Springer-Verlag.
Picard M D. 1971. Classification of fine-grained sedimentary rocks. Journal of Sedimentary Research, 41(1): 179~195.
Pittman E D. 1992. Relationship of porosity and permeability to various parameters derived from mercury injection-capillary pressure curves for sandstone (1). AAPG Bulletin, 76: 191~198.
Qiu Z, Tao H F, Zou C N, et al. 2016. Lithofacies and organic geochemistry of the Middle Permian Lucaogou Formation in the Jimusar Sag of the Junggar Basin, NW China. Journal of Petroleum Science and Engineering, 140: 97~107.
Ratcliffe K T, Wright A M, Montgomery P, et al. 2010. Application of chemostratigraphy to the Mungaroo Formation, the Gorgon field, offshore northwest Australia. Australian Petroleum Production and Exploration Association Journal, 50(1): 371~388.
Richter T O, Van der Gaast S, Koster B, et al. 2006. The Avaatech XRF core scanner: Technical description and applications to NE Atlantic sediments. Geological Society, London, Special Publication, 267: 39~50.
Rimmer S M. 2004. Geochemical paleoredox indicators in Devonian-Mississippian Black Shales, Central Appalachian Basin (USA). Chemical Geology, 206(3-4): 373~391.
Robertson K, Gauvin R, Finch J. 2004. Charge contrast imaging of gibbsite using the variable pressure SEM. Microscopy and Microanalysis, 10: 721~732.
Romanenko K, Balcom B J. 2013. An assessment of non-wetting phase relative permeability in water-wet sandstones based on quantitative MRI of capillary end effects. Journal of Petroleum Science and Engineering, 110: 225~231.
Ross D J K, Bustin R M. 2009. The importance of shale composition and pore structure upon gas storage potential of shale gas reservoirs. Marine and Petroleum Geology, 26(6): 916~927.

Rowe H, Hughes N, Krystin Robinson K. 2012. The quantification and application of handheld energy-dispersive X-ray fluorescence (ED-XRF) in mudrock chemostratigraphy and geochemistry. Chemical Geology, (324-325): 122~131.

Roy D K, Roser B P. 2013. Climate control on the composition of Carboniferous-Permian Gondwana sediments, Khalaspir Basin. Bangladesh. Gondwana Research, 23(3): 1163~1171.

Sabatino N, Coccioni R, Manta D S, et al. 2015. High-resolution chemostratigraphy of the Late Aptian-Early Albian oceanic anoxic event (OAE 1b) from the Poggio le Guaine section (Umbria-Marche Basin, central Italy). Palaeogeography, Palaeoclimatology, Palaeoecology, 426: 319~333.

Sakdinawat A, Attwood D. 2010. Nanoscale X-ray imaging. Nature Photonics, 4(12): 840~848.

Schieber J. 1999. Distribution and deposition of mudstone facies in the Upper Devonian Sonyea Group of New York. Journal of Sedimentary Research, 69: 909~925.

Schieber J, Zimmerle W. 1998. The history and promise of shale research//Schieber J, Zimmerle W, Sethi P. Shale and Mudstones(V1): Basin Studies, Sedimentology and Paleontology. Stuttgart: Schweizerbart'sche Verlagsbuchhandlung: 1~10.

Schmid S. 2017. Chemostratigraphy and palaeo-environmental characterisation of the Cambrian stratigraphy in the Amadeus Basin, Australia. Chemical Geology, 451: 169~182.

Schnaar G, Brusseau M. 2005. Pore-scale characterization of organic immiscible-liquid morphology in natural porous media using synchrotron X-ray microtomography. Environmental Science & Technology, 39(21): 8403~8410.

Scopelliti G, Bellanca A, Neri R, et al. 2006. Comparative high-resolution chemostratigraphy of the Bonarelli Level from the reference Bottaccione section (Umbria-Marche Apennines) and from an equivalent section in NW Sicily: Consistent and contrasting responses to the OAE 2. Chemical Geology, 228: 266~285.

Scopelliti G, Bellanca A, Monien D, et al. 2013. Chemostratigraphy of the Early Pliocene diatomite interval from MIS AND-1B core (Antarctica): Palaeoenvironment implications. Global and Planetary Change, 102: 20~32.

Sheppard A. 2005. Improved pore network extraction methods. SCA 2005-2020, 21~25 August, Toronto, Canada.

Shin H, Lindquist W B, Sahagian D L, et al. 2005. Analysis of the vesicular structure of basalts. Computers & Geosciences, 31(4): 473~487.

Silin D B, Jin G D, Patzerk T W. 2003. Robust determination of the pore-space morphology in sedimentary rocks, paper presented at SPE Annual Technical Conference and Exhibition. Soc. of Pet. Eng., Denver, Colo.

Silin D, Patzek T. 2006. Pore space morphology analysis using maximal inscribed spheres. Physica A: Statistical Mechanics and Its Applications, 371(2): 336~360.

Slatt R M, Abousleiman Y. 2011. Multi-scale, brittle-ductile couplets in unconventional gas shales: Merging sequence stratigraphy and geomechanics//AAPG Annual Convention and Exhibition. Houston, Texas, USA: AAPG.

Sondergeld C H, Newsham K E, Comisky J T, et al. 2010. Petrophysical considerations in evaluating and producing shale gas resources. Pittsburgh Pennsylvania, USA: Society of Petroleum Engineers.

Sorrel P, Oberhänsli H, Boroffka N, et al. 2007. Control of wind strength and frequency in the Aral Sea basin during the late Holocene. Quaternary Research, 67(3): 371~382.

Stow D A V, Huc A Y, Bertrand P. 2001. Depositional processes of black shales in deep water. Marine and Petroleum Geology, 18(4): 491~498.

Suicmez V S, Piri M, Blunt M J. 2008. Effects of wettability and pore-level displacement on hydrocarbon trapping. Advances in Water Resources, 31: 503~512.

Tahmasebi P, Hezarkhani A, Sahimi M. 2012. Multiple-point geostatistical modeling based on the crosscorrelation functions. Computational Geosciences, 16(3): 779~797.

Tahmasebi P, Javadpour F, Sahimi M, et al. 2016. Multiscale study for stochastic characterization of shale samples. Advances in Water Resources, 89: 91~103.

Tahmasebi P, Javadpour F, Sahimi M. 2015. Three-dimensional stochastic characterization of shale SEM images. Transp. Porous. Med., 110: 521~531.

Tan X J, Tahmasebi P, Caers J. 2014. Comparing training-image based algorithms using an analysis of distance. Mathematical Geosciences, 46(2): 149~169.

Valvatne P H, Blunt M J. 2004. Predictive pore-scale modeling of two-phase flow in mixed wet media. Water Resources Research, 40(7): w07406.

Valvatne P H, Piri M, Lopez X, et al. 2005. Predictive pore-scale modeling of single and multiphase flow. Transport in Porous Media, 58(1-2): 23~41.

Weering T C E. 2006. The Avaatech XRF core scanner: technical description and applications to NE Atlantic sediments. Geological Society, London, Special Publication, 267: 39~50.

Weibel R, Johannessen P N, Dybkjær K, et al. 2010. Chemostratigraphy of Upper Jurassic reservoir sandstones, Danish Central Graben, North Sea. Marine and Petroleum Geology, 27: 1572~1594.

Winslow D N. 1984. Advances in experimental techniques for mercury intrusion porosimetry. Surface and Colloid Science, Springer: 259~768.

Wu H G, Hu W X, Cao J, et al. 2016. A unique lacustrine mixed dolomitic-clastic sequence for tight oil reservoir within the middle Permian Lucaogou Formation of the Junggar Basin, NW China: Reservoir characteristics and origin. Marine and Petroleum Geology, 76: 115~132.

Yan L J, Zhang M P. 2015. The response of lake variations to climate change in the past forty years: A case study of the northeastern Tibetan Plateau and adjacent areas, China. Quaternary International, 371: 31~48.

Yang Y S, Liu K Y, Mayo S, et al. 2013. A data-constrained modelling approach to sandstone moicrostructure characterization. Journal of Petroleum Science and Engineering, 105, 76~83.

Yao J, Wang C C, Yang Y F, et al. 2013. The construction of carbonate digital rock with hybrid superposition method. Journal of Petroleum Science and Engineering, 110: 263~267.

Yao Y B, Liu D M. 2012. Comparison of low-field NMR and mercury intrusion porosimetry in characterizing pore size distributions of coals. Fuel, 95: 152~158.

Yi Z X, Lin M, Jiang W B, et al. 2017. Pore network extraction from pore space images of various porous media systems. Water Resources Research, 53(4): 3424~3445.

Zhang C, Zhu D Y, Luo Q, et al. 2017. Major factors controlling fracture development in the Middle Permian Lucaogou Formation tight oil reservoir, Junggar Basin, NW China. Journal of Asian Earth Sciences, 146: 279~295.

Zou C, Zhu R, Liu K, et al. 2012. Tight gas sandstone reservoirs in China: Characteristics and recognition criteria. Journal of Petroleum Science and Engineering, (88-89): 82~91.

Zou C, Liu K, Zhu R. 2019. Preface for the special issue of formation and enrichment of tight (shale) oil resources in Chinese continental basins. Journal of Asian Earth Sciences, 178: 1~2.